Excel数据分析大百科全书 | 建模篇

韩小良 ○ 著

智能化数据清洗与建模

从Excel数据到Power Query 自动化分析模型

▶ **案例视频精华版**

中国水利水电出版社
www.waterpub.com.cn
·北京·

内容提要

不论是从系统导出的数据，还是手工制作的表单，往往需要进行烦琐的二次整理加工，而这种整理加工又特别耗时耗精力，甚至有些问题使用普通的Excel工具非常麻烦，更谈不上构建一个高效自动化的数据分析模型了。

《智能化数据清洗与建模：从Excel数据到Power Query自动化分析模型（案例视频精华版）》共分6章，结合大量来自培训咨询一线的实际案例，介绍Power Query在数据清洗加工和自动化数据分析建模的各种实际应用，包括数据清洗加工的各种实际应用案例、表格结构转换、表格数据整理、财务分析建模、销售分析建模、人力资源分析建模等经典案例。

本书有24集共83分钟的教学视频，对Power Query数据清洗和建模的重要知识点和案例进行了详细的讲解。读者使用手机扫描书中二维码，可以随时观看学习。另外，随书赠送30个函数综合练习资料包、75个分析图表模板资料包、《Power Query自动化数据处理案例精粹》电子书等资源，方便大家随时查阅，参考学习。

本书适合具有Excel基础知识的各类人员，特别是经常处理大量数据的各类人员阅读，也可作为高等院校经济类本科生、研究生和MBA学员的教材或参考书。

图书在版编目（CIP）数据

智能化数据清洗与建模：从Excel数据到Power Query自动化分析模型：案例视频精华版 / 韩小良著. 北京：中国水利水电出版社, 2025.4. -- （Excel数据分析大百科全书）. -- ISBN 978-7-5226-3060-1

Ⅰ. TP391.13

中国国家版本馆CIP数据核字第2025Q14A74号

丛　书　名	Excel 数据分析大百科全书
书　　　名	智能化数据清洗与建模：从 Excel 数据到 Power Query 自动化分析模型（案例视频精华版） ZHINENGHUA SHUJU QINGXI YU JIANMO CONG Excel SHUJU DAO Power Query ZIDONGHUA FENXI MOXING (ANLI SHIPIN JINGHUABAN)
作　　　者	韩小良　著
出版发行	中国水利水电出版社 （北京市海淀区玉渊潭南路 1 号 D 座　100038） 网址：www.waterpub.com.cn E-mail：zhiboshangshu@163.com 电话：（010）62572966-2205/2266/2201（营销中心）
经　　售	北京科水图书销售有限公司 电话：（010）68545874、63202643 全国各地新华书店和相关出版物销售网点
排　　版	北京智博尚书文化传媒有限公司
印　　刷	河北文福旺印刷有限公司
规　　格	170mm×240mm　16 开本　14 印张　301 千字
版　　次	2025 年 4 月第 1 版　2025 年 4 月第 1 次印刷
印　　数	0001—3000 册
定　　价	79.80 元

凡购买我社图书，如有缺页、倒页、脱页的，本社营销中心负责调换

版权所有·侵权必究

前言 PREFACE

数据分析越来越受到企业的重视，很多企业也在努力地开发 BI，构建自动化数据分析模型。但是，对于大多数企业来说，开发 BI 显得太高大上了，更多企业面临的问题是如何解决从系统导出数据的二次加工和深度分析问题。

Excel 2016 的面世，将 Excel 的数据处理与数据分析提升到一个新高度。不论是一个工作簿的多个工作表，还是多个工作簿的多个工作表；不论是打开的工作簿，还是没有打开的工作簿；不论是工作簿数据，还是从系统导出的数据库数据，诸如此类的大量数据整理加工、汇总和分析，在 Excel 2016 的新工具 Power Query 面前，已经不再是一件令人焦虑的事情了。你需要做的仅仅是：动动鼠标，用简单的命令，按照可视化的向导步骤一步一步操作，即可快速完成数据的清洗加工，并建立自动化的数据分析模型。

本书特点

视频讲解： 本书录制了 24 集共 83 分钟的教学视频，对 Power Query 数据清洗和建模的每个知识点、每个案例进行详细的讲解，手机扫描书中二维码，可以随时观看学习。

案例丰富： 47 余个来自培训咨询第一线的实际案例，通过这些案例来学习 Power Query，快速掌握 Power Query 数据清洗和建模的相关知识与技能。

在线交流： 本书提供 QQ 学习群，在线交流 Excel VBA 学习心得，解决实际工作中的问题。

本书内容安排

本书主要介绍如何使用 Power Query 来快速整理加工数据，如何根据不同的数据来源建立自动化的数据模型。

本书共分 6 章，结合大量的实际案例，介绍 Power Query 在数据清洗加工和自动化数据分析建模的各种实际应用。前 3 章主要介绍数据清洗加工的各种实际应用案例，后 3 章分别介绍财务数据分析建模、销售分析数据建模和人力资源数据分析建模的经典案例。

本书目标读者

本书适合于具有 Excel 基础知识的各类人员阅读，特别适合经常处理大量数据的各类人员阅读。本书也可作为高等院校经济类本科生、研究生和 MBA 学员的教材或参考书。

本书针对的是 Excel 2016 以上的版本，所有案例都在这样的版本中测试完成。

本书赠送资源

配套资源

视频讲解：本书录制了 24 集共 83 分钟的教学视频，对 Power Query 数据清洗和建模的知识点和案例进行详细的讲解。手机扫描书中二维码，可以随时观看学习，也可按照资源获取方式中的指引下载后观看。

全部实际案例：本书提供全部 47 个实际案例的素材。

拓展学习资源

30 个函数综合练习资料包

75 个分析图表模板资料包

《Power Query 自动化数据处理案例精粹》电子书

《Power Query-M 函数速查手册》电子书

《Power Pivot DAX 表达式速查手册》电子书

《Excel 会计应用范例精解》电子书

《Excel 人力资源应用案例精粹》电子书

《新一代 Excel VBA 销售管理系统开发入门与实践》电子书

《Excel VBA 行政与人力资源管理应用案例详解》电子书

资源获取方式

读者可以扫描下面的二维码，或在微信公众号中搜索"办公那点事儿"，关注后发送"EX30601"到公众号后台，获取本书资源下载链接。将该链接复制到计算机浏览器的地址栏中（一定要复制到计算机浏览器的地址栏，在电脑端下载，手机不能下载，也不能在线解压，没有解压密码），根据提示进行下载。

读者也可加入本书 QQ 交流群 924512501（若群满，会创建新群，请注意加群时的提示，并根据提示加入对应的群），读者也可互相交流学习经验，作者也会不定期在线答疑解惑。

韩小良

目 录 CONTENTS

第 1 章　最耗时间的数据清洗和重复计算　/　1

1.1　表格数据不规范是数据分析的大敌 ·· 1
- 1.1.1　不规范表格徒耗大量精力和时间 ······································ 1
- 1.1.2　每个月都做相同的烦琐计算，效率低下 ···························· 2
- 1.1.3　如何才能进行高效数据分析 ·· 4

1.2　表格不规范的常见情况 ··· 4
- 1.2.1　表格结构不规范 ··· 4
- 1.2.2　表格数据不规范 ··· 7

第 2 章　转换表格结构　/　9

2.1　删除垃圾行和垃圾列 ··· 9
- 2.1.1　删除小计行和小计列 ·· 9
- 2.1.2　删除空行和空列 ·· 10

2.2　处理多行标题 ·· 13
- 2.2.1　简单的多行标题处理 ··· 14
- 2.2.2　复杂的多行标题处理，并拆分表 ···································· 15

2.3　表格行列转换 ·· 25
- 2.3.1　逆序行次序 ·· 25
- 2.3.2　逆序列次序 ·· 27
- 2.3.3　行列的整体转置：简单情况 ··· 30
- 2.3.4　行列的整体转置：复杂情况 ··· 32
- 2.3.5　把多行变一行：获取每个人的最新证书名称及获取日期 ······ 36
- 2.3.6　把多行变一行：提取不重复的二级部门列表 ···················· 39
- 2.3.7　把多行变一行：删除重复且积分最少的电话号码 ·············· 45

- 2.3.8 把多行变一行：整理不重复的考勤刷卡数据 ·················· 48
- 2.3.9 把一行变多行：重新排列地址与门牌号 ·················· 51
- 2.3.10 把一行变多行：整理报销人与报销金额 ·················· 55
- 2.3.11 把多列变为一列：简单情况 ·················· 59
- 2.3.12 把多列变为一列：复杂情况 ·················· 61

2.4 数据分列与数据提取 ·················· 65
- 2.4.1 数据分列：根据一个分隔符 ·················· 65
- 2.4.2 数据分列：根据多个分隔符 ·················· 71
- 2.4.3 数据分列：根据字符数 ·················· 74
- 2.4.4 提取数据：利用分隔符 ·················· 77
- 2.4.5 提取数据：利用字符数 ·················· 81
- 2.4.6 提取数据：利用 M 函数公式 ·················· 84

2.5 二维表格转换为一维表格 ·················· 91
- 2.5.1 一列文本的二维表格转换为一维表格 ·················· 91
- 2.5.2 多列文本的二维表格转换为一维表格 ·················· 93
- 2.5.3 有合并单元格的多列文本的二维表格转换为一维表格 ·················· 95
- 2.5.4 有合并单元格标题的多列文本的二维表格转换为一维表格 ·················· 97

第 3 章 整理表格数据 / 104

3.1 严格对待数据模型 ·················· 104
- 3.1.1 数据的分类 ·················· 104
- 3.1.2 数据类型的种类 ·················· 104
- 3.1.3 常见的数据不规范问题 ·················· 104

3.2 清除数据中眼睛看不见的字符 ·················· 105
- 3.2.1 清除字符中的空格 ·················· 105
- 3.2.2 清除字符中的特殊字符 ·················· 106

3.3 转换数字格式 ·················· 108
- 3.3.1 把文本型数字转换为数值型数字 ·················· 108
- 3.3.2 把数值型数字转换为文本型数字 ·················· 109
- 3.3.3 把数字转换为指定位数的文本型数字 ·················· 109

3.4 转换修改日期 ·················· 111
- 3.4.1 转换文本型日期 ·················· 112
- 3.4.2 转换非法格式日期 ·················· 112

3.4.3 拆分日期和时间 ·············· 115

3.5 从文本数据中提取关键数据 ·············· 117
3.5.1 使用现有工具提取关键数据 ·············· 117
3.5.2 使用 M 函数提取关键数据 ·············· 118

3.6 从日期数据中提取重要信息 ·············· 122
3.6.1 从日期数据中提取年 ·············· 123
3.6.2 从日期数据中提取季度 ·············· 123
3.6.3 从日期数据中提取月 ·············· 124
3.6.4 从日期数据中提取周 ·············· 125
3.6.5 从日期数据中提取星期 ·············· 126

3.7 转换字母大小写 ·············· 126
3.7.1 每个单词首字母大写 ·············· 127
3.7.2 每个单词全部字母大写 ·············· 127
3.7.3 每个单词全部字母小写 ·············· 128

3.8 添加前缀和后缀 ·············· 128
3.8.1 仅添加前缀 ·············· 129
3.8.2 仅添加后缀 ·············· 130
3.8.3 同时添加前缀和后缀 ·············· 130

3.9 对数字进行舍入处理 ·············· 131
3.9.1 对数字进行四舍五入 ·············· 131
3.9.2 对数字向上舍入 ·············· 132
3.9.3 对数字向下舍入 ·············· 133

3.10 对数字进行批量计算 ·············· 133
3.10.1 对数字批量加上一个相同的数 ·············· 134
3.10.2 对数字批量减去一个相同的数 ·············· 135
3.10.3 对数字批量乘上一个相同的倍数 ·············· 136
3.10.4 对数字批量除以一个相同的倍数 ·············· 136

第 4 章 财务数据分析建模 / 138

4.1 管理费用跟踪分析模板 ·············· 138
4.1.1 示例数据 ·············· 138
4.1.2 整理加工，建立数据模型 ·············· 138
4.1.3 建立分析模板 ·············· 148

4.1.4 报表一键刷新 150
4.2 产品成本跟踪分析模板 152
4.2.1 示例数据 152
4.2.2 整理加工，建立数据模型 152
4.2.3 建立分析模板 160
4.2.4 模型刷新 161
4.3 店铺经营分析模板 162
4.3.1 示例数据 162
4.3.2 建立自动化汇总模型 163
4.3.3 店铺盈亏分布分析 173
4.3.4 指定店铺的各月经营跟踪分析 175
4.3.5 店铺排名分析 175
4.3.6 指定店铺的净利润影响因素分析 176
4.3.7 模型刷新 178

第 5 章 销售数据分析建模 / 179
5.1 构建数据分析模型 179
5.1.1 建立各年基本查询表 179
5.1.2 合并两年数据，建立同比分析模型 184
5.1.3 建立同比分析度量值 186
5.2 当年销售分析 187
5.2.1 销售整体分析 187
5.2.2 前 10 大客户分析 188
5.2.3 业务员销售排名分析 189
5.3 销售同比分析 189
5.3.1 产品销售同比分析 190
5.3.2 客户销售同比分析 192
5.3.3 业务员销售同比分析 192

第 6 章 人力资源数据分析建模 / 193
6.1 员工信息分析建模 193

6.1.1　建立数据模型 ………………………………………………… 193
　　　6.1.2　员工属性分析报告 ……………………………………………… 201
　6.2　人工成本分析建模 …………………………………………………… 202
　　　6.2.1　基于当前工作簿各月工资表数据的模板 ……………………… 202
　　　6.2.2　基于各月工资工作簿数据的模板 ……………………………… 207

第1章
最耗时间的数据清洗和重复计算

千里之行，始于足下，是亘古不变的道理。

不论是公开课，还是企业内部培训和项目咨询，或者是网络课程的交流，笔者经常遇到这样的情况：学员拿着一张乱表，询问如何快速制作设计公式、如何制作自动化的分析报告。

1.1 表格数据不规范是数据分析的大敌

以Word思维来使用Excel的人不在少数。有的人自认为会用Excel却总是设计出大量的垃圾表格，有的人根本就把Excel规则扔在一边而随心所欲地设计表格，有的人认为Excel很简单却把Excel表格设计成了带边框的Word表等，不一而足。

1.1.1 不规范表格徒耗大量精力和时间

图1-1是一个典型的数据不规范表格，现在要制作每个月的人力资源月报，分析各个维度的人数分布，结果则是不断地在这个表格中筛选数据，数单元格个数，浪费了大量时间。

图1-1 带边框的"Word表"

这个表格最大的问题是：表不表，数不数，不仅有大量的合并单元格，而且其中的数据也极其不规范。例如，出生日期数据不正确，进公司时间输入成了年月日三个数；信息主次不分，一些辅助数据也保存在了这样的表格中。

员工花名册是保存员工重要信息数据的表格，但在企业人力资源管理中，并不是每个数据都需要分析。应当把这个表格的数据分成两个表格来管理：基本信息和辅助信息。

基本信息，即员工的重要信息数据，是为企业人力资源管理服务的，包括工号、姓名、部门、职务、身份证号码、性别、出生日期、年龄、进公司日期、司龄、学历、专业等。

辅助信息，即员工的一些其他信息，仅仅是一个信息备存，例如毕业院校、毕业时间、政治面貌、入党（团）时间、技术职称及其取得时间、家庭地址、联系电话等。

两个表格的信息数据，依据每个员工的工号和姓名进行关联。

图1-2是员工基本信息表单的结构设计。

	A	B	C	D	E	F	G	H	I	J	K
1	工号	部门	姓名	性别	出生日期	年龄	职务	进公司时间	司龄	学历	所学专业
2	100001	公司总部	王嘉木	男	1966-8-5	51	总经理	2008-8-1	9	硕士	工商管理
3	100002	公司总部	丛赫敏	女	1957-1-3	61	党委副书记	2004-7-1	13	大专	行政管理
4	100003	公司总部	白留洋	男	1963-5-19	54	副总经理	2004-7-1	13	本科	道路工程
5	100004	公司总部	张丽莉	男	1968-7-23	49	副总经理	2007-1-12	11	本科	汽车运用工程
6	110001	公司总部	蔡晓宇	男	1972-4-24	46	总助兼经理	2007-4-17	11	本科	经济管理
7	110002	公司总部	祁正人	男	1975-8-17	42	副经理	2009-1-1	9	本科	法学
8	110003	公司总部	孟欣然	男	1978-1-19	40	业务主管	2004-10-1	13	本科	经济管理
9	110004	公司总部	毛利民	女	1982-8-12	35	科员	2005-8-1	12	本科	新闻学
10	110005	公司总部	马一晨	女	1983-12-27	34	科员	2006-7-10	11	本科	汉语言文学
11	110006	公司总部	王浩忌	女	1973-2-12	45	科员	2007-5-1	11	本科	经济管理
12	110007	公司总部	刘晓晨	女	1985-5-22	32	科员	2008-8-26	9	本科	广播电视编导
13	110008	公司总部	刘颂峙	女	1963-12-4	54	办事员	2004-10-28	13	本科	法律
14	110009	公司总部	刘冀北	女	1983-1-27	35	办事员	2005-9-8	12	本科	工商管理
15	120001	公司总部	吴雨平	男	1957-9-6	60	经理	2004-7-1	13	大专	企业管理
16	120002	公司总部	王浩忌	女	1962-12-9	55	副经理	2004-9-1	13	本科	经济管理

图1-2　标准规范的员工基本信息表单

图1-3是另外一种表格，这个表格完全把Excel当成了Word来使用，这张表究竟如何之乱，这里不再赘述，感兴趣的读者可以自己放大图表，慢慢阅读。

	A	B	C	D	E	F	G	H	I	J	K	L	M	N	O	P	Q	R	S	T	U	V	W	X	Y	Z	AA	AB	A
1															乌煤2019年6月份沙石方单车结算单														
2																													
3	设备名称	401电铲			402电铲					403电铲		设备名称	405电铲		设备名称	406电铲		设备名称									408电铲		
4	平盘位置	405区			302区		112区			321区		平盘位置	201区		平盘位置	405区		平盘位置	302区		112区		201区		405区		489区		
5	运距(m)	800			800		800			1100		运距(m)	1100		运距(m)	500		运距(m)	1450		800		1500		2500		1750		
6	爬高(m)	0			32		32			32		爬高(m)	27		爬高(m)	0		爬高(m)	81		0		0		23		30		
7	单车方量(m^3/车)	14.5			11.5		11.5			11.5		单车方量(m^3/车)	11.6		单车方量(m^3/车)	11.55		单车方量(m^3/车)	11.55		14.5		14.5		14.5		14.5		
8	车号		方量	车号	车数	方量	车数	方量	车号	车数	方量	车号	车数	方量	车号		方量	车号	车数	方量	车数	方量	车数	方量	车数	方量	车数	方量	车
9	E262		43.50	E188		17.25			E010	1.00	17.25	E232	2.00	34.80	E125		17.33	E252	3.00	51.98									
10	E252		87.00	E198		17.25			合计	1.00	17.25	合计	2.00	34.80	E127		34.65	E253					4.00	87.00					
11	E257		43.50	E209		17.25									E129		17.33	E256	1.00	17.33	2.00	43.50							
12	E249		21.75	E557			1.00	17.25							E124		17.33	E259			1.00	21.75							
13	E261		21.75												E138		17.33	E264							1.00	21.75			
14	C268		37.70															E265			1.00	21.75							
15																		E242							1.00	21.75			
16																		E246	1.00	17.33	3.00	65.25	3.00	65.25	2.00	43.50			
17																		E248	1.00	17.33	2.00	43.50	3.00	65.25					
18																		E435											
19																		E442											
20																		合计	6.00	103.97	9.00	[illegible]	10.00	[illegible]	4.00	87.00			
21																		G313	2.00	40.89	1.00	25.67	2.00	51.33					3.
22																		G314											2.
23																		G315											3.

图1-3　把结算表当成了基础表单

如上的表格居然很多人每天都在耐心地使用，结果大量的宝贵时间浪费在数据的筛选统计，浪费在手工计算，谈不上数据的高效计算，更谈不上如何构建一个自动化的数据分析模型，实现数据的自动跟踪分析。

在现实工作中，各种各样的不规范的表俯拾皆是，如何整理并清洗这样的表是摆在数据管理者和数据分析者面前的一个重要而烦琐的任务。

1.1.2　每个月都做相同的烦琐计算，效率低下

即使一张还算说得过去的表格，在进行统计汇总分析时，很多人也是不厌其烦地在做重复计算，因为仅仅是数字变化了而已。这种计算时时有，却不思考如何建立一个自动化

汇总分析模板，提高工作效率。

图1-4和图1-5是这样一个例子，每个月收集到各个店铺上报的月报表，分别保存为各个店铺的工作簿，并保存在一个文件夹里，每个工作簿的工作表就是截止当月的以前所有月份的经营数据。

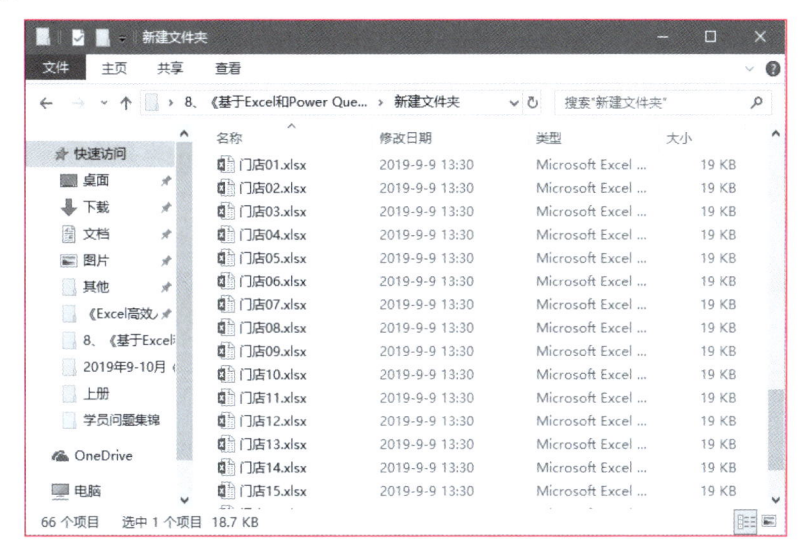

图1-4　保存在文件夹里的各个店铺工作簿

图1-5　某个店铺工作簿中各个月的经营数据

我们每个月都会收到各门店更新后的工作簿，每个工作簿的月份工作表也在增加，作为总部的数据分析人员，你是否像普通人那样，打开每个工作簿，复制粘贴，然后做数据透视表，对每个店铺的经营绩效进行分析？还是使用VBA+SQL编写代码来努力实现数据处理的自动化？或者是使用函数公式、Power工具来建立更加高效的数据模型？

现在Excel技术的发展远远超过了我们的想象。例如，新函数XLOOKUP已经远优于普通VLOOKUP函数。智能化数据处理工具Power更是颠覆了人们的认识：建立数据模型如此简单，只需几步操作，就能快速完成数据分析。

1.1.3 如何才能进行高效数据分析

为了实现高效数据分析，需要基础表格数据实现真正的规范化、标准化，这表现在两方面。

◎ 表格结构标准化
◎ 表格数据规范化

除了手工设计的表格，从系统导出的数据也也可能存在问题。处理这些问题需要耗费大量的时间，因此，我们必须予以足够的重视。

下面我们对表格结构和数据两方面的主要问题予以简单说明。

1.2 表格不规范的常见情况

表格不规范带来的危害是巨大的，不仅会造成数据处理效率低下，更严重的是数据管理混乱、流动不畅、无法及时跟踪与分析。

1.2.1 表格结构不规范

从表格结构来说，不规范之处主要有以下6个方面。

◎ 表格大而全
◎ 合并单元格
◎ 不同类型的数据保存在同一列
◎ 不必要的大量小计行和小计列

1. 表格大而全

大而全的表格是很多人设计表格的通病，主要表现如下。
（1）把不同业务数据保存在一个工作表中。
（2）把主要信息与辅助信息保存在一个工作表中。
（3）同一个业务数据没有按照时间序列做合理布局。

图1-6就是一个将不同业务数据保存在一个工作表中的例子，合同信息、发票信息、付款信息都被保存在了一个工作表中。

图1-6 不同业务数据被保存到了一个工作表中

正确的做法是，将合同信息、发票信息和付款信息分别保存在三个工作表中，这三个工作表通过合同号相关联，建立一个合同执行情况跟踪模型。

图1-7就是主要信息和次要信息都被保存在一个工作表中的例子。对企业人力资源数据管理来说，家庭背景、党团员背景、证书背景等并不是最重要的信息，因此这些信息可以保存到另外一个工作表中，而主表只保存员工的重要基本信息。

当业务数据比较复杂，又要按月度跟踪分析数据时，最好按月保存数据，也就是说，每个月有一张工作表，保存该月的数据。

然而，在实际工作中，将所有月份数据保存在一个工作表中的处理情况也是很多的，如图1-7所示，预算数和执行数及相应的差异计算结果都保存到了一个工作表中。实际上，这种表格不能称为基础数据表单，而仅仅是一个决算表，是从基础表单汇总计算得到的。

	A	B	C	D	E	F	G	H	I	J	K	L	M	N	O	P	Q
1	指标	1月				2月				3月				4月			
2		预算数	执行数	差异额	差异率(%)	预算数	执行数	差异额	差异率(%)	预算数	执行数	差异额	差异率(%)	预算数	执行数	差异额	差异率(%
3	办公费	1,016.66		-1016.66	-100.00	1,016.66		-1016.66	-100.00	1,016.66		-1016.66	-100.00	5083.31	120.00	-4963.31	-97.6
4	差旅费	14,666.66	3,330.50	-11336.16	-77.29	14,666.66	1,358.00	-13308.66	-90.74	14,666.66	8,821.90	-5844.76	-39.85	73333.31	22028.40	-51304.91	-69.9
5	车辆费																
6	加油费																
7	维修费																
8	过路过桥费																
9	保险费																
10	其他费用																
11	业务招待费	15,833.34	1,839.00	-13994.34	-88.39	15,833.34	3,229.00	-12604.34	-79.61	15,833.34	445.00	-15388.34	-97.19	79166.69	9099.00	-70067.69	-88.5
12	小计	31516.66	5169.50			31516.66	4587.00			31516.66	9266.90	-22249.76	-70.60	157583.31	31247.40	-126335.91	-80.1
13	工资	79,637.14	76,976.56	-2660.58	-3.34	79,637.14	63,769.00	-15868.14	-19.93	79,637.14	69,317.58	-10319.56	-12.96	398185.70	365817.33	-32368.37	-8.1
14	奖金																
15	福利费																
16	职工教育经费																
17	工作餐	2,500.00		-2500.00	-100.00	2,500.00	4,427.00	1927.00	77.08	2,500.00	3,852.00	1352.00	54.08	12500.00	12110.00	-390.00	-3.1
18	社会保险费																

图1-7　预算数和执行数及相应的差异计算结果都被保存到了一个工作表中

2. 合并单元格

合并单元格，且有多行合并单元格标题，是最不能接受的陋习。这种错误思维，大多来源于把报告结构当成表单结构。

当标题行里存在合并单元格时，各列数据还有真正的标题吗？这样就谈不上建立一个高效自动化的数据分析模型。例如，当有合并单元格时，输入函数引用单元格区域时就会出现问题，当创建数据透视表时，就会出现“字段名无效”的警告框。

3. 不同类型的数据保存在同一列

不同类型的数据保存在同一列的情况也普遍存在，例如，图1-8是手工建立的表单，其中姓名和金额写在了一个单元格（一列）中，此时，还如何进行自动化计算和统计分析？

从系统导出的数据，以上的情况也很多见。图1-9就是从系统导出的管理费用发生额表，费用项目和部门被保存在同一列，在统计分析时，又不得不再将它们分成两列。

	A	B
1	日期	摘要
2	2019-7-15	张三300，李梦欣490.23，李四1218.98
3	2019-7-15	王五1600
4	2019-7-16	刘换成186.59，何欣欣588
5	2019-7-17	皇甫明熙948.34，赵坤782.16，王五396，赵传雨1848.58
6	2019-7-19	刘大雅757.44，董海川4887.42
7	2019-7-19	Jack2050.48，李达858.41，CoCo942.13
8		

图1-8　姓名和金额被写在了一个单元格（一列）中

	A	B	C
1	科目代码	科目名称	本期发生额
2	6602	管理费用	151,855.07
3	6602.4110	工资	76,653.29
4		[01]总经办	9,062.10
5		[02]人事行政部	12,842.06
6		[03]财务部	13,478.95
7		[04]采购部	9,828.39
8		[05]生产部	10,519.06
9		[06]信息部	12,485.52
10		[07]贸易部	8,437.21
11	6602.4140	个人所得税	3,985.42
12		[01]总经办	1,948.27
13		[02]人事行政部	633.58
14		[03]财务部	533.29
15		[04]采购部	165.55
16		[05]生产部	270.71
17		[06]信息部	195.06
18		[07]贸易部	238.96
19	6602.4150	养老金	3,614.50
20		[01]总经办	704.80

图1-9　费用项目和部门被保存在了同一列

4. 不必要的大量小计行和小计列

在基础表单中增加小计行和小计列纯属画蛇添足，因为在制作统计分析报告时，我们做合计计算也是非常方便的。但是，如果在基础表单中存在大量的小计行和小计列，统计汇总时会造成重复计算，增加数据维护的工作量。

图1-10就是这样的一个表格，每个部门下添加了一个小计数，在表格的顶部还有所有员工的总计数，并且是合并单元格标题。

	A	B	C	D	E	F	G	H	I	J	K	L	M	N	O	P	Q	R	S
1	工号	姓名	性别	所属部门	级别	基本工资	岗位工资	工龄工资	住房补贴	交通补贴	医疗补助	奖金	病假扣款	事假扣款	迟到早退扣款	应发合计	住房公积金	养老保险	医疗保
2	总计					320429	48200	19080	31533	7440	5208	76050	2136	1749	1749	494471	28875.5	12430.4	310
3																			
4	0001	刘晓晨	男	办公室	1级	5350	1000	360	543	120	84	1570	0	0	0	9027	588.9	268.8	6
5	0002	石破天	男	办公室	5级	7125	800	270	655	120	84	955	41	2	79	9887	459.6	205.6	5
6	0003	蔡晓宇	女	办公室	3级	6824	800	210	435	120	84	1185	15	55	97	9491	424.6	176.8	4
7	0004	祁正人	男	办公室	1级	4790	800	210	543	120	84	985	32	55	10	7435	435.4	192.8	4
8	0005	张丽莉	女	办公室	4级	2000	800	150	234	120	84	970	0	60	0	4298	387	180	
9	合计					26089	4200	1200	2410	600	420	5665	88	172	186	40138	2295.5	1024	2
10	0006	孟欣然	女	行政部	1级	4211	800	300	345	120	84	1000	60	83	0	6717	456.1	224	
11	0007	毛利民	男	行政部	1级	7480	600	420	255	120	84	1000	94	0	28	9837	369.1	161.6	4
12	0008	马一晨	男	行政部	6级	6267	1000	330	664	120	84	1385	71	95	0	9684	509.5	210.4	5
13	0009	王浩忌	男	行政部	5级	4758	1000	330	478	120	84	1400	90	48	12	8020	522.4	234.4	5
14	0010	王嘉木	男	行政部	6级	5982	600	300	645	120	84	1400	0	0	65	9066	486.1	192	
15	0011	丛赫敏	女	行政部	1级	6931	600	420	745	120	84	1400	0	0	100	10200	488.1	185.6	4
16	0012	白留洋	女	行政部	3级	2451	600	360	565	120	84	1400	0	0	0	5580	464.1	180.8	4
17	合计					38080	5200	2460	3697	840	588	8985	315	226	205	59104	3295.4	1388.8	34
18	0013	王玉成	男	财务部	4级	7906	600	390	577	120	84	1400	74	0	78	10925	468.3	183.2	4
19	0014	蔡齐豫	女	财务部	3级	2267	1000	360	543	120	84	1570	0	82	94	5768	588.9	268.8	6
20	0015	秦玉邦	男	财务部	4级	1695	800	270	655	120	84	955	0	16	0	4563	459.6	205.6	5
21	0016	马梓	女	财务部	4级	5590	800	210	435	120	84	1185	0	48	50	8326	424.6	176.8	4
22	0017	张慈淼	女	财务部	4级	6978	800	210	543	120	84	985	31	94	0	9595	435.4	192.8	4
23	0018	李萌	女	财务部	3级	6915	800	150	234	120	84	970	0	0	0	9273	387	180	
24	合计					31351	4800	1590	2987	720	504	7065	105	240	222	48450	2763.8	1207.2	30
25	0019	何欣	女	技术部	1级	7413	800	300	345	120	84	1000	51	58	0	9953	456.1	224	

Sheet1

图1-10　小计行充斥表格

1.2.2 表格数据不规范

表格数据的不规范，一方面是在手工建表时输入数据太随意；另一方面是从系统导出的数据格式也存在诸多问题，以至于无法正常计算。

数据不规范的常见问题如下。

- ◎ 文本前后中间不规范的空格
- ◎ 名称不统一
- ◎ 数字格式（文本型与数值型）
- ◎ 非法日期和非法时间
- ◎ 眼睛看不见的特殊字符
- ◎ 空单元格

1. 文本前后中间不规范的空格

很多人常犯这样的错误，例如，为了使名称看起来整齐，强制在名称之间添加空格，这样处理的结果是费力不讨好，影响数据处理分析。

2. 名称不统一

这个问题在很多情况下会变得极为严重。例如，两个表格中的名称不一致，一个表里是"营销部（国际）"，另一个表里是"国际营销部"，实际上是一个部门；一个单元格输入了"人力资源部"，另一个单元格输入了"人事部"，还有的单元格输入了"HR"，这个三个名字都是指的同一个部门。

因为输入问题，导致名称不统一，更无法做出精确的数据统计分析了。

3. 数字格式（文本型与数值型）

数字有两种保存格式：文本型数字和数值型数字，前者用于处理编码数字，例如身份证号码、材料编码、邮政编码、科目编码、电话号码、银行账号等，后者用于保存数量、金额之类的数据。

很多情况下，从系统导出的数据，数字是文本格式，需要先进行转换。

如果在某列里保存两种格式的数字，则需要根据具体情况处理为数值型数字或者文本型数字。

4. 非法日期和非法时间

日期是序列号，是正整数。例如2019年9月10日就是正整数43718，因为日期是数字，才能进行计算。

时间也是数字，是小数，因此时间也是能够进行计算的。例如，12:00:00就是小数0.5。

很多情况下，看到诸如"2019.9.10"这样的日期，这种日期是违反规则的，并不能参与计算。

从系统导出的表格数据，如果有日期或者时间，大部分情况下并不是数值型日期或者数值型时间，而是文本，因此这样的日期也是不能计算的。

5. 眼睛看不见的特殊字符

这种情况多发生于从系统导出数据的场合，明明看着是数字，就是没办法求和，必须处理规范才行。

6. 空单元格

空单元格的存在，一方面是合并单元格的问题，另一方面是表格做成了阅读格式，这就造成了数据表中的数据不完整，数据缺失，需要根据具体情况进行填充。

建立数据模型的前提是有标准规范的基础表单，不论是表格结构，还是表格数据，都必须满足数据库的规则要求，一列列一行行，各居其位，进退有序，才能使数据分析高效化，并建立智能化数据分析模型。

下面将分几章内容来介绍数据清洗的各种实用技能，以及结合实际业务，建立经典的自动化数据分析模型。

第 2 章
转换表格结构

要建立一个高效数据分析模型，源数据必须是一个标准规范的数据库，或者说必须是一个真正的表，因此，首先应该从结构上进行规范。如不能做成大而全的表格，不能有合并单元格，不能有多行标题，不能是一列保存不同类型的数据，不能是二维表结构等。

转换表格结构的方法有很多，根据实际情况可采用不同的方法来处理。下面我们分别结合实例进行介绍。

2.1 删除垃圾行和垃圾列

垃圾行和垃圾列就是会影响到数据分析的行和列，或者是根本就没有必要的行和列，例如小计行、小计列、空行和空列等。

2.1.1 删除小计行和小计列

删除小计行和小计列很简单，先选择合计所在的列，打开"查找和替换"对话框，在"查找内容"输入框中输入"合计"或者"小计"，单击"查找全部"按钮，找出所有的单元格，然后再按Ctrl+A组合键，就选中了所有的合计或小计单元格，如图2-1所示。

关闭"查找和替换"对话框，执行"删除"→"删除工作表行"命令，就将工作表的所有合计行予以删除，如图2-2所示。

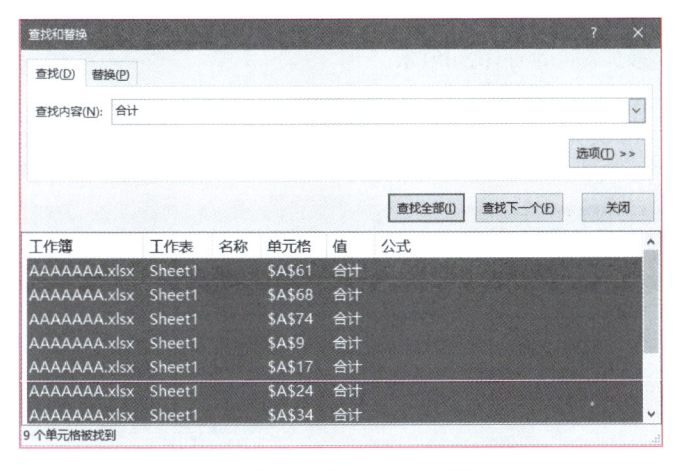

图2-1 选择所有的合计或小计单元格

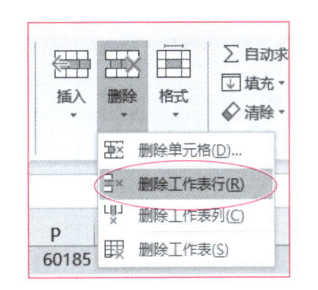

图2-2 "删除工作表行"命令

另外，我们也可以使用Power Query进行快速整理。详细内容请观看视频，其中有两种方法的比较。

2.1.2 删除空行和空列

删除空行和空列也很简单，先使用前面介绍的方法查找空值单元格，也就是在"查找和替换"对话框的"查找内容"输入框中留空，查找出所有的空单元格，然后执行"删除"→"删除工作表行"命令即可。

案例 2-1

如果从系统导出的数据有上万行甚至数十万行，这种查找空单元格然后再删除的方法就比较费时间了，还很容易死机，此时可以使用Power Query来处理，具体方法如下。

选择数据区域的整列，如图2-3所示。

图2-3 选择数据区域的整列

执行"数据"→"自表格/区域"命令，如图2-4所示。
打开"创建表"对话框，参数保持默认，如图2-5所示。

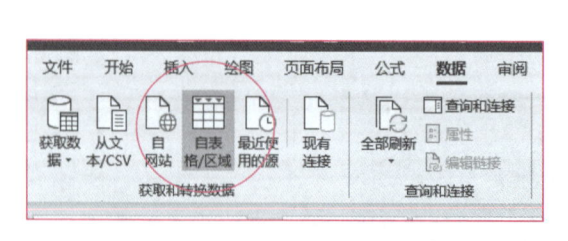

图2-4 "自表格/区域"命令按钮　　　图2-5 "创建表"对话框

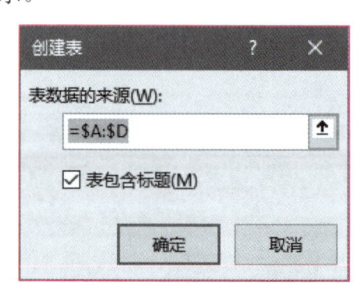

单击"确定"按钮，就打开了"Power Query编辑器"窗口，如图2-6所示。

10

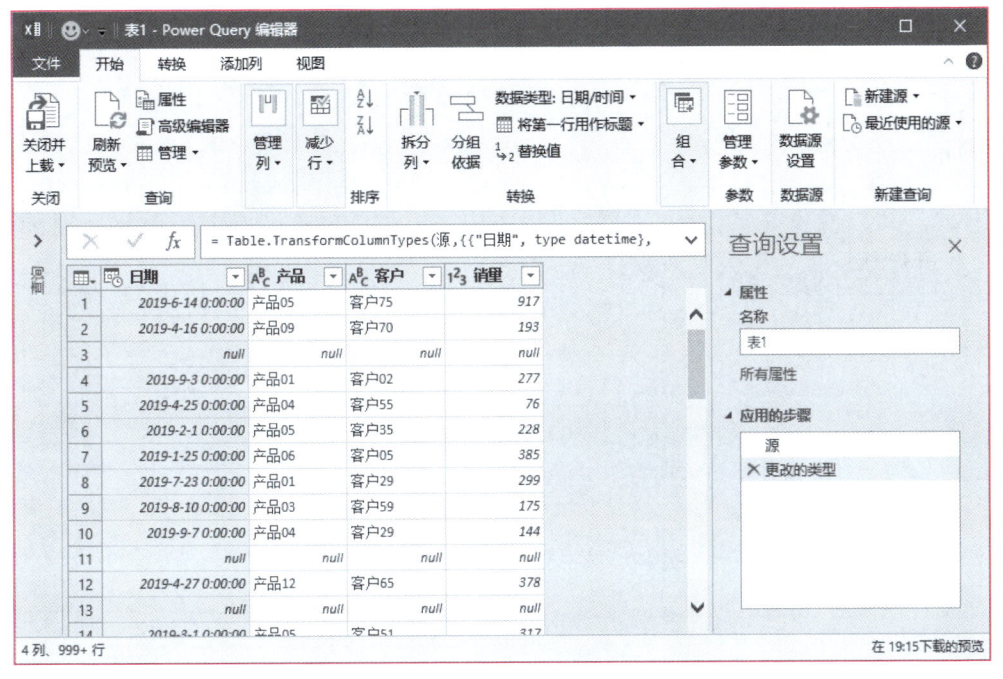

图2-6 "Power Query编辑器"窗口

本案例中，第一列是日期，Power Query会自动把这列的数据类型设置为日期时间，因此选择第一列"日期"，执行"开始"→"数据类型"→"日期"命令，如图2-7所示；这样就打开了一个"更改列类型"对话框，如图2-8所示。

单击"替换当前转换"按钮，将日期的数据类型更改为正确的日期类型，如图2-9所示。

图2-7 选择"日期"选项，设置数据类型

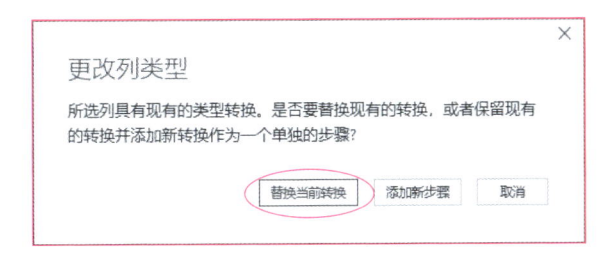

图2-8 "更改列类型"对话框

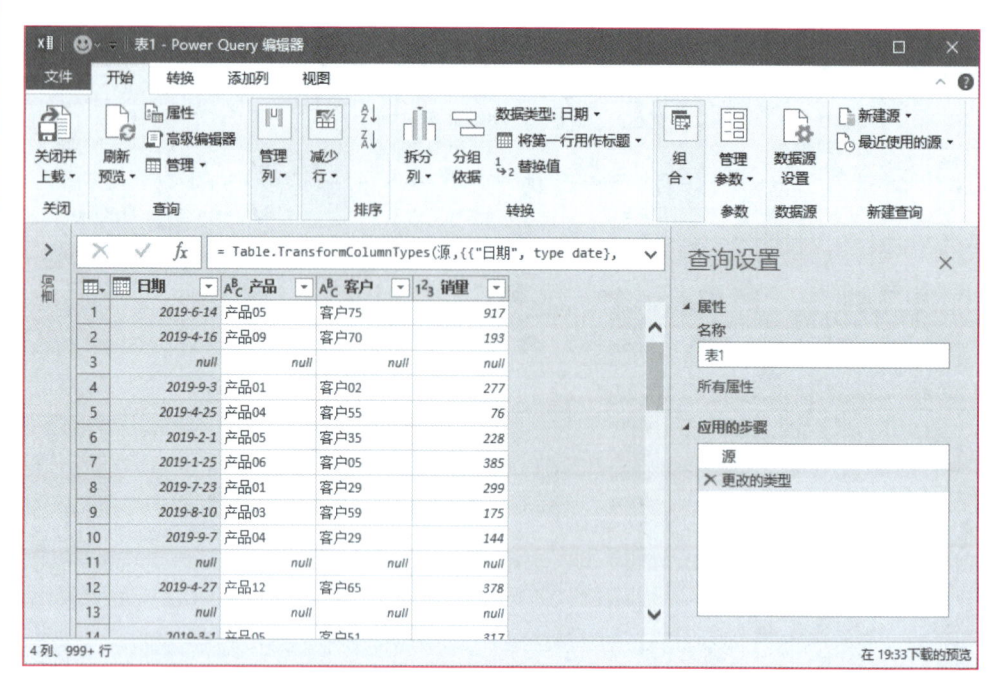

图2-9 第一列"日期"的数据类型更改为了正确类型

从任意一列中进行筛选，取消勾选"(null)"复选框，如图2-10所示。

这样就得到了图2-11所示的表，此时已经没有空行。

单击"文件"→"关闭并上载"按钮，如图2-12所示。

这样就自动创建了一个新工作表，导入删除空行后的数据，如图2-13所示。

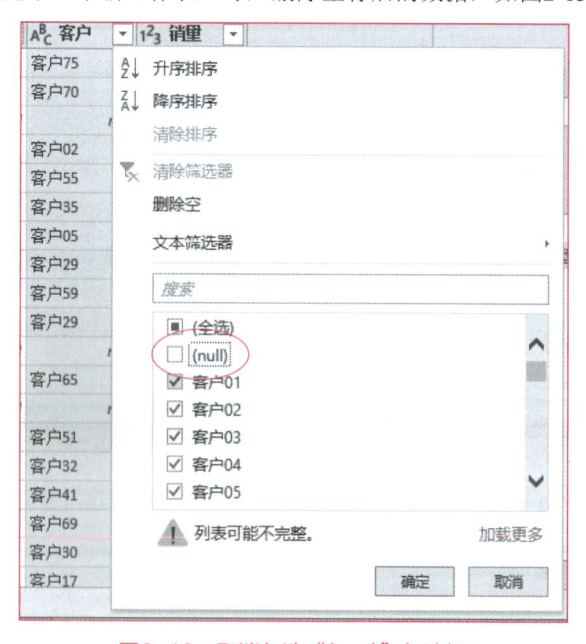

图2-10 取消勾选"(null)"复选框

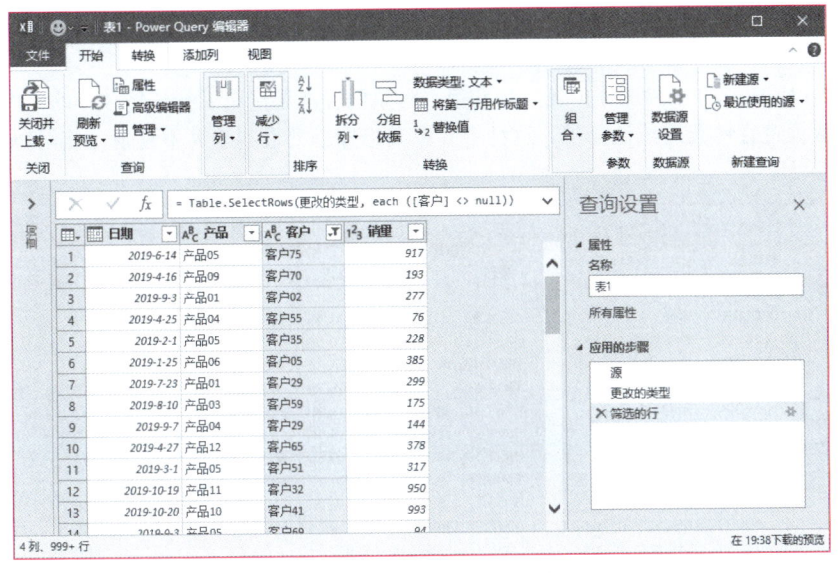

图2-11 筛选掉空行后的表

图2-12 "关闭并上载"按钮

图2-13 删除了空行后的表格

最后，将原来的表格删除。

2.2 处理多行标题

多行标题、合并单元格是典型的垃圾表特征，因为合并单元格、多行标题就意味着无法对每列数据进行辨识。另外，这样的表在很多情况下是多种业务数据的大而全表格，因此，处理这样的标题，实际上不仅仅是处理合并单元格标题，也是把一个表格分割成几个表。

2.2.1 简单的多行标题处理

图2-14就是这样一种表格，第一行和第二行是两行标题，第一行还是合并单元格，这样很难对数据进行精准的统计分析。这种合并单元格标题处理起来并不复杂，使用Excel基本方法就可以了。

图2-14 多行标题，合并的单元格

选择第一行和第二行，单击功能区中的"合并后居中"按钮，如图2-15所示，取消合并单元格，如图2-16所示。

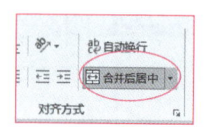

图2-15 "合并后居中"按钮

图2-16 取消合并单元格

然后重新输入标题，删除其他的垃圾行，就得到图2-17所示的表格。

图2-17 处理标题后的表格

2.2.2 复杂的多行标题处理,并拆分表

有些情况下,不仅仅简单处理合并单元格标题,还要根据每列的具体数据类型,对表格进行分割处理。

案例 2-2

图2-18是一个产品销售预实统计表的示例,这个表格并不方便做分析数据,例如,制作预实分析仪表盘时,需要使用函数做各种查找和计算。

为了能够制作一个自动化的预实分析模型,需要对这个表格进行分割处理:将表格拆分成预算表和实际表。

图2-18 产品销售预实统计表

1. 拆分预算表和实际表

选择表格区域,执行"数据"→"自表格/区域"命令,打开"创建表"对话框,注意取消勾选"表包含标题"复选框,如图2-19所示。

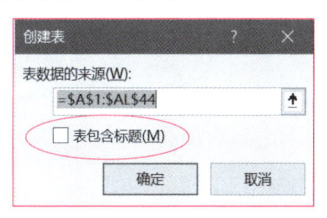

图2-19 "创建表"对话框,取消勾选"表包含标题"复选框

然后单击"确定"按钮,打开"Power Query编辑器"窗口,如图2-20所示。

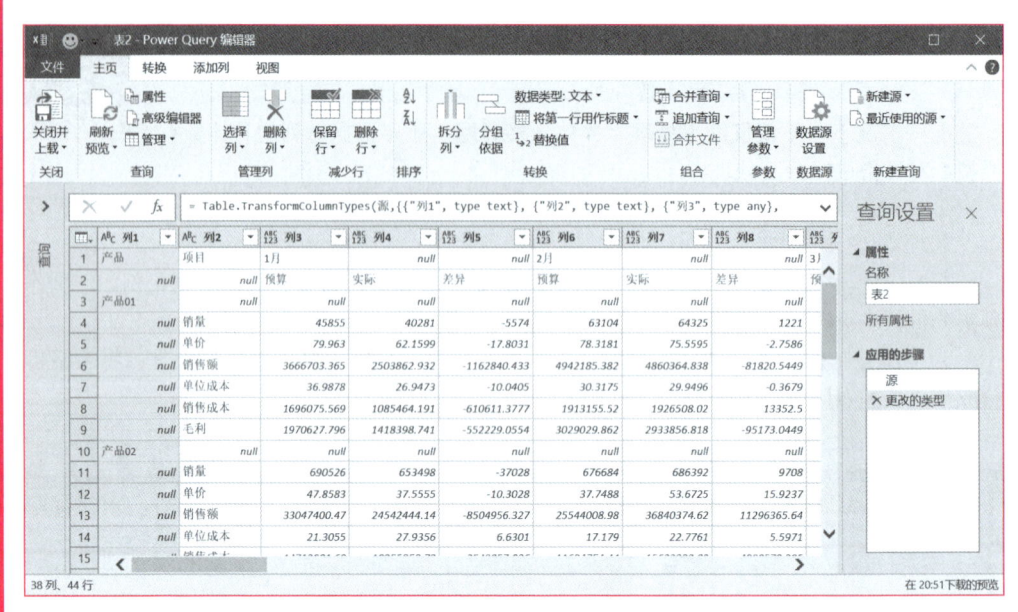

图2-20 "Power Query编辑器"窗口

选择第一列，执行"转换"→"填充"→"向下"命令，如图2-21所示。

现已将第一列填充了产品名称，如图2-22所示。

执行"转换"→"转置"命令，如图2-23所示。

将表格进行转置，如图2-24所示。

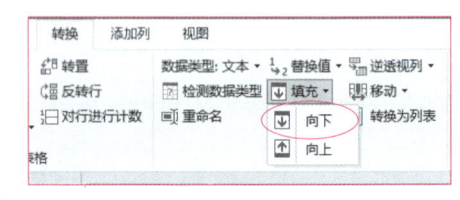

图2-21 执行"填充"→"向下"命令，准备填充数据

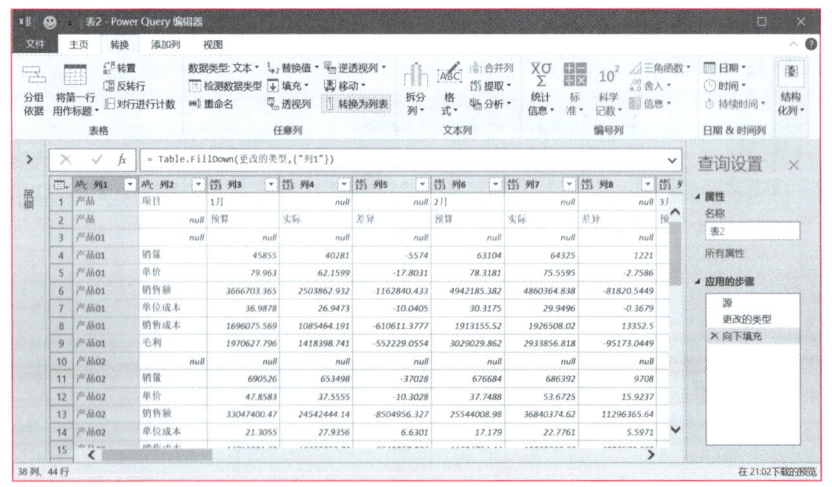

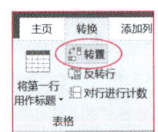

图2-22 第一列填充产品名称

图2-23 "转置"命令

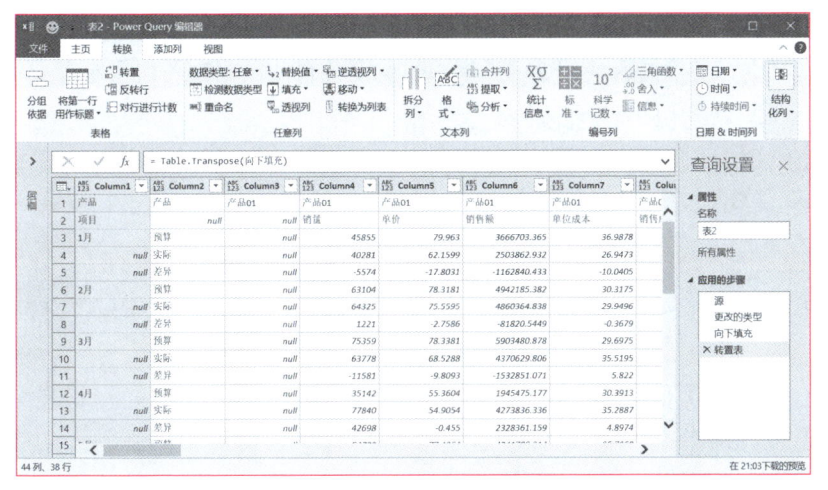

图2-24 转置后的表

选择第一列，执行"转换"→"填充"→"向下"命令，将第一列的空值填充为月份名称，如图2-25所示。

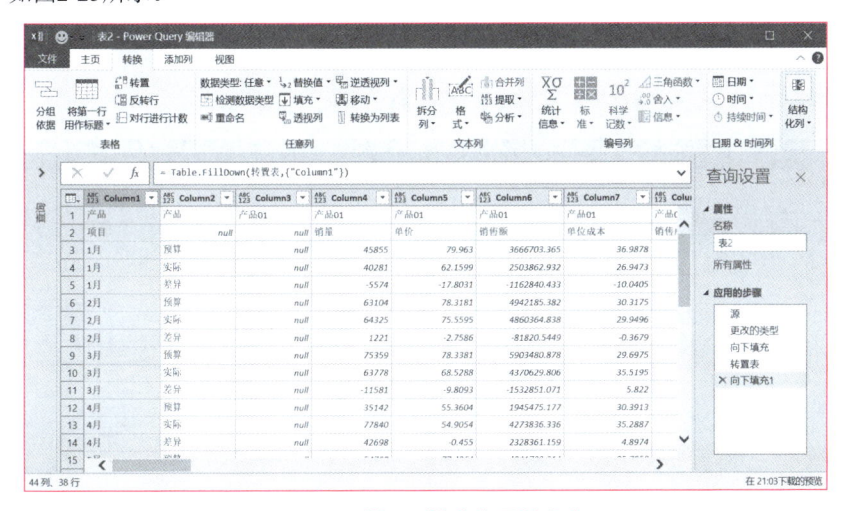

图2-25 第一列填充为月份名称

从第二列中做筛选，取消勾选"实际"和"差异"复选框，如图2-26所示。

图2-26 取消勾选"实际"和"差异"复选框

这样就得到了预算数据表，但还是转置状态，如图2-27所示。

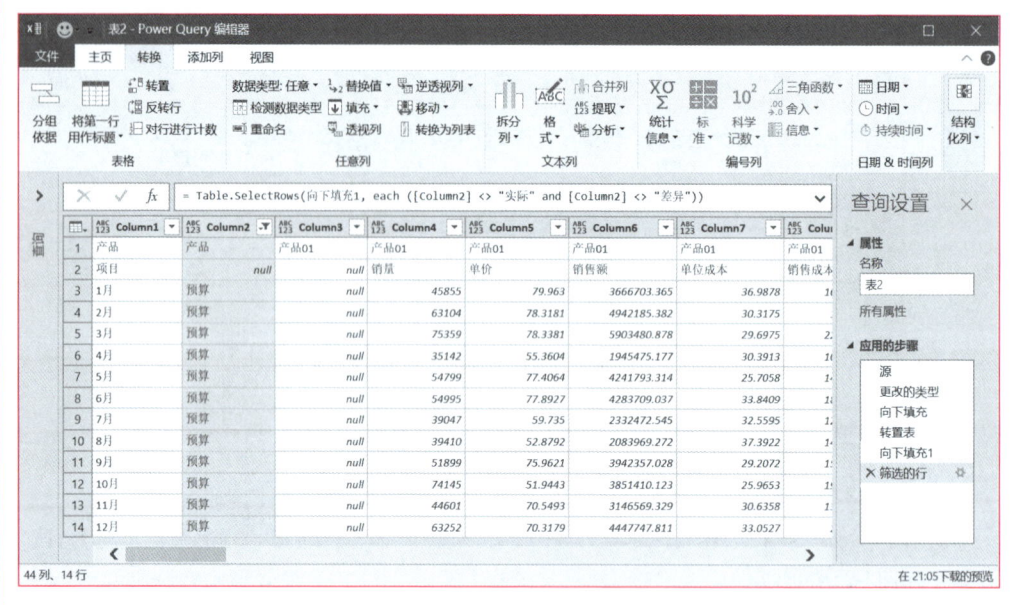

图2-27　得到的预算数据表

执行"转换"→"转置"命令，将表格再转置过来，如图2-28所示。

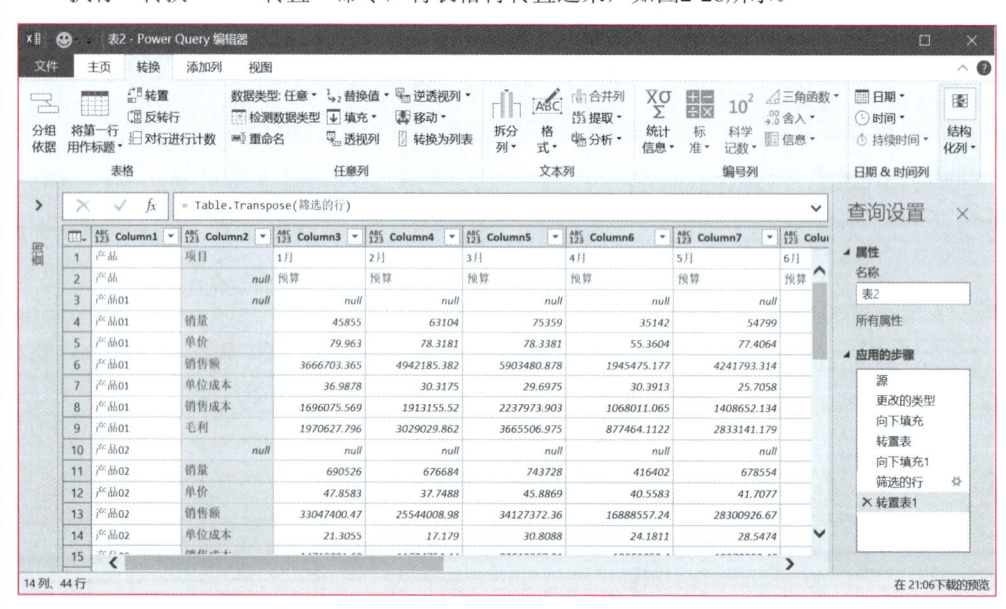

图2-28　再转置成正常结构的预算表

从第二列中进行筛选，取消勾选"（null）"复选框，如图2-29所示。

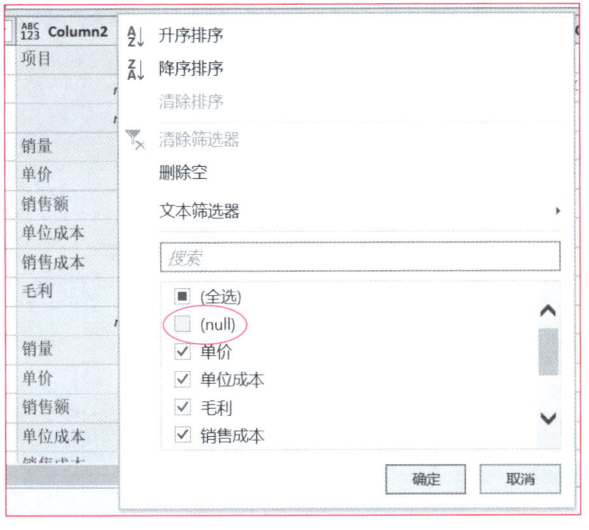

图2-29　取消勾选"（null）"复选框

这样就得到了图2-30所示的表。

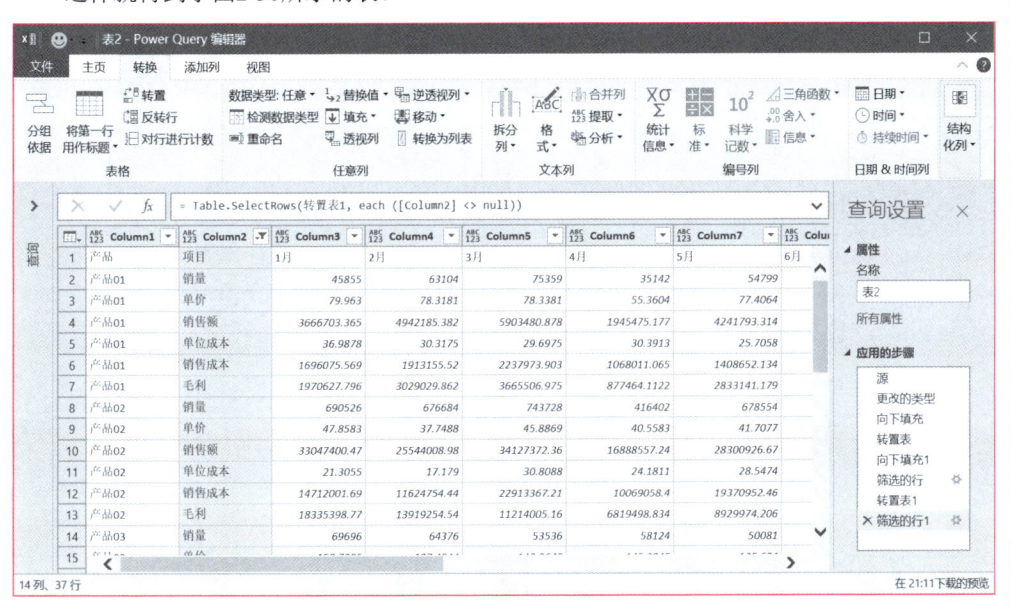

图2-30　筛选掉null后的表

执行"将第一行用作标题"命令，提升标题，得到了拆分出来的预算表，如图2-31所示。

选择前面两列，执行"转换"→"逆透视其他列"命令，如图2-32所示。

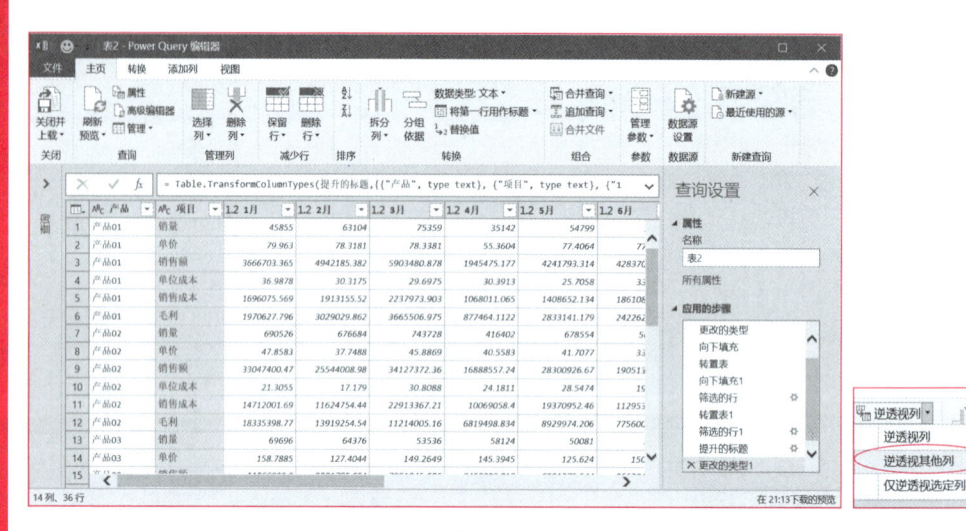

图2-31 拆分出的预算数据表

图2-32 "逆透视其他列"命令

现已将表格转换为了一维表，然后修改标题，将"属性"修改为"月份"，如图2-33所示。

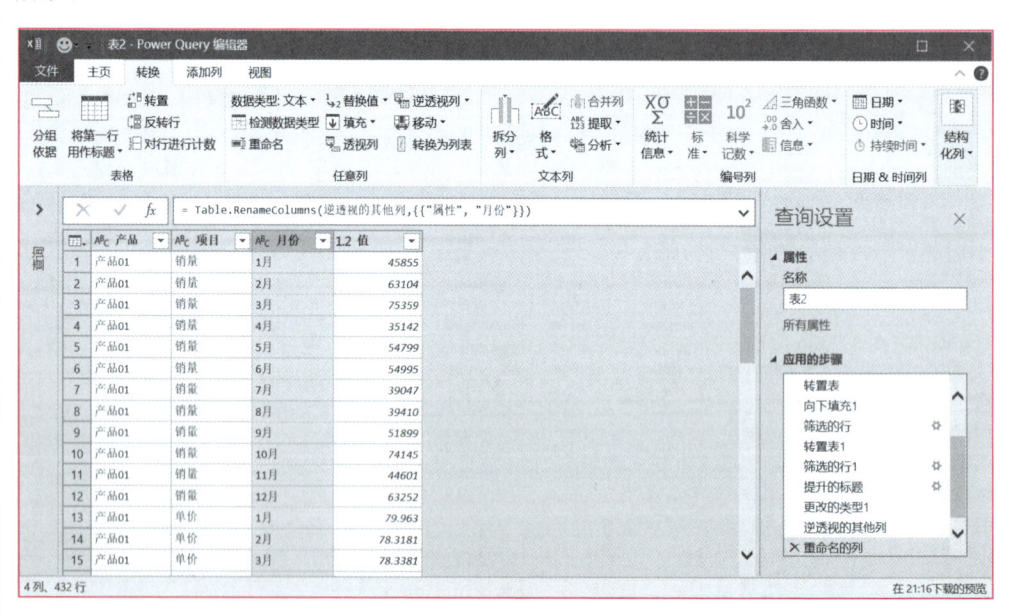

图2-33 转换为一维表

执行"添加列"→"自定义列"命令，如图2-34所示。

打开"自定义列"对话框，添加一个自定义列"类别"，公式为"="预算""，如图2-35所示。

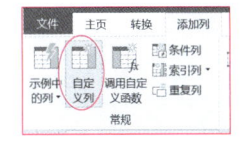

图2-34 "自定义列"命令

图2-35 自定义列"类别"

这样就得到了最终需要的预算表，如图2-36所示。

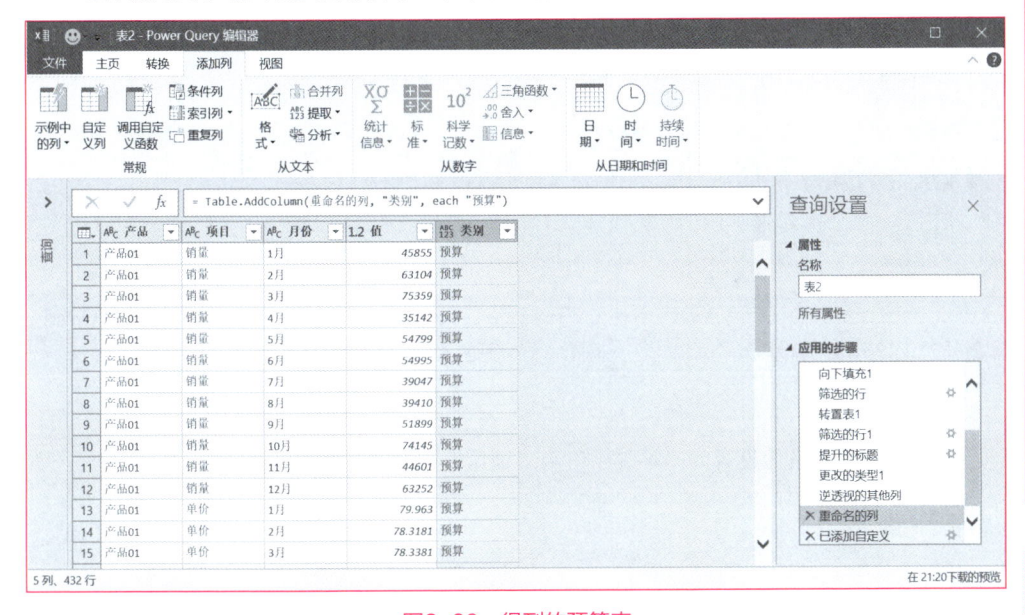

图2-36 得到的预算表

在编辑器右侧的"查询设置"窗格中，将此查询名称重命名为"预算"，如图2-37所示。

展开编辑器左侧的查询窗格，右击查询"预算"，执行"复制"命令，如图2-38所示，将查询复制一份，如图2-39所示。

21

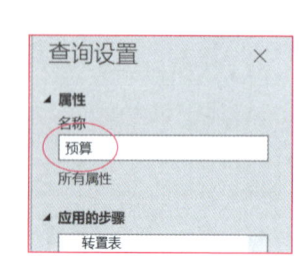

图2-37　重命名查询名称为"预算" 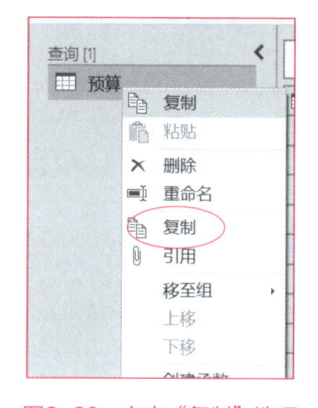　　图2-38　右击"复制"选项 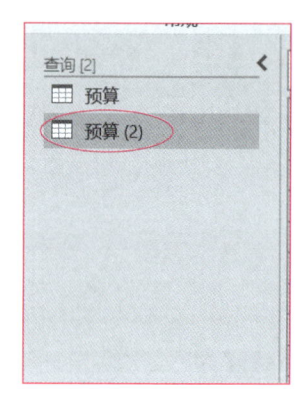　　图2-39　复制一份查询

将复制得到的查询"预算(2)"重命名为"实际",然后在右侧的"应用的步骤"窗格中回到"筛选的行"这一步,如图2-40所示。

双击该步骤,打开"筛选行"对话框,如图2-41所示。

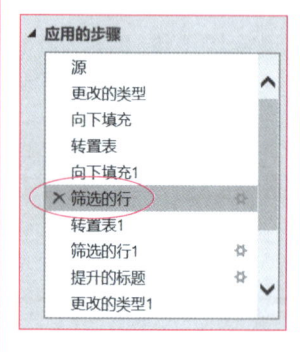

图2-40　回到"筛选的行"步骤 　　　　　　　　图2-41　"筛选行"对话框

将第一个筛选条件设置为"不等于"和"预算",如图2-42所示。

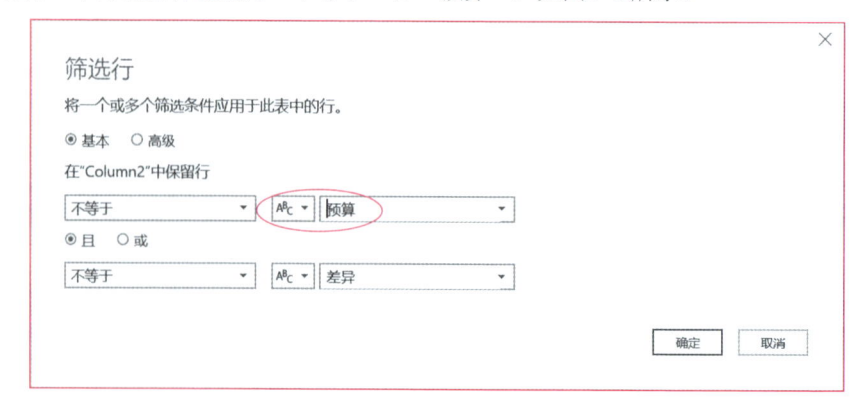

图2-42　重新设置筛选条件为"不等于"和"预算"

22

这样，这个表就是实际表，如图2-43所示。

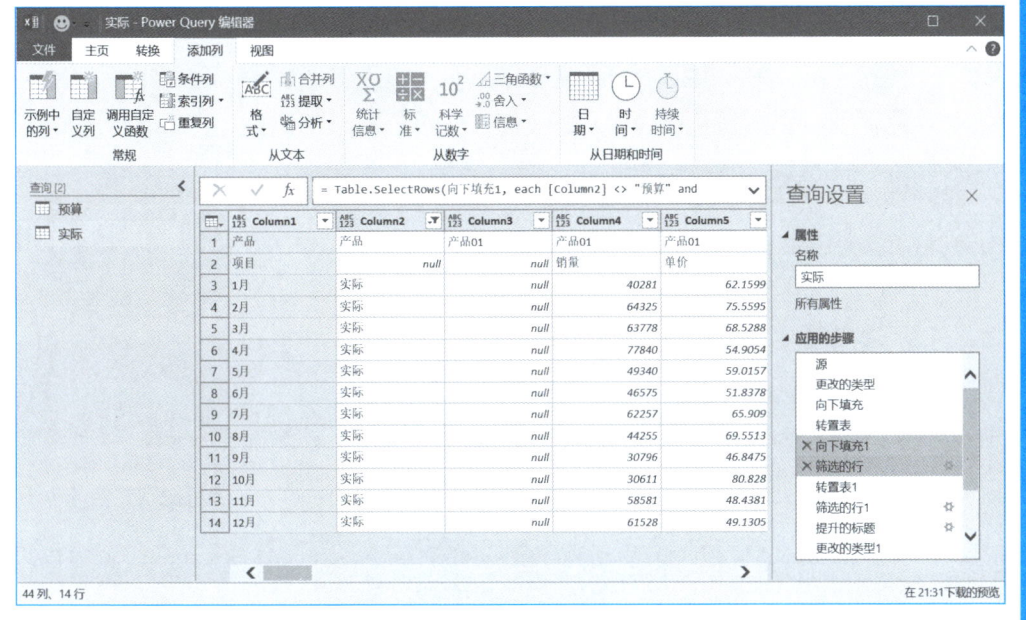

图2-43 筛选出的实际表

在右侧的"应用的步骤"窗格中回到"已添加自定义"这一步，如图2-44所示。

双击该步骤，打开"自定义列"对话框，将自定义列公式修改为"="实际""，如图2-45所示。

图2-44 回到"已添加自定义"步骤

图2-45 修改自定义列公式

这样，我们就得到了实际数据表，如图2-46所示。

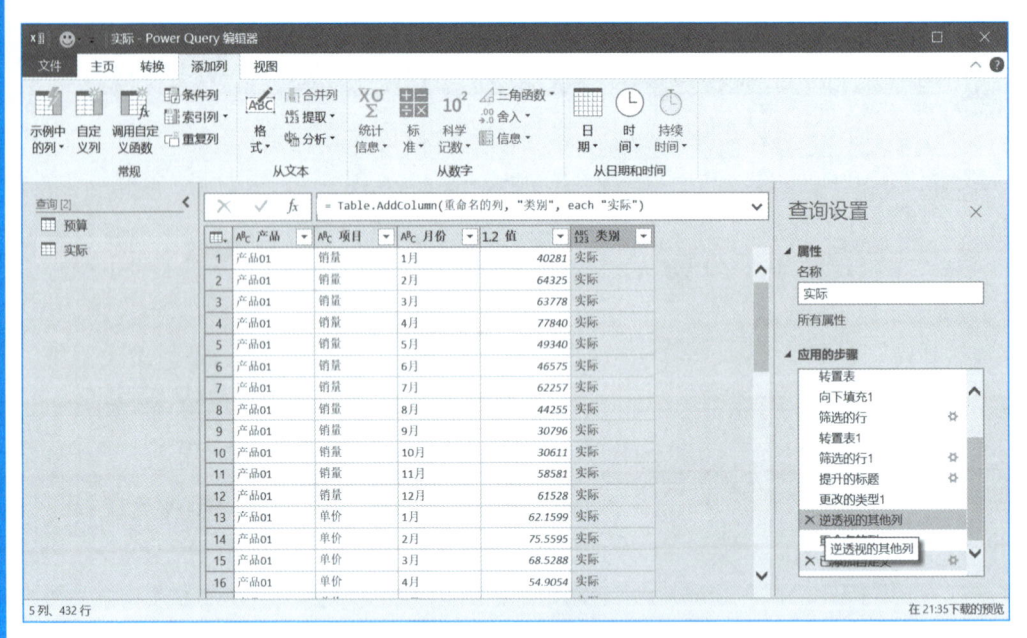

图2-46　实际数据表

2　将预算表和实际表合并为一个表

选择查询表"预算"，执行"开始"→"追加查询"→"将查询追加为新查询"命令，如图2-47所示。

打开"追加"对话框，进行如图2-48所示的设置（分别选择两个表）。

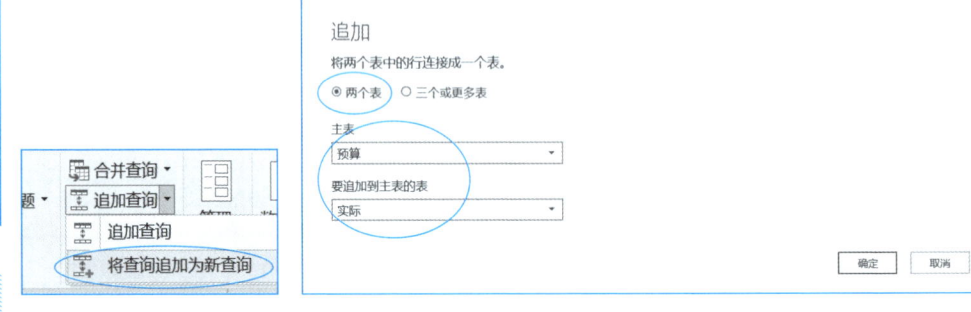

图2-47　"将查询追加为新查询"命令

图2-48　追加查询

这样就将预算表和实际表合并为一个表，如图2-49所示。我们可以利用这个合并表进行各种数据分析。

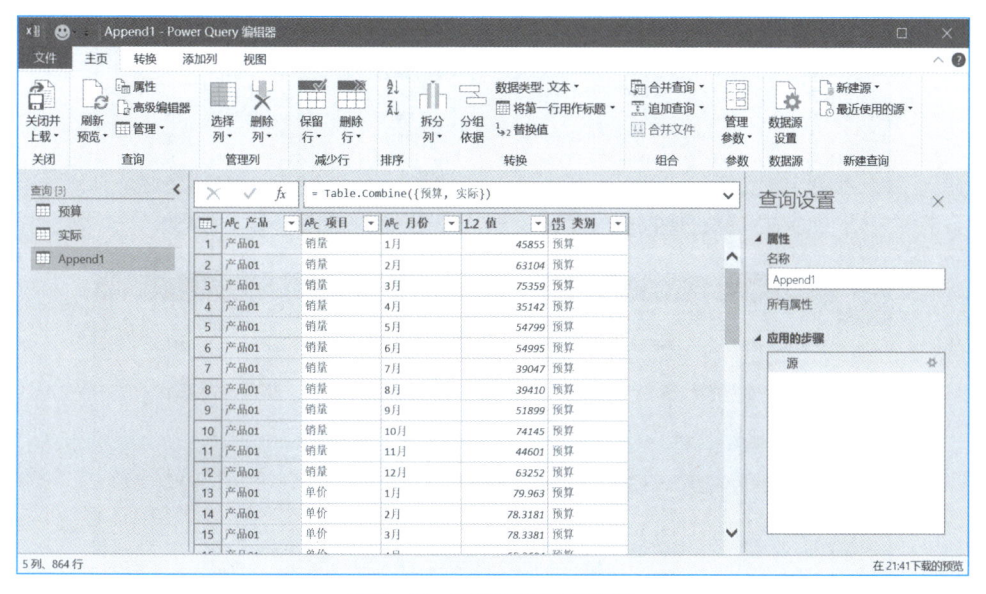

图2-49 预算和实际合并表

2.3 表格行列转换

在处理数据时，经常需要把表格进行转置，例如，把行次序进行上下逆向调整，把列次序进行左右逆向调整，把行变成列，把列变成行。本节我们结合几个实际案例，介绍常用的表格行列转换高效方法和技能技巧。

2.3.1 逆序行次序

案例 2-3

现在有一个问题：如何把图2-50所示表的各行逆序转换成图2-51所示的表？也就是把第一行调到最后一行，把第二行调到倒数第二行，把第三行调到倒数第三行，以此类推。

有人说，排序不就可以了吗？一个一个地调整也行啊！前者排序后并不是我们需要的次序，因为排序是按照固定的次序（如拼音、字母等），后者属于没事找事做。

我们可以使用Power Query快速完成表格行次序的反转。

首先执行"数据"→"自表格/区域"命令，进入"Power Query编辑器"窗口，如图2-52所示。

图2-50　未处理的原始表

图2-51　要转换成的表

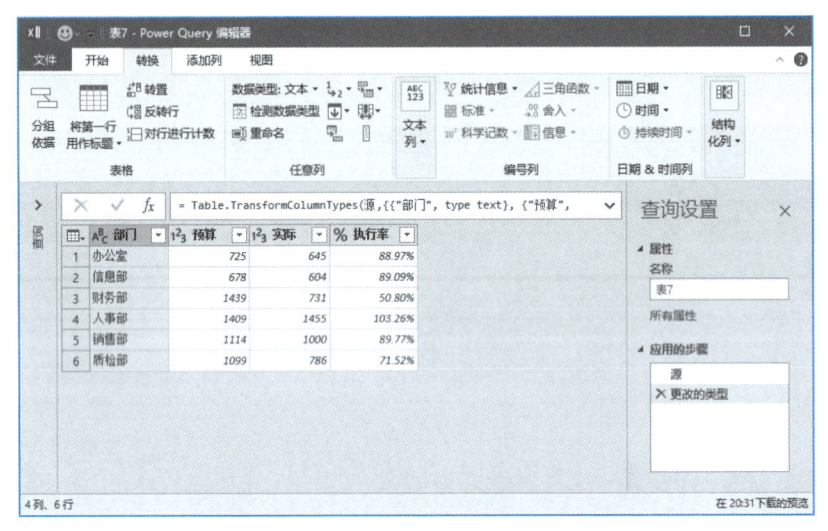

图2-52　"Power Query 编辑器"窗口

执行"转换"→"反转行"命令，如图2-53所示。

这样就将原始表的行次序做了反转，如图2-54所示。

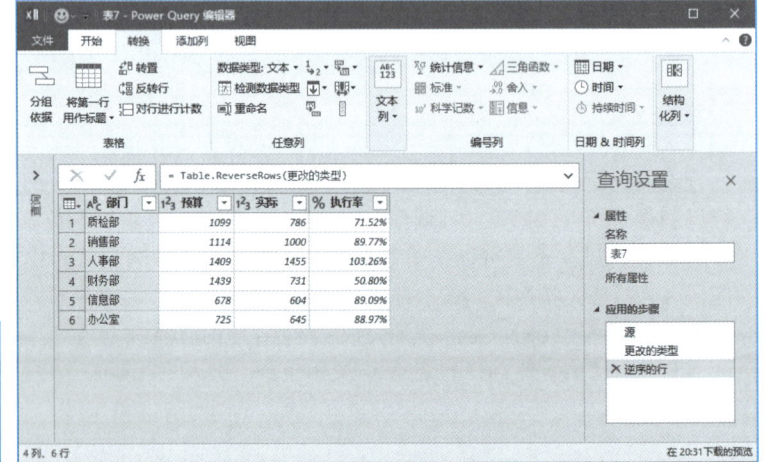

图2-53　"反转行"命令

图2-54　行次序做了反转

最后执行"开始"→"关闭并上载"命令，将数据表导出到Excel工作表。

2.3.2 逆序列次序

将列次序反转，也就是把数据的第一列调到最后一列，把第二列调到倒数第二列，把第三列调到倒数第三列，以此类推。

案例 2-4

图2-55是一个原始表，图2-56是数据列次序反转后的表。

地区	食品类	服饰类	家电类	日用品类
华北	1927	1512	788	1752
西北	893	1985	787	1230
华东	1873	1412	881	765
华南	1557	530	1897	793
西南	979	570	584	815
东北	1290	1260	1783	1835

图2-55 原始表

地区	日用品类	家电类	服饰类	食品类
华北	1752	788	1512	1927
西北	1230	787	1985	893
华东	765	881	1412	1873
华南	793	1897	530	1557
西南	815	584	570	979
东北	1835	1783	1260	1290

图2-56 列次序反转

执行"数据"→"自表格/区域"命令，进入"Power Query编辑器"窗口，如图2-57所示。

执行"开始"→"将标题作为第一行"命令，如图2-58所示，进行降级操作，便于进行转置。

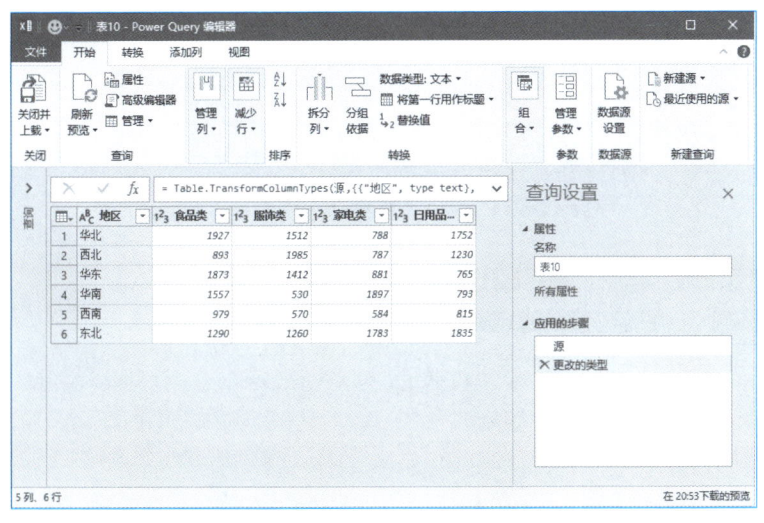

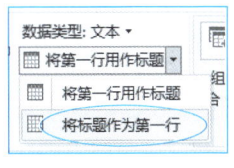

图2-57 "Power Query 编辑器"窗口

图2-58 "将标题作为第一行"命令

这样，表就如图2-59所示。

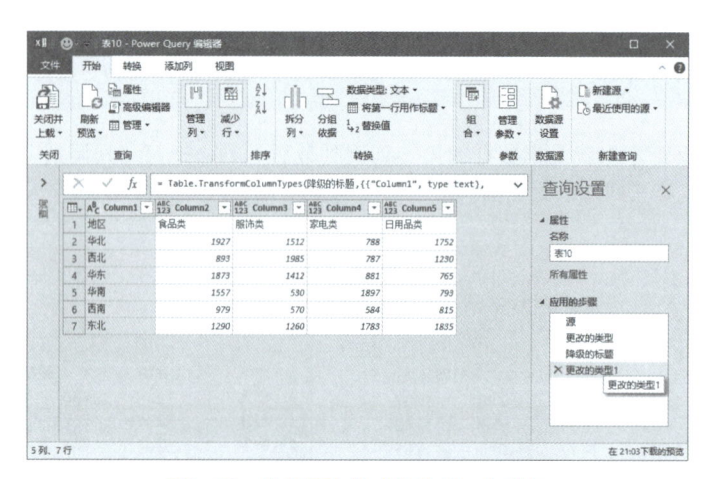

图2-59　将标题变为表格的第一行数据

执行"转换"→"转置"命令，将原始表的行列转置，如图2-60所示。

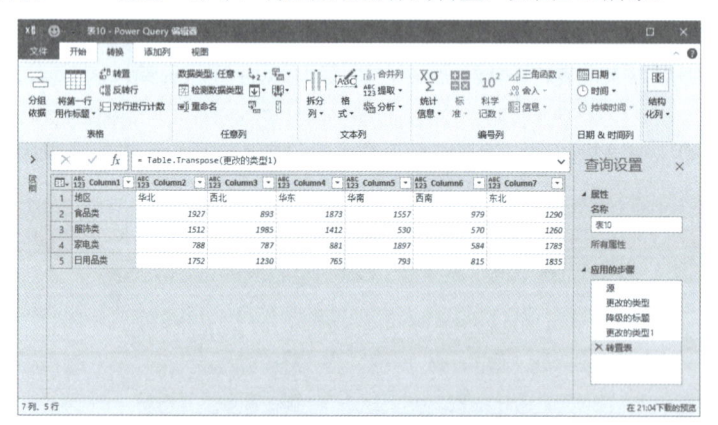

图2-60　将整个表做行列转置

执行"转换"→"反转行"命令，将行次序反转，如图2-61所示。

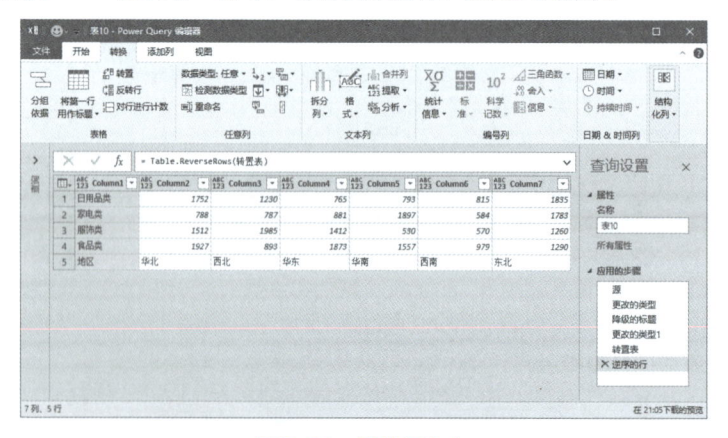

图2-61　反转行次序

再执行"转换"→"转置"命令，将表格行列转置，如图2-62所示。

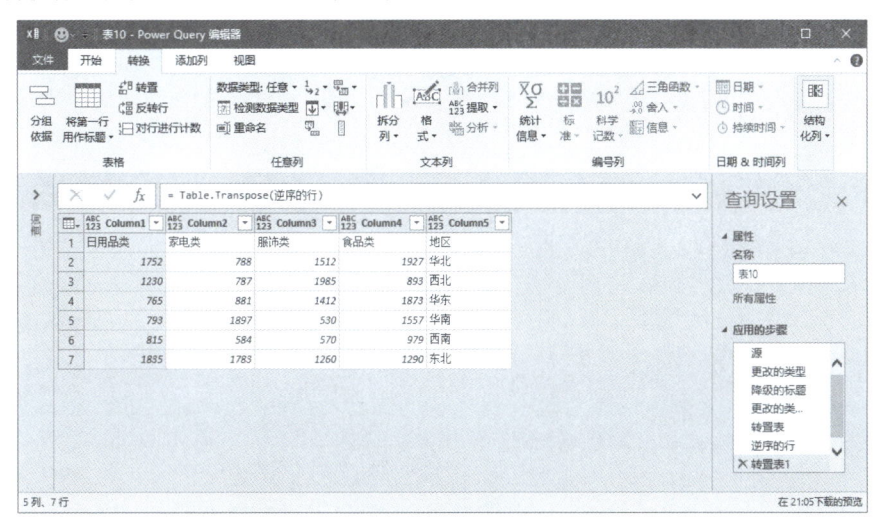

图2-62　再转置表格

执行"开始"→"将第一行用作标题"命令，表如图2-63所示。

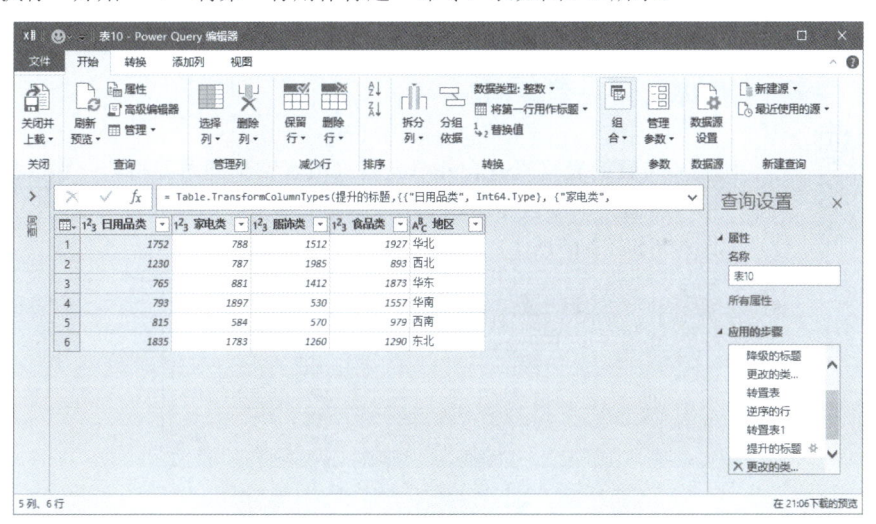

图2-63　列次序做了调整

如果数据列不多，直接将最后一列"地区"手工拖放调整至第一列的位置。

如果数据列较多，可以选择最后一列"地区"，执行"转换"→"移动"→"移到开头"命令，如图2-64所示。

这样就得到了我们需要的表格，如图2-65所示。

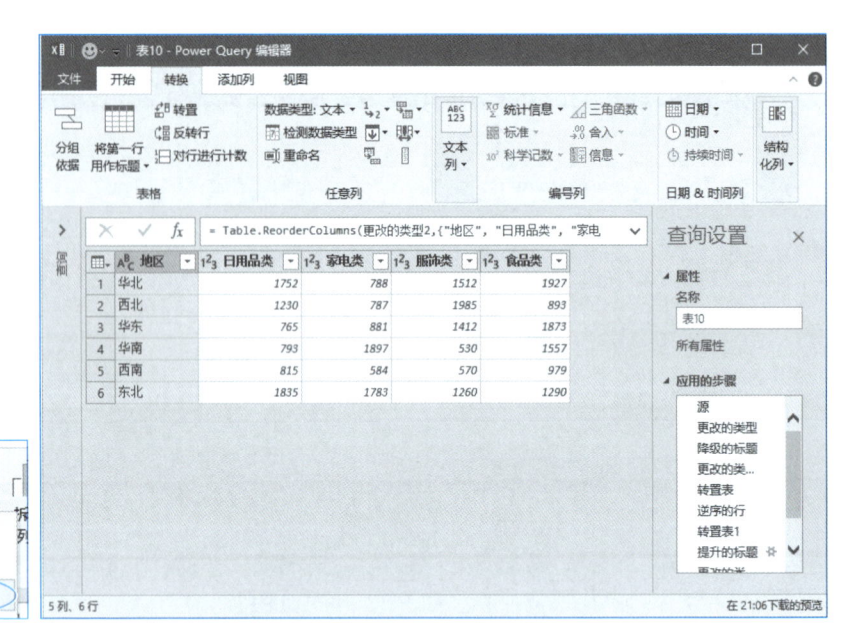

图2-64　"移到开头"命令

图2-65　数据列次序反转后的表

2.3.3　行列的整体转置：简单情况

如果要转置的表格没有合并单元格（或者空标题单元格），那么执行"转换"→"转置"命令就能迅速地将表格进行转置，也就是行变成列，列变成行，如图2-66和图2-67所示。

图2-66　地区作为行，产品类别作为列

图2-67　地区作为列，产品类别作为行

不过，直接执行"转置"命令是不能做成这样的效果的，需要做一些具体的操作，主要操作步骤如下。

首先，建立基本查询，打开"Power Query编辑器"窗口，如图2-68所示。

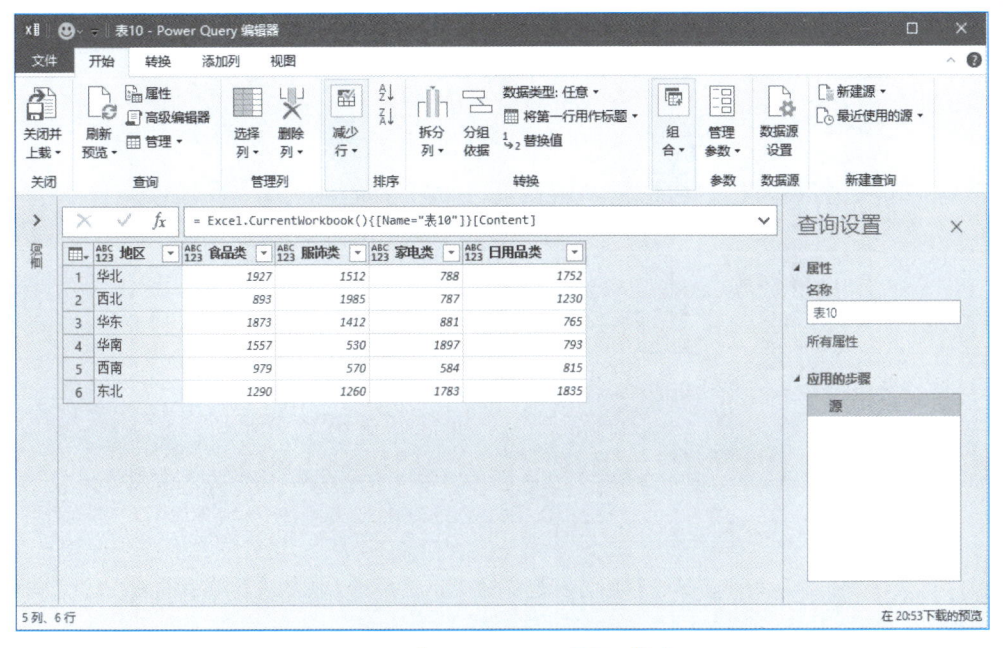

图2-68 "Power Query编辑器"窗口

执行"开始"→"将标题作为第一行"命令，表变为图2-69所示的情形。

此时，原始的标题作为表格的第一行数据，而标题的名称为默认的"Column1" "Column2""Column3"等。

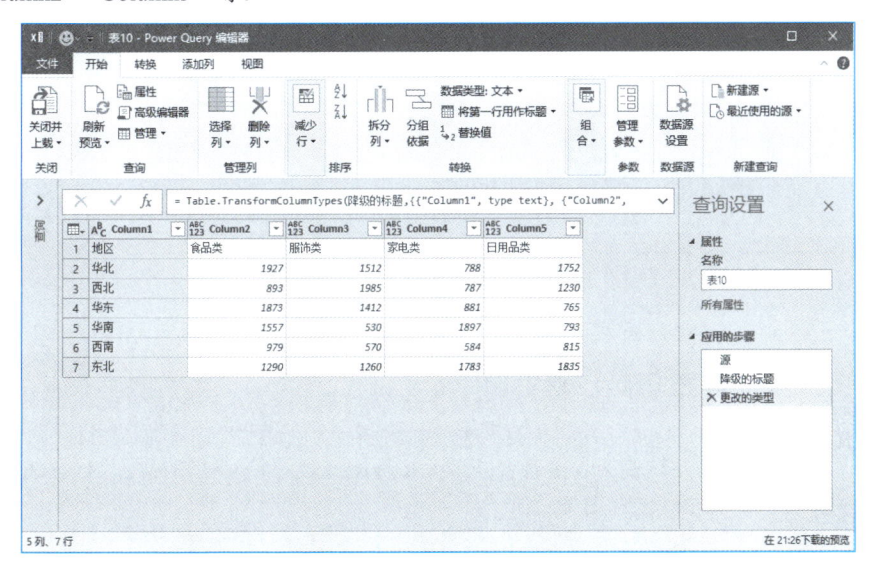

图2-69 将原始的标题作为表格的第一行数据

执行"转换"→"转置"命令，将表格行列转置，如图2-70所示。

31

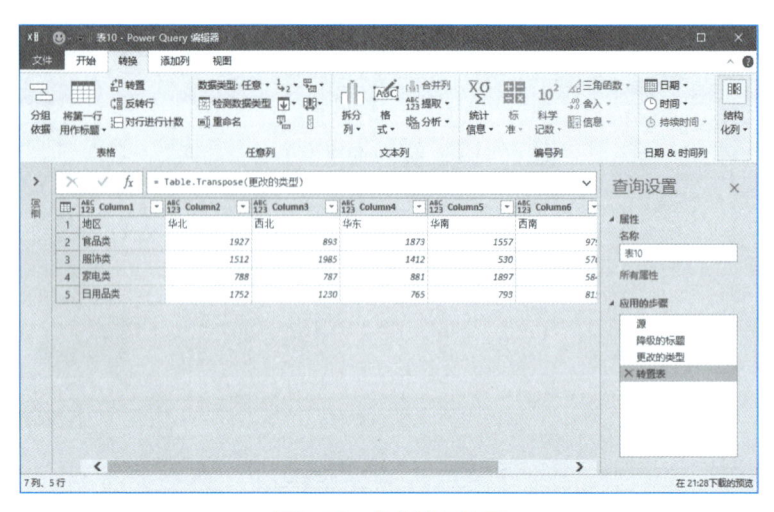

图2-70 将表进行转置

再执行"开始"→"将第一行用作标题"命令，就得到了原始表转置后的表，如图2-71所示。

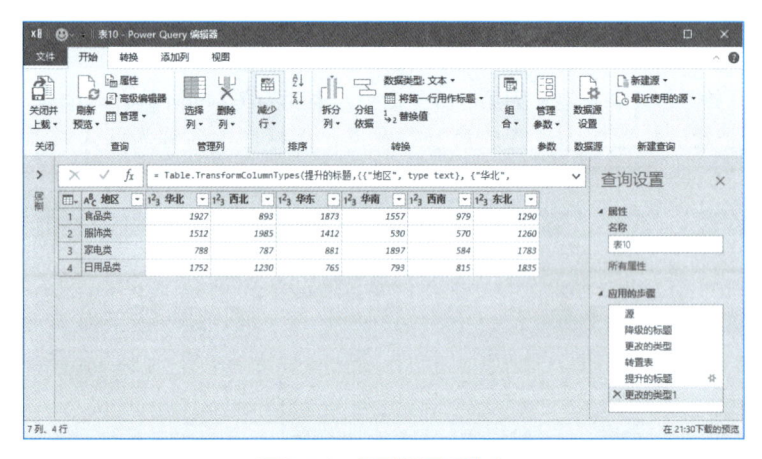

图2-71 行列转置后的表

2.3.4 行列的整体转置：复杂情况

如果要转置的表格有合并单元格标题或者空单元格的标题（行标题或列标题），转换起来就稍微复杂。

案例2-5

例如，要把图2-72所示的表格转换为图2-73所示的表格，最简单的方法是使用选择性粘贴的转置功能，但这种转换有可能造成表格公式和表格格式的破坏，而且对大型表格而言并不方便。

另外，在转换表格时，我们希望得到一个与原始表保持动态链接的转置表，能够随时根据原始表数据进行更新，此时，使用Power Query就比较简单了。

图2-72　原始表

图2-73　要转换成的表

执行"数据"→"自表格/区域"命令，进入"Power Query编辑器"窗口，如图2-74所示。

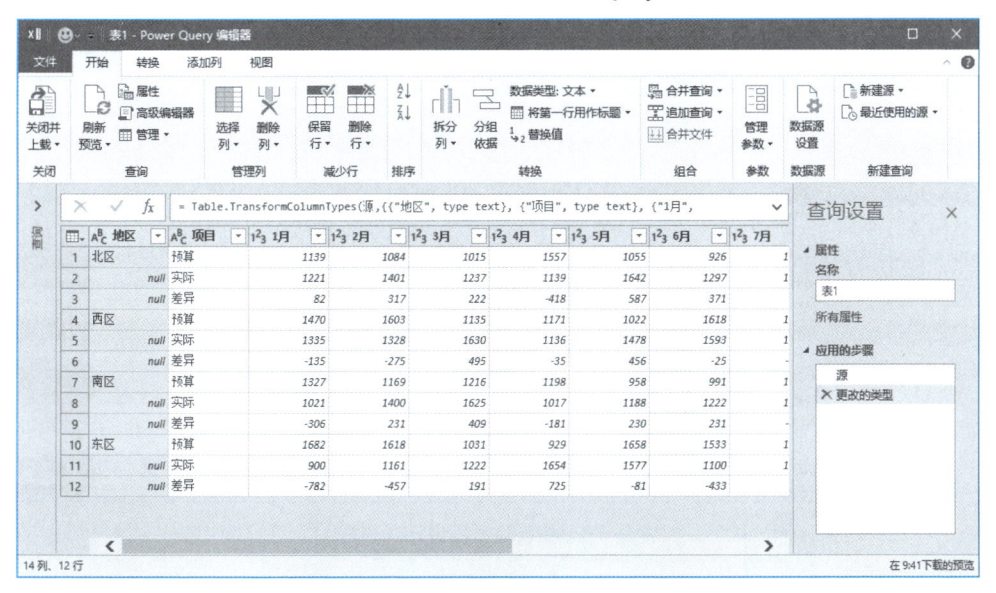

图2-74　"Power Query编辑器"窗口

选择第一列"地区",执行"转换"→"填充"→"向下"命令,将第一列的空单元格进行填充,如图2-75所示。

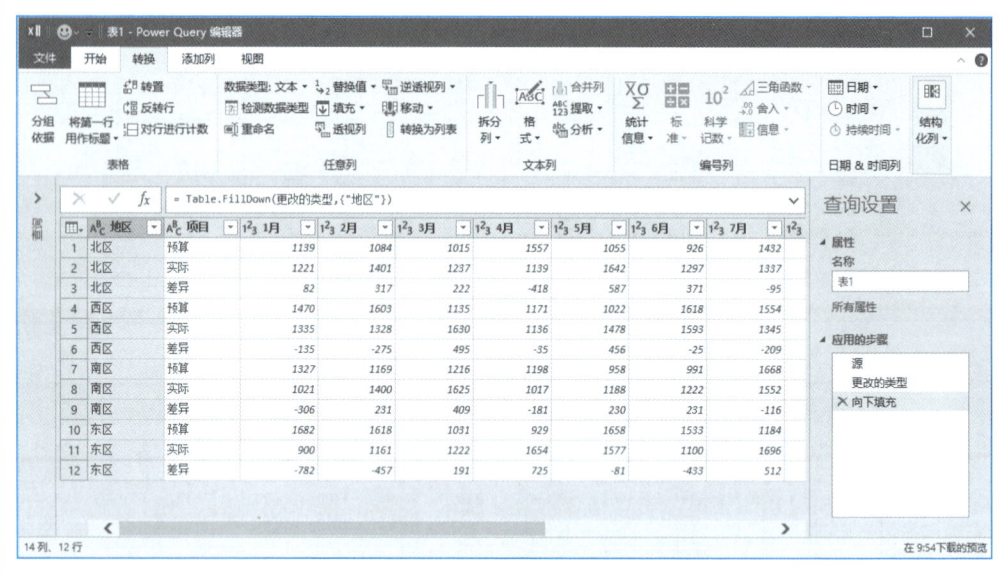

图2-75 第一列的空单元格填充了数据

选择最左侧两列"地区"和"项目",执行"转换"→"逆透视其他列"命令,将表格各月的数据进行逆透视,转换为"属性"和"值"两列,如图2-76所示。

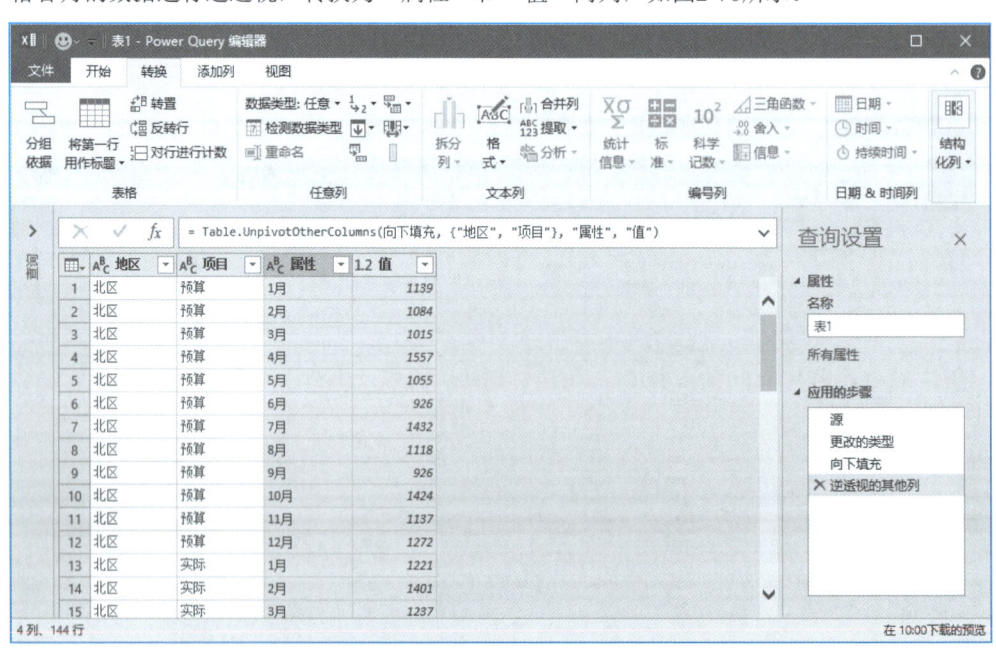

图2-76 将各月数据进行逆透视

修改"属性"和"值"两列的标题,分别修改为"月份"和"金额",如图2-77所示。

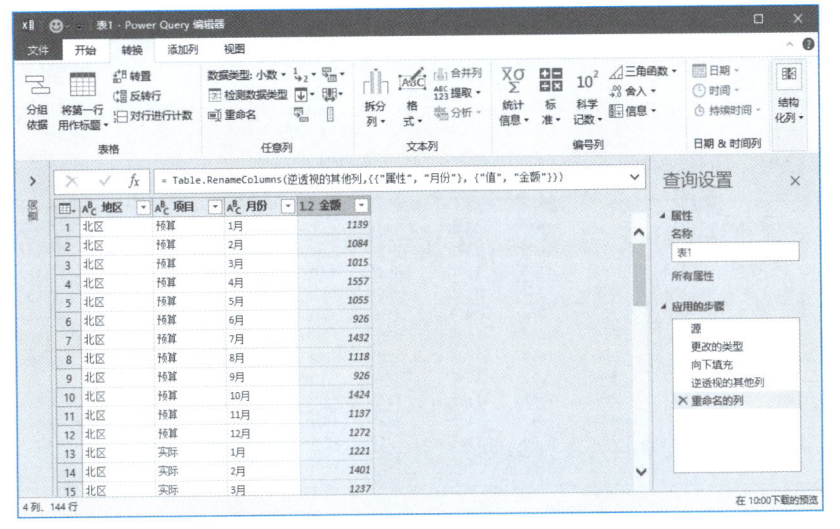

图2-77 修改列标题名称

执行"开始"→"关闭并上载至"命令，将查询加载为链接和数据模型，然后插入Power Pivot，如图2-78所示。

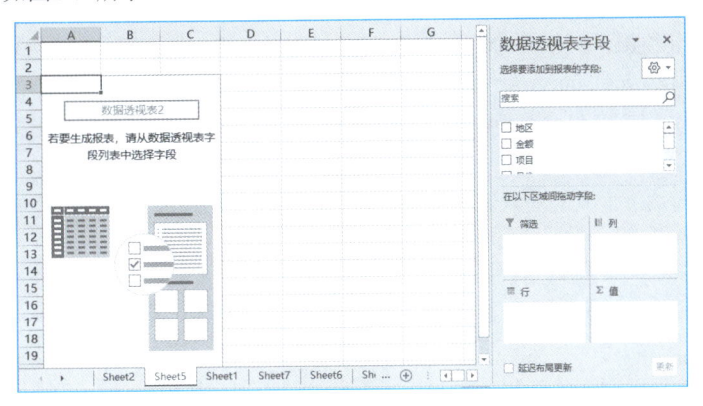

图2-78 创建的数据透视表

对数据透视表进行初步布局，如图2-79所示。

图2-79 基本的数据透视表

最后，对透视表调整项目次序、设置数据透视表选项、进行美化等，就得到了需要的转置表，如图2-80所示。

金额	地区											
	北区			西区			南区			东区		
月份	预算	实际	差异	预算	实际	差异	预算	实际	差异	预算	实际	差异
1月	1139	1221	82	1470	1335	-135	1327	1021	-306	1682	900	-782
2月	1084	1401	317	1603	1328	-275	1169	1400	231	1618	1161	-457
3月	1015	1237	222	1135	1630	495	1216	1625	409	1031	1222	191
4月	1557	1139	-418	1171	1136	-35	1198	1017	-181	929	1654	725
5月	1055	1642	587	1022	1478	456	958	1188	230	1658	1577	-81
6月	926	1297	371	1618	1593	-25	991	1222	231	1533	1100	-433
7月	1432	1337	-95	1554	1345	-209	1668	1552	-116	1184	1696	512
8月	1118	1688	570	956	1283	327	1038	1502	464	1189	1483	294
9月	926	1153	227	1543	1389	-154	1204	1337	133	1510	1237	-273
10月	1424	947	-477	947	1179	232	1519	938	-581	1646	1632	-14
11月	1137	900	-237	1504	1363	-141	1270	1403	133	936	1052	116
12月	1272	1430	158	1237	920	-317	1352	1578	226	1460	1434	-26

图2-80 调整、美化数据透视表

2.3.5 把多行变一行：获取每个人的最新证书名称及获取日期

在实际数据处理中，我们也会遇到数据被多行保存，但需要整理为一行的情况，例如考勤中重复刷卡数据，获取每个人的最新证书名称及获取日期等。此时，我们可以使用函数，也可以使用Power Query。

案例 2-6

图2-81左侧是每个人的获取证书记录表，右侧是需要整理成的结果，也就是获取每个人的最新证书名称及获取日期。

	A	B	C				G	H	I
1	姓名	证书名称	获取日期				姓名	最新证书名称	获取日期
2	曹建龙	初级会计证书	2012-3-2				安云太	高级会计师	2013-6-8
3	高飞	初级安全员	2013-12-22				安志明	中级人力资源师	2014-10-19
4	安云太	高级会计师	2013-6-8				曹建龙	高级会计证书	2019-8-13
5	曹建龙	中级会计证书	2017-8-15				高明	中级精算师	2017-5-6
6	安志明	中级人力资源师	2014-10-19				高飞	高级安全员	2019-3-8
7	高飞	高级安全员	2019-3-8						
8	高明	初级精算师	2010-11-29						
9	高明	中级精算师	2017-5-6						
10	曹建龙	高级会计证书	2019-8-13						

图2-81 每个人的最新证书名称及获取日期

如果使用函数来制作右侧的汇总表，首先要从原始表中提取不重复姓名列表（保存到G列），然后输入下面的数组公式即可。

单元格I2：=MAX(IF($A$2:$A$10=G2,$C$2:$C$10,""))
单元格H2：=INDEX($B$2:$B$10,MATCH(G2&I2,$A$2:$A$10&$C$2:$C$10,0))

如果表格数据量很大，使用数组公式处理起来就比较慢了，此时，可以使用Power Query来快速处理。

执行"数据"→"自表格/区域"命令，打开"Power Query编辑器"窗口，如图2-82所示。

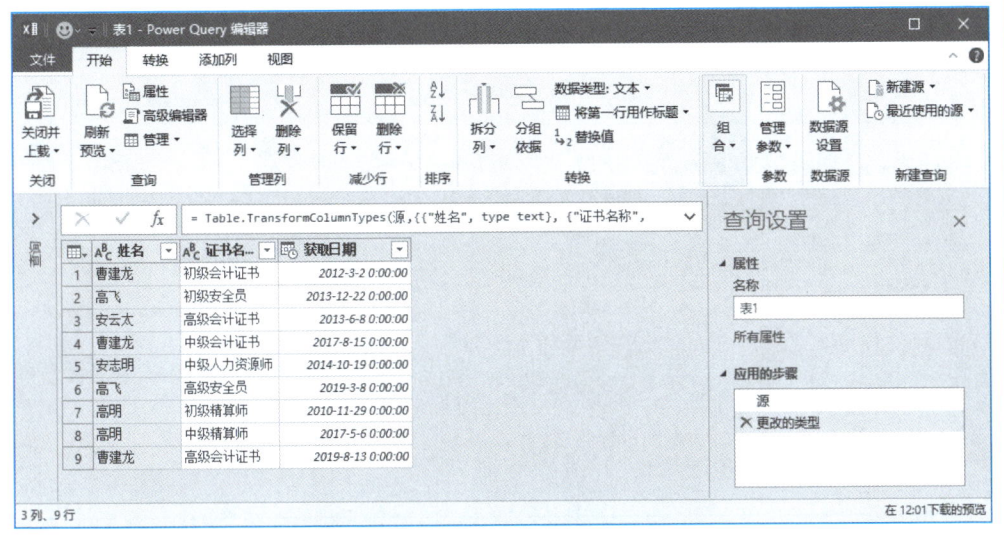

图2-82 "Power Query编辑器"窗口

将"获取日期"的数据类型设置为"日期"，去掉时间尾巴，如图2-83所示。

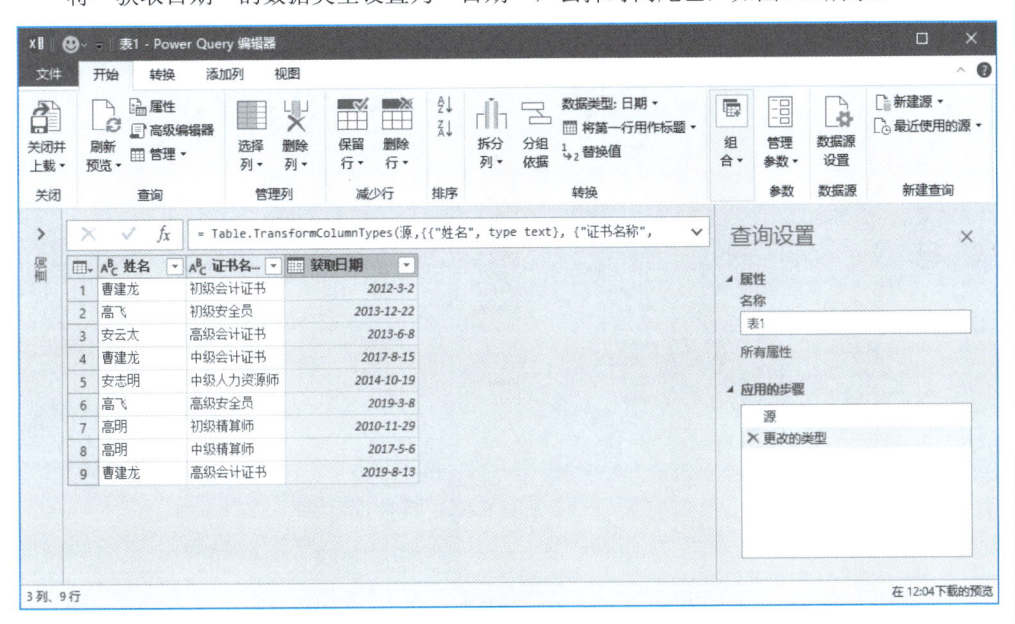

图2-83 更改"获取日期"的数据类型

对第一列"姓名"做任意方式的排序（升序或降序），以便把每个人的重复名称排在一起，再对第三列"获取日期"做降序排序（从大到小排序），如图2-84所示。

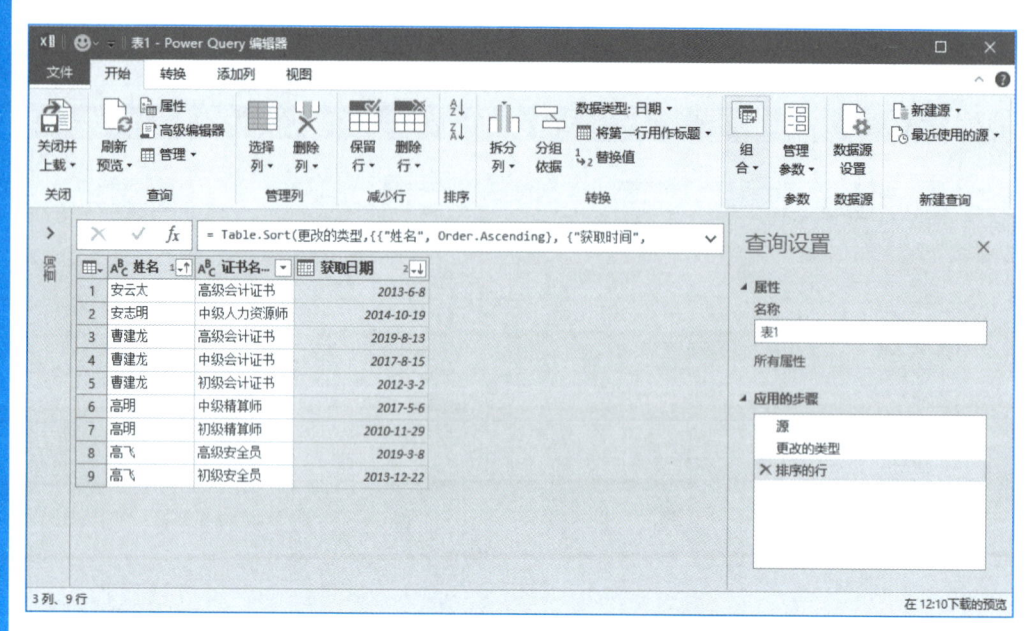

图2-84 对"姓名"列和"获取日期"列进行排序

执行"添加列"→"索引列"命令，如图2-85所示。

这样就得到了图2-86所示的表。

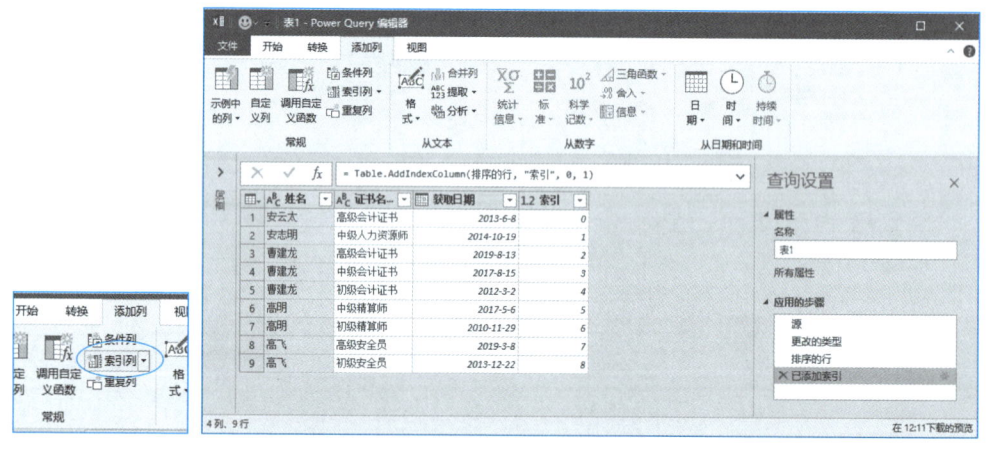

图2-85 "索引列"命令

图2-86 添加了索引列

选择第一列"姓名"，执行"开始"→"删除行"→"删除重复项"命令，如图2-87所示。

这样就得到了每个人的最新证书名称及获取日期的表，如图2-88所示。

删除最右侧的"索引"列，将结果导出到Excel表，如图2-89所示。

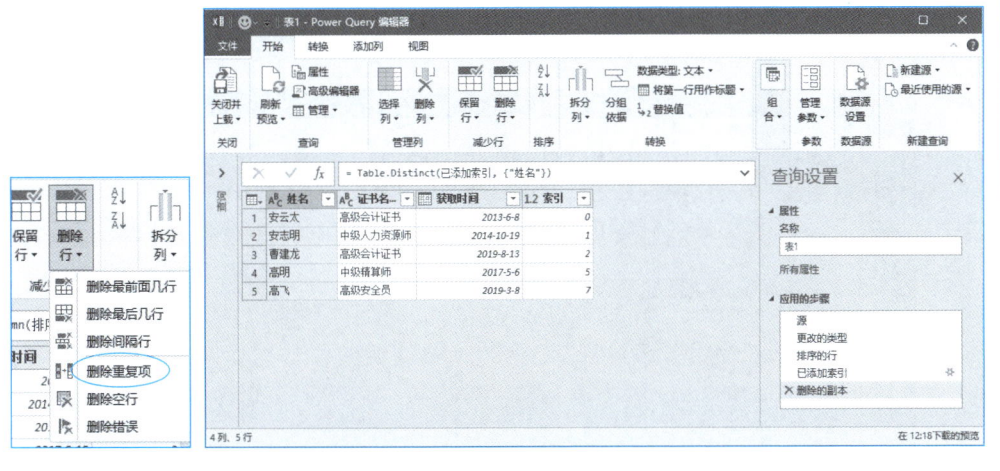

图2-87 "删除重复项"命令

图2-88 每个人的最新证书名称及获取日期的查询表

图2-89 每个人的最新证书名称及获取日期列表

2.3.6 把多行变一行：提取不重复的二级部门列表

案例 2-7

图2-90表示的是这样一个问题：要求把左边A列和B列数据整理成右侧的表格，第一行是一级部门名称，从第二行保存每个一级部门下的二级部门名称。

图2-90 将一级部门和二级部门分类处理

执行"数据"→"自表格/区域"命令，打开"Power Query 编辑器"窗口，如图2-91所示。

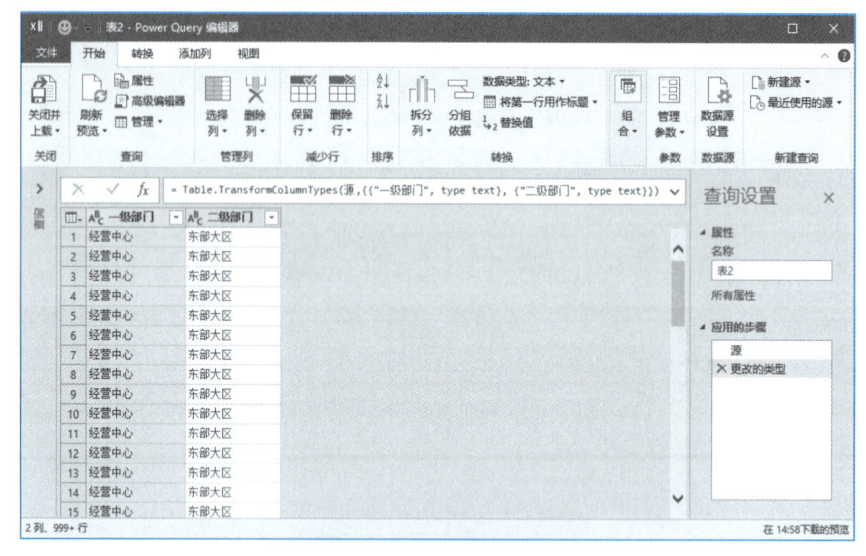

图2-91　建立基本查询

将A列进行排序，然后选择A和B列，执行"转换"→"删除行"→"删除重复项"命令，得到图2-92所示的表。

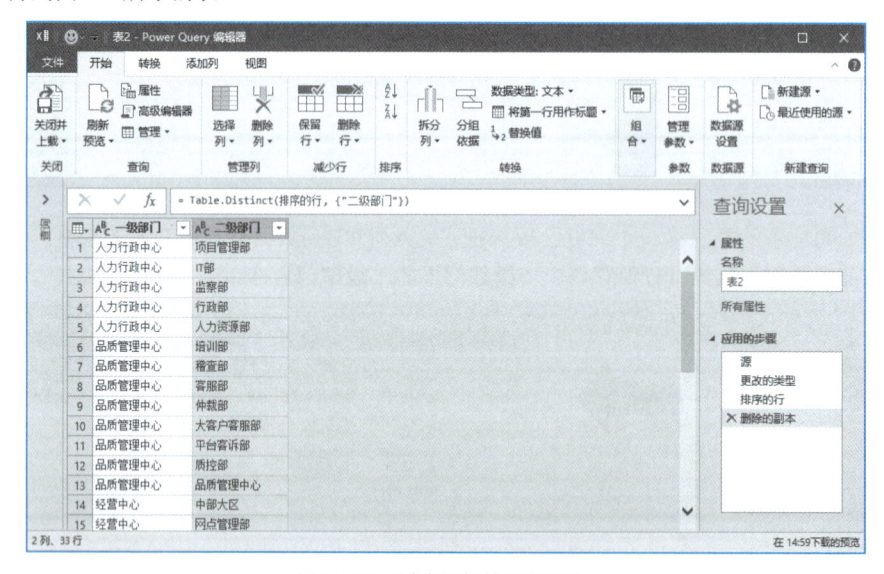

图2-92　删除重复的二级部门

执行"添加列"→"索引列"命令，添加一个索引列，如图2-93所示。

选择"索引"列，执行"转换"→"透视列"命令，打开"透视列"对话框，在"值列"下拉列表中选择"二级部门"，单击"高级选项"按钮，展开对话框，从"聚合值函数"下拉列表中选择"不要聚合"，如图2-94所示。

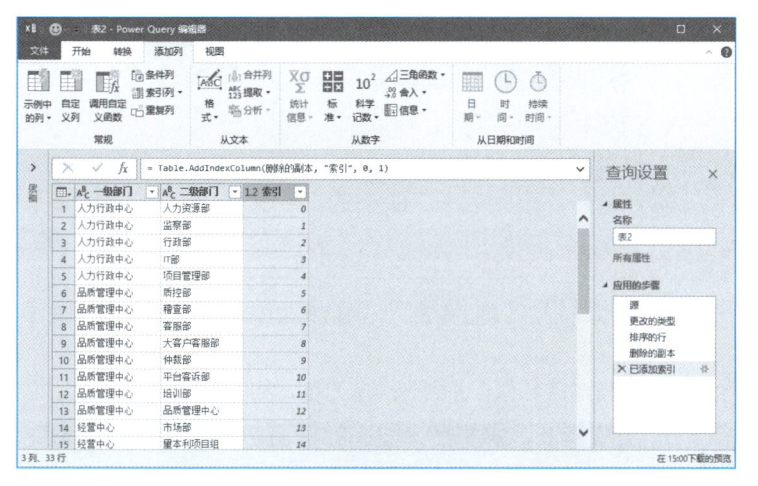

图2-93 添加索引列

图2-94 设置透视列选项

单击"确定"按钮，得到图2-95所示的表。

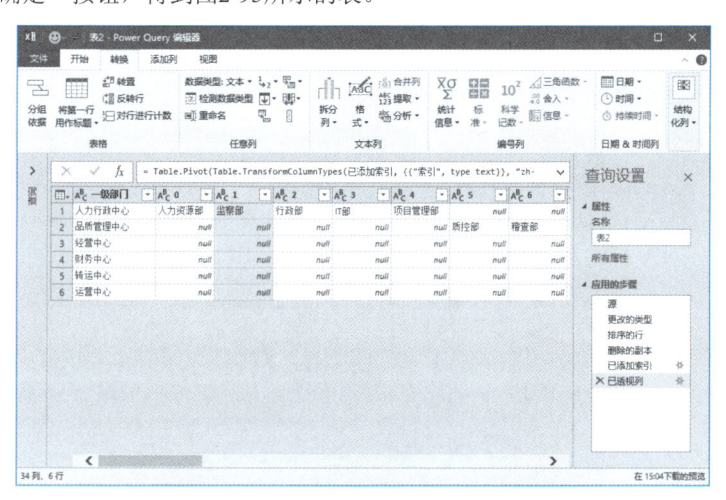

图2-95 对索引列进行透视列后的表

选择第二列以后的所有列，执行"转换"→"合并列"命令，如图2-96所示，打开"合并列"对话框，从"分隔符"下拉列表中选择"空格"，如图2-97所示。

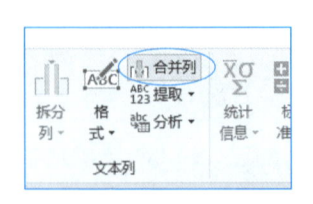

图2-96 "合并列"命令 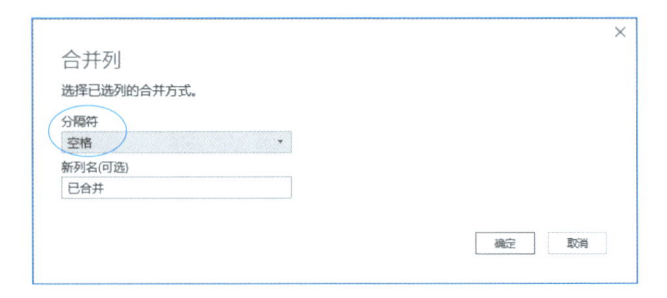　　　图2-97 "合并列"对话框，"分隔符"中选择"空格"

这样就将所有的二级部门名称合并到一个单元格，如图2-98所示。

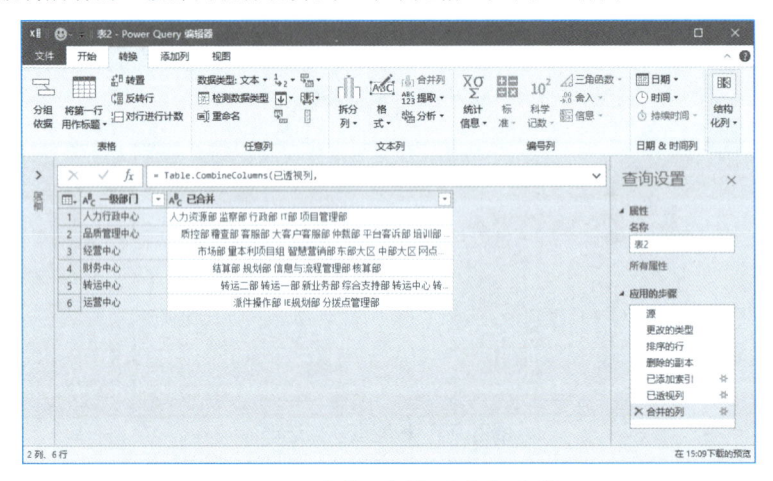

图2-98 合并所有的二级部门名称

选择"已合并"列，执行"转换"→"格式"→"修整"命令，如图2-99所示，将该列数据的前后空格予以清除，如图2-100所示。

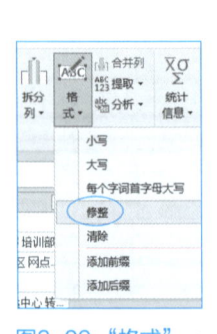

图2-99 "格式"→"修整"命令

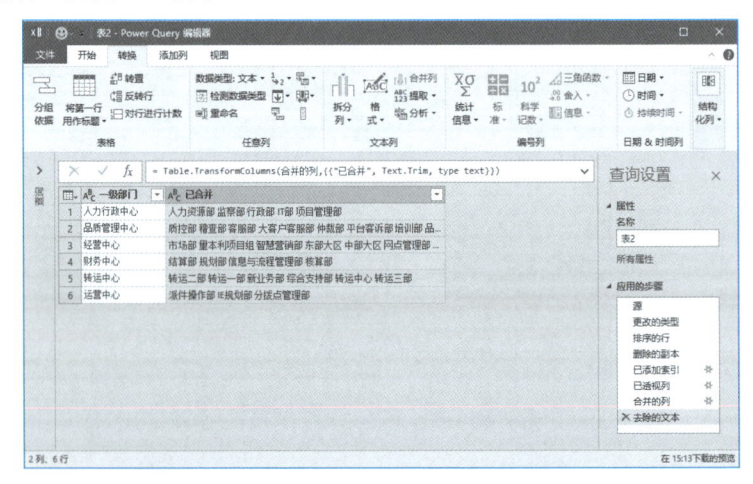

图2-100 清除了"已合并"列数据的前后空格

选择"已合并"列,执行"转换"→"拆分列"→"按分隔符"命令,如图2-101所示,打开"按分隔符拆分列"对话框,选择"空格"作为分隔符,如图2-102所示。

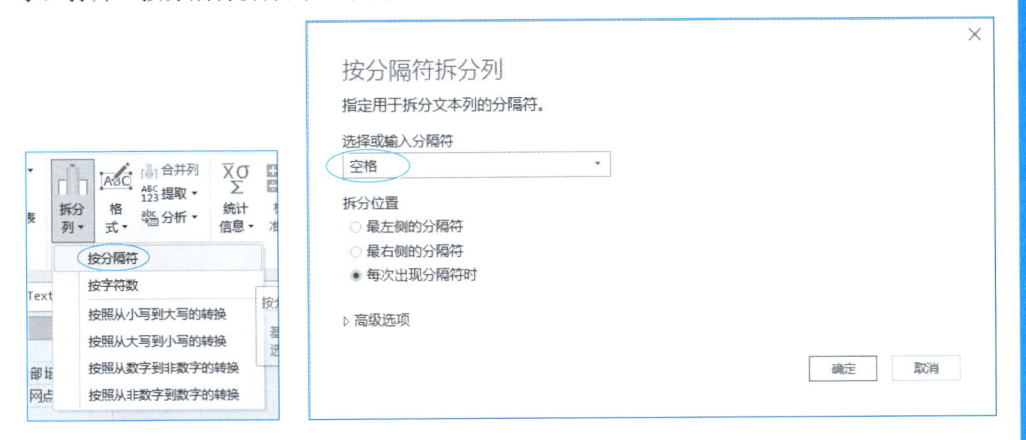

图2-101 "拆分列"→"按分隔符"命令

图2-102 在"按分隔符拆分列"对话框中选择"空格"作为分隔符

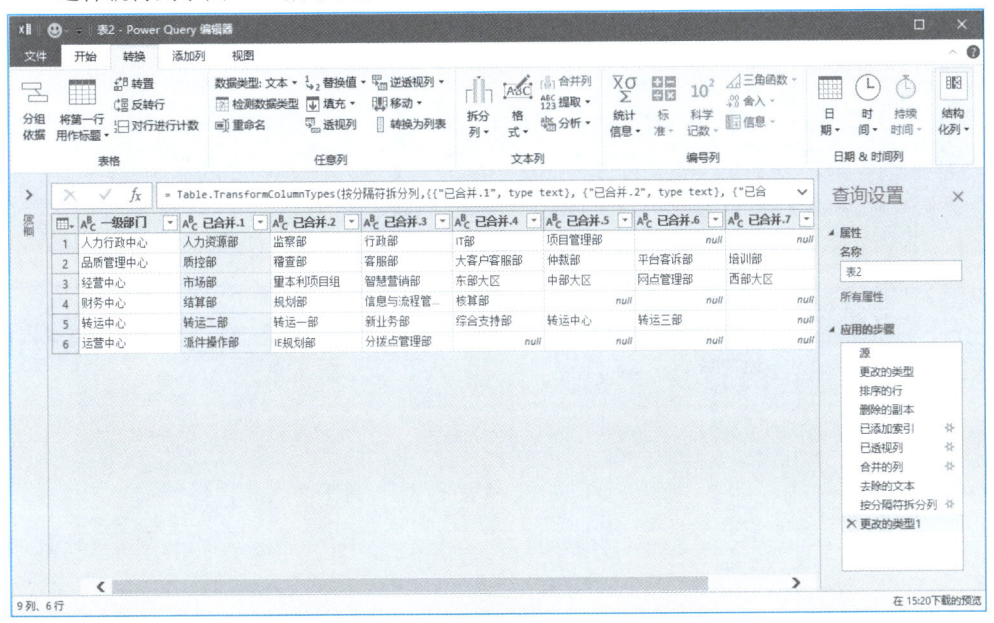

这样就得到了图2-103所示的表。

图2-103 拆分列后的表

执行"转换"→"转置"命令,将表格进行转置,如图2-104所示。

43

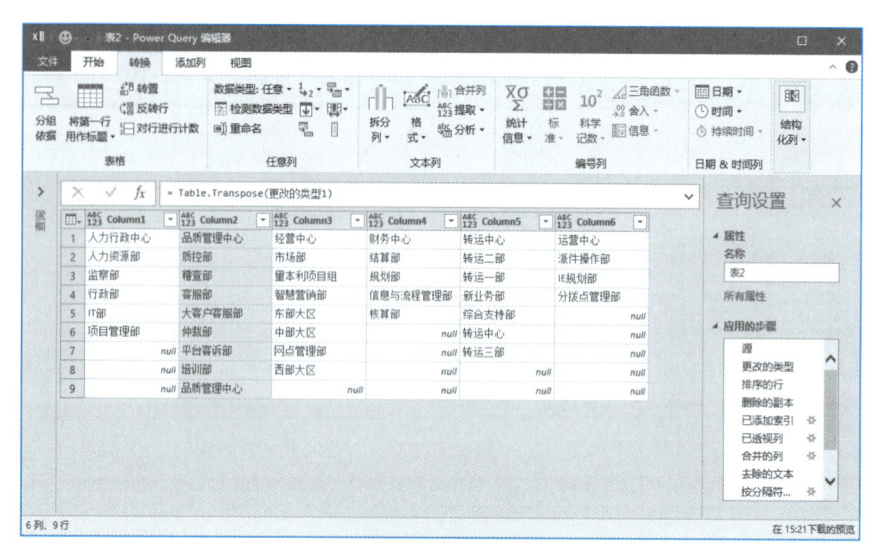

图2-104 转置后的表

执行"开始"→"将第一行用作标题"命令,得到图2-105所示的表。

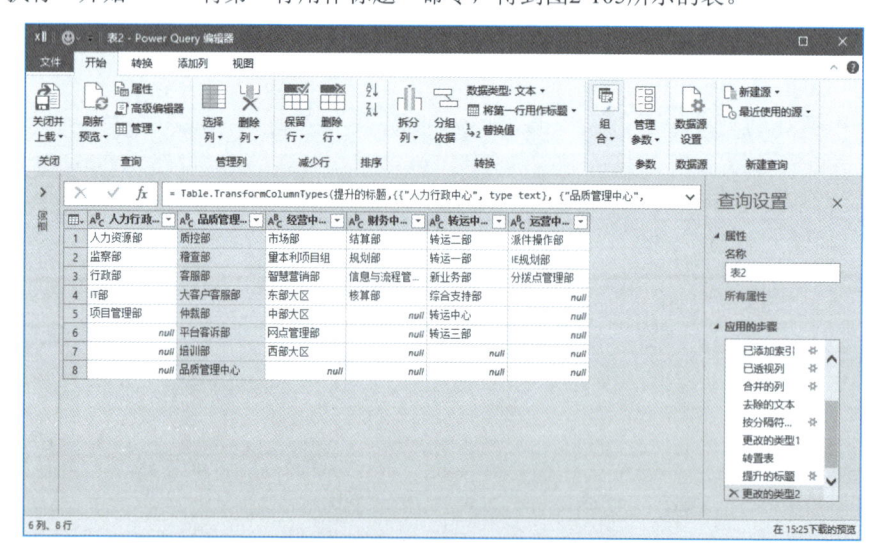

图2-105 提升标题后的表

最后,将数据导出到Excel工作表,得到图2-106所示的结果。

图2-106 得到需要的报表

2.3.7 把多行变一行：删除重复且积分最少的电话号码

案例 2-8

图2-107是这样一个例子：要求把左侧的三列数据整理成右侧的表，也就是说，如果是重复的手机号码，删除积分值小的，保留一个积分值最大的。

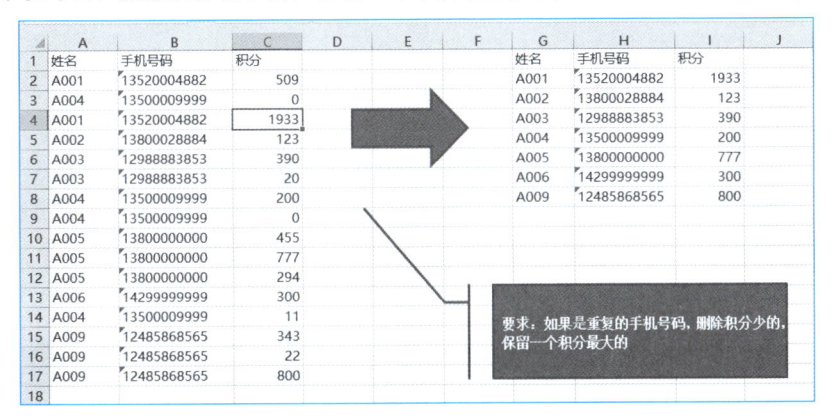

图2-107 把左侧表格整理成右侧所示的表格

如果用函数来解决这个问题，则需要设计辅助列，如图2-108所示，在D2单元格输入下面的公式：

=IF(C2<MAXIFS(C:C,B:B,B2),"删除","")

往下复制，就得到了每行数据的处理结果，然后将D列公式选择粘贴成数值，再建立筛选，将D列是"删除"的行删除。

也可以在单元格D2输入下面的公式，判断要保留的行，如图2-109所示。

=IF(C2=MAXIFS(C:C,B:B,B2),"保留","")

图2-108 设计辅助列，使用公式判断要删除的行

图2-109 设计辅助列，使用公式判断要保留的行

使用Power Query来处理这个问题就非常简单，其主要步骤如下。

执行"数据"→"自表格/区域"命令，打开"Power Query编辑器"窗口，如图2-110所示。

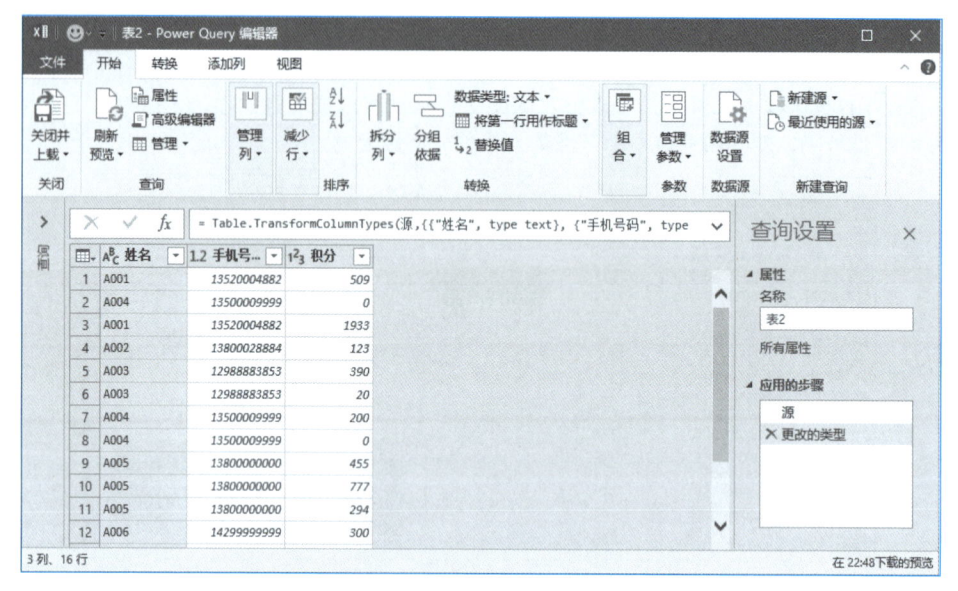

图2-110　建立基本查询

这个查询把第二列电话号码的数据类型自动更改为小数，因此需要在编辑器右侧的"应用的步骤"中删除"更改的类型"这个步骤，如图2-111所示。这样就恢复了电话号码的数据类型为文本类型。

执行"开始"→"分组依据"命令，如图2-112所示。

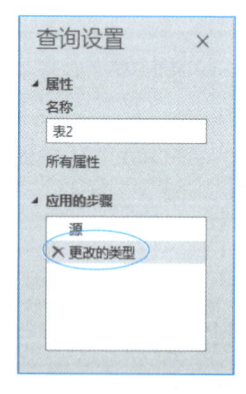

图2-111　电话号码被自动更改了数据类型

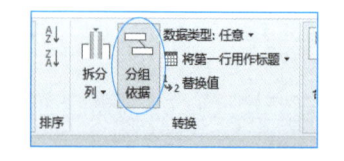

图2-112　"分组依据"命令按钮

打开"分组依据"对话框，进行如下设置，具体选项设置如图2-113所示。
（1）选中"高级"选项按钮。
（2）单击"添加分组"按钮，添加一个分组依据。

（3）两个分组依据分别选择"姓名"和"手机号码"。
（4）输入"新列名"为"积分"。
（5）在"操作"下拉表中选择"最大值"。
（6）在"柱"下拉表中选择"积分"。

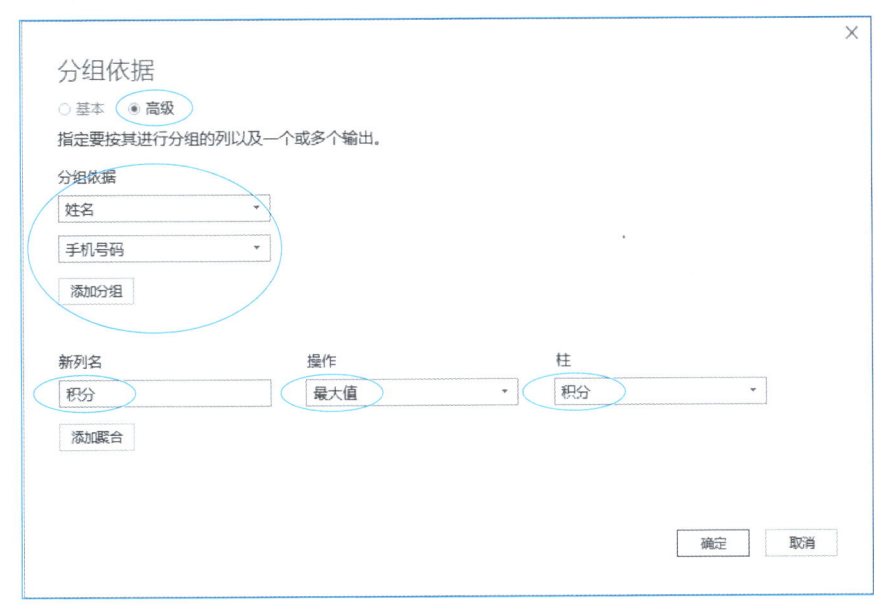

图2-113　设置分组依据选项

这样就得到了图2-114所示的表，这个表仅仅留下了每个电话号码的最大积分行。最后，关闭并上载数据到Excel表，如图2-115所示。

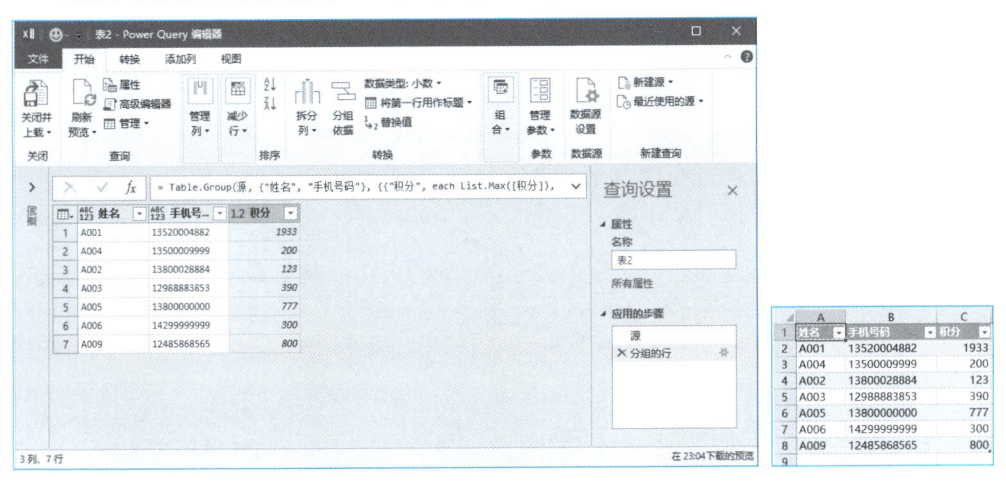

图2-114　得到的每个积分最大的姓名和电话号码

图2-115　得到积分最大的电话号码

2.3.8 把多行变一行：整理不重复的考勤刷卡数据

从打卡机导出的考勤打卡数据会有很多重复刷卡数据的情况，而且是分行保存的，此时不仅需要删除重复刷卡数据，还要将流水的刷卡数据整理为正确的签到时间和签退时间两列数据，此时，使用函数进行处理比较费时费力，且计算速度非常慢。

案例 2-9

图2-116所示的案例中，每个人有多次刷卡情况。现在要求把这个表格整理成图2-117所示的表，每个人每天一行数据，分别保存在"日期""签到时间"和"签退时间"三列。

这里假设每个人都是正常出勤（也就是签到或签退不存在漏打的情况）。

图2-116 从考勤机导出的刷卡数据

图2-117 需要整理成的标准表单

执行"数据"→"自表格/区域"命令，建立基本查询，如图2-118所示。

注意：这个查询把考勤号码的数据类型自动更改为整数，因此需要在右侧的"应用的步骤"中删除"更改的类型"，恢复考勤号码为文本数据类型。

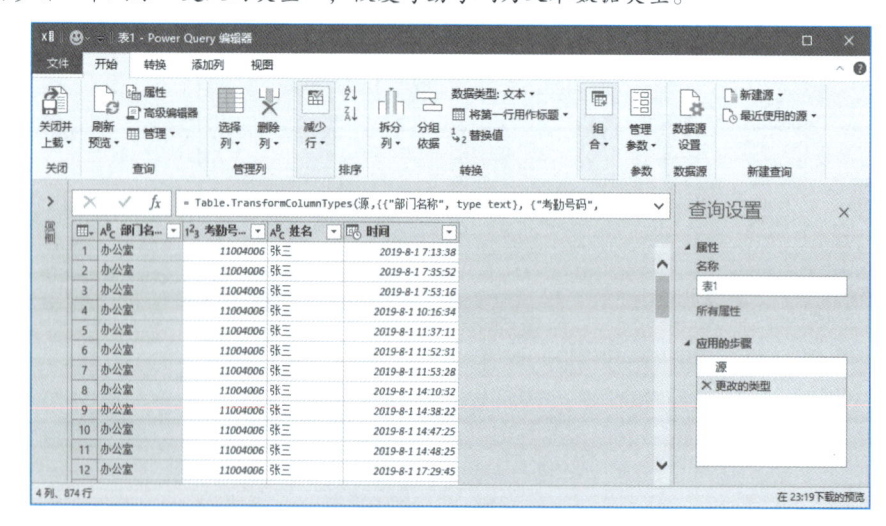

图2-118 建立基本查询

选择第四列"时间",执行"转换"→"拆分列"→"按分隔符"命令,打开"按分隔符拆分列"对话框,选择"空格"作为分隔符号,并选中"最左侧的分隔符"单选按钮,如图2-119所示。

图2-119　设置拆分列选项

这样就将日期和时间拆分成了两列,如图2-120所示。

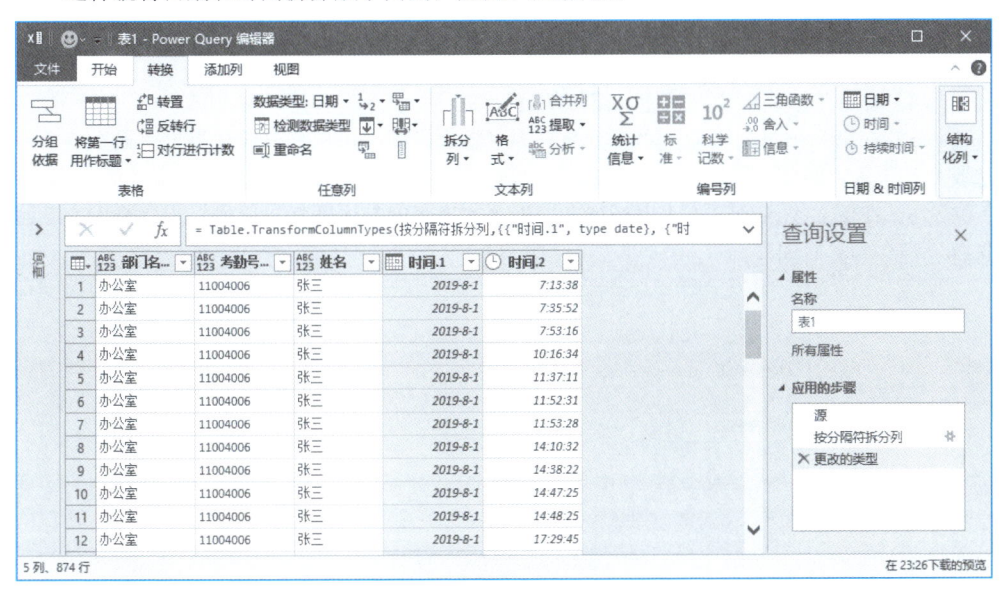

图2-120　日期和时间被拆分成了两列

将列标题"时间1"修改为"日期",列标题"时间2"修改为"时间",如图2-121所示。

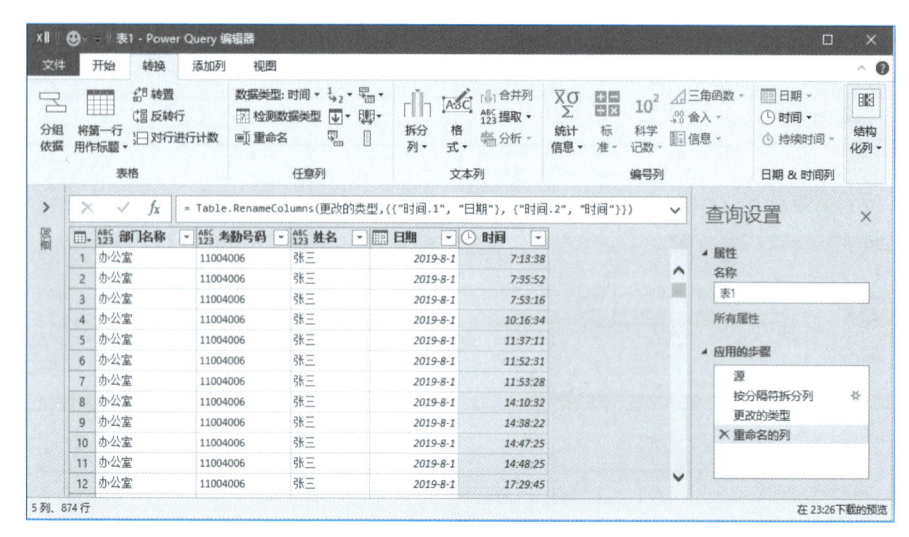

图2-121 修改列标题名称

执行"分组依据"命令,打开"分组依据"对话框,进行如下设置,具体选项设置如图2-122所示。

(1)选中"高级"单选按钮。

(2)单击"添加分组"按钮,另添加三个分组依据。

(3)四个分组依据分别选择"部门名称""考勤号码""姓名"和"日期"。

(4)单击"添加聚合"按钮,添加新列。

(5)在第一个新列里输入"新列名"为"签到时间",选择"操作"为"最小值",选择"柱"为"时间"。

(6)在第二个新列里输入"新列名"为"签退时间",选择"操作"为"最大值",选择"柱"为"时间"。

图2-122 设置分组依据选项

这样就得到了图2-123所示的表。最后将数据导出Excel工作表即可。

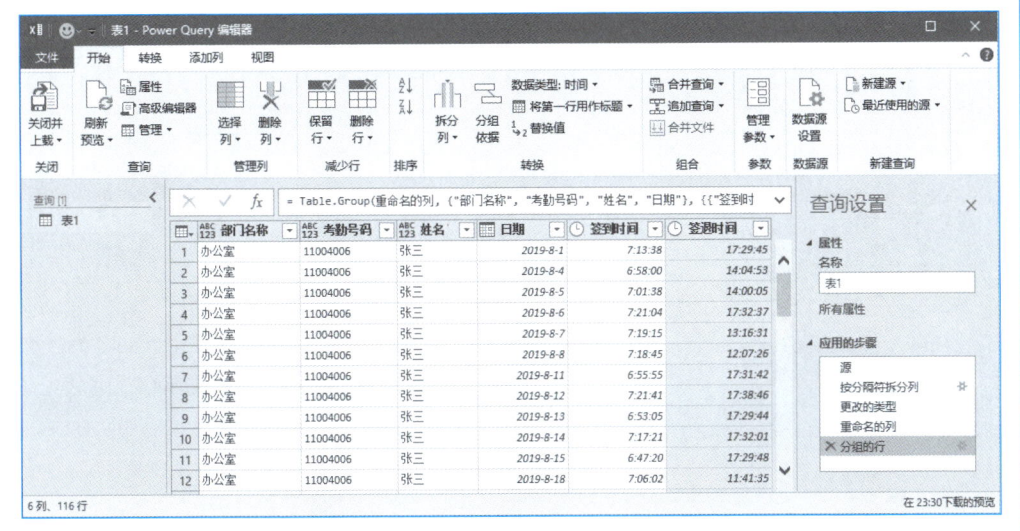

图2-123 处理完毕的每个员工每天的签到、签退时间

2.3.9 把一行变多行：重新排列地址与门牌号

案例 2-10

图2-124是这样的一个例子：A列是施工日期，B列是施工组，C列是施工的街道和门牌号，现在要将左侧的表格整理成右侧的表。

图2-124 将左侧的不规范表格整理成右侧的表

首先，建立基本查询，如图2-125所示。

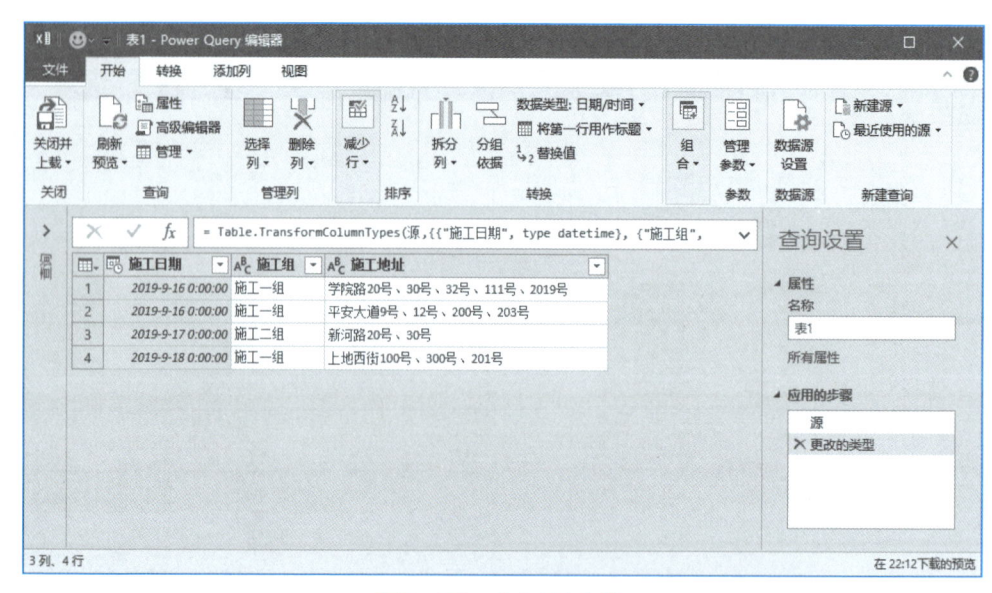

图2-125　建立基本查询

将第一列"施工日期"的数据类型更改为"日期"，如图2-126所示。

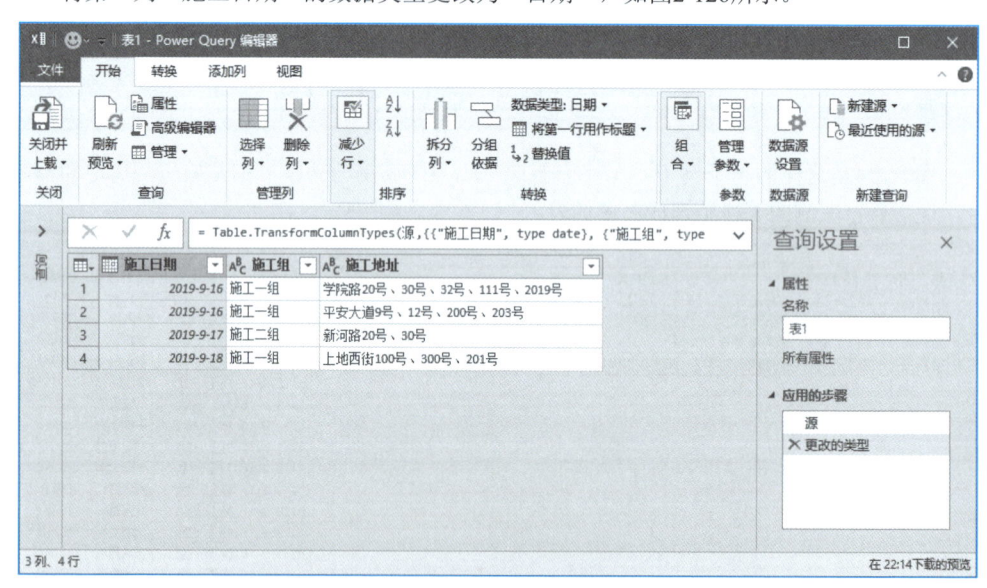

图2-126　更改第一列"施工日期"的数据类型为"日期"

选择第三列"施工地址"，执行"转换"→"拆分列"→"按照从非数字到数字的转换"命令，打开"拆分列"对话框，如图2-127所示。

这样就得到了图2-128所示的表。

选择被拆分出的门牌号各列，执行"转换"→"替换值"命令，打开"替换值"对话框，在"要查找的值"输入框中输入顿号"、"，在"替换为"输入框中留空，如图2-129所示。

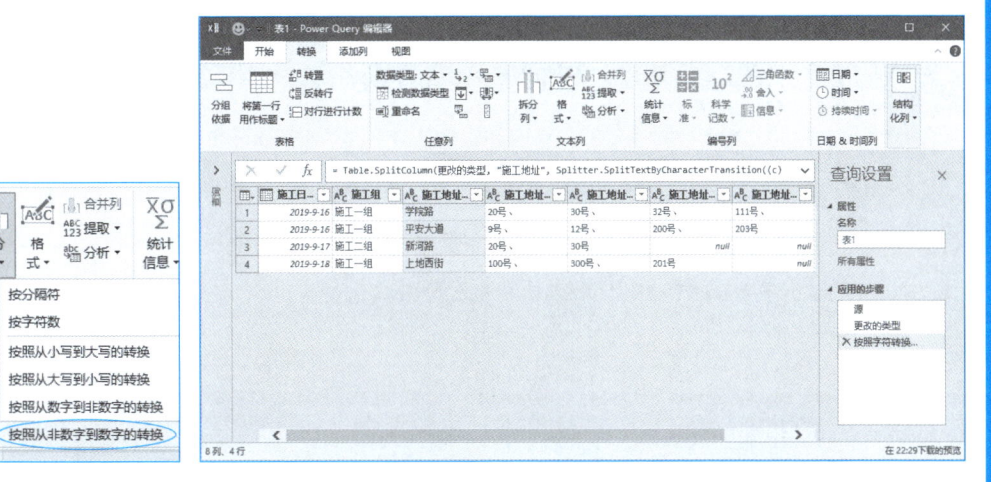

图2-127 "按照从非数字到数字的转换"命令

图2-128 拆分街道和门牌号后的表

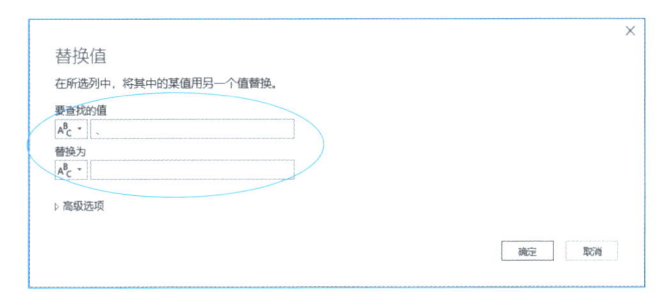

图2-129 将拆分出的各列中的顿号清除

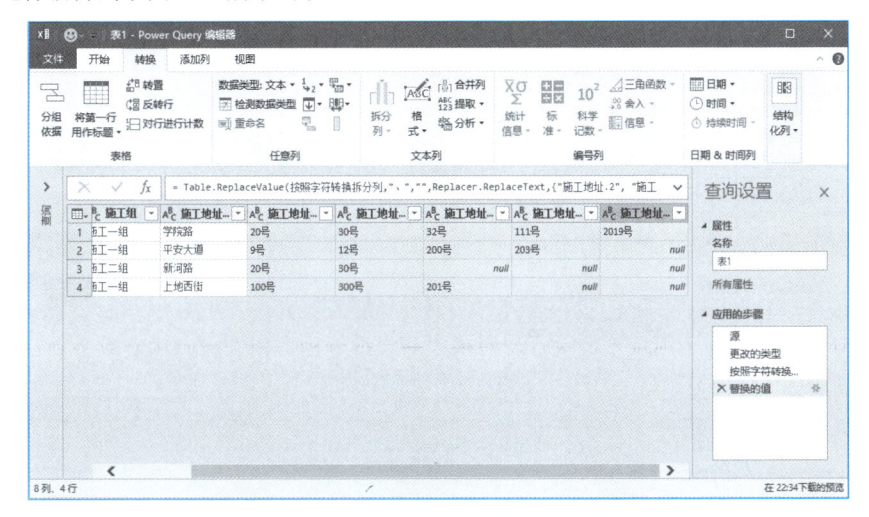

这样就得到了图2-130所示的表。

图2-130 清除门牌号中顿号"、"后的表

选择门牌号各列，执行"转换"→"逆透视列"命令，就得到了图2-131所示的表。

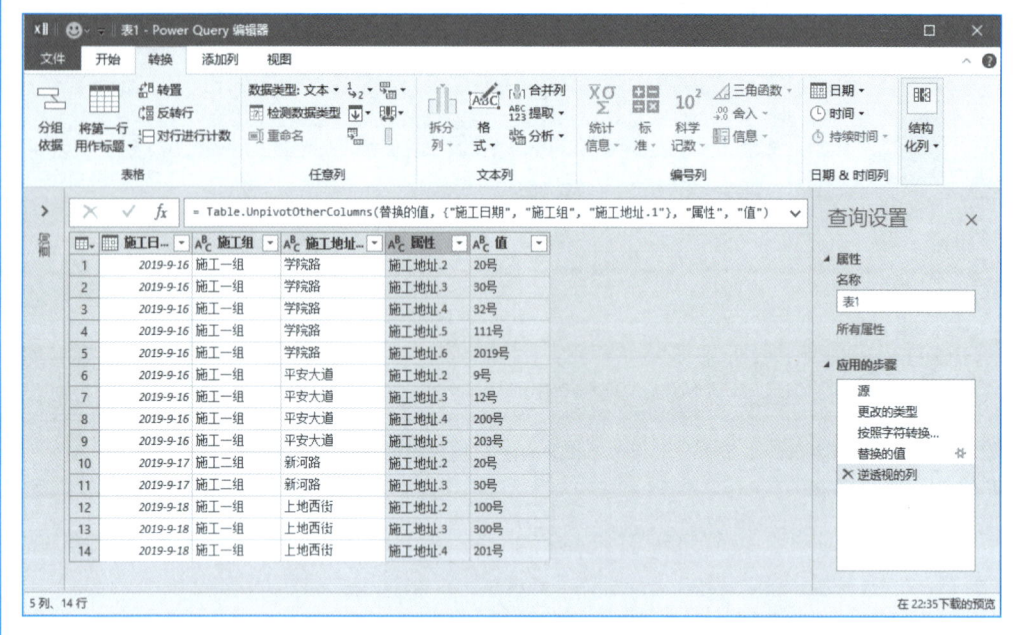

图2-131　逆透视各个门牌号列

删除"属性"列，将"施工地址.1"列标题改为"施工地址"，将"值"列标题修改为"门牌号"，如图2-132所示。

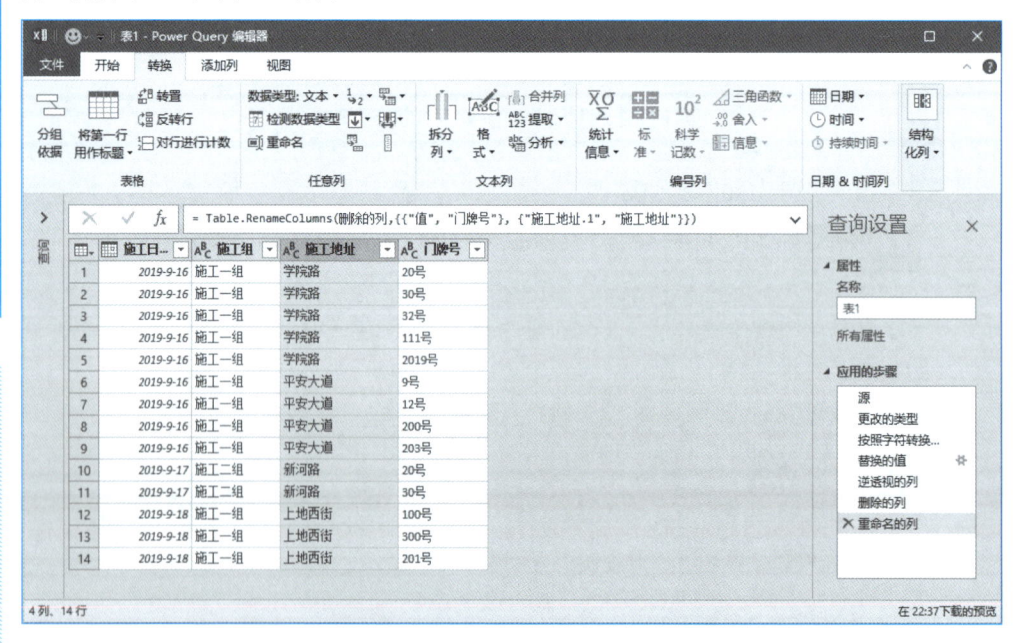

图2-132　删除"属性"列，修改列标题

最后，将数据导出Excel工作表，就得到了我们需要的表格，如图2-133所示。

图2-133　最终的表格

2.3.10　把一行变多行：整理报销人与报销金额

案例 2-11

图2-134是另外一个例子，在"摘要"列中，罗列了每个人的姓名及报销金额，这样的表格无法统计计算，需要将其转换为右侧的标准表单。

图2-134　左侧原始表，右侧标准表单

首先，建立基本查询，并重新设置日期的数据类型，如图2-135所示。

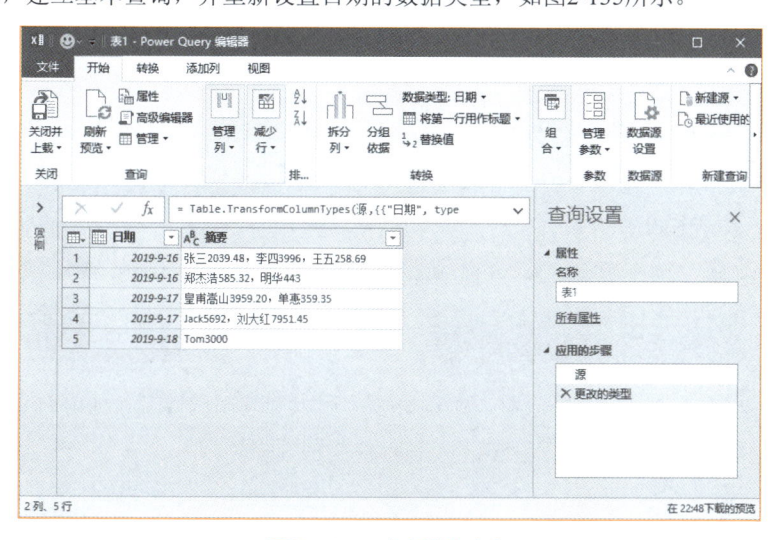

图2-135　建立基本查询

选择第二列"摘要",进行如下的操作。
(1)执行"转换"→"拆分列"→"按分隔符"命令。
(2)打开"按分隔符拆分列"对话框。
(3)选择分隔符号"--自定义--",输入逗号","。
(4)单击"高级选项"展开按钮,展开对话框。
(5)选中"行"单选按钮,如图2-136所示。

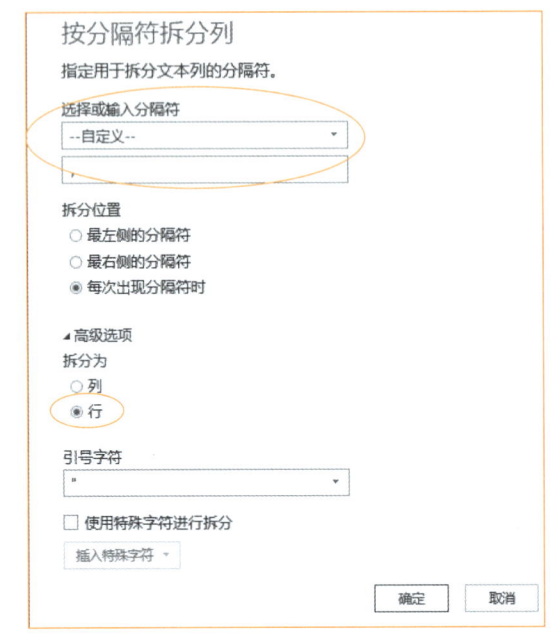

图2-136　按分隔符拆分列,将各个人拆分成行

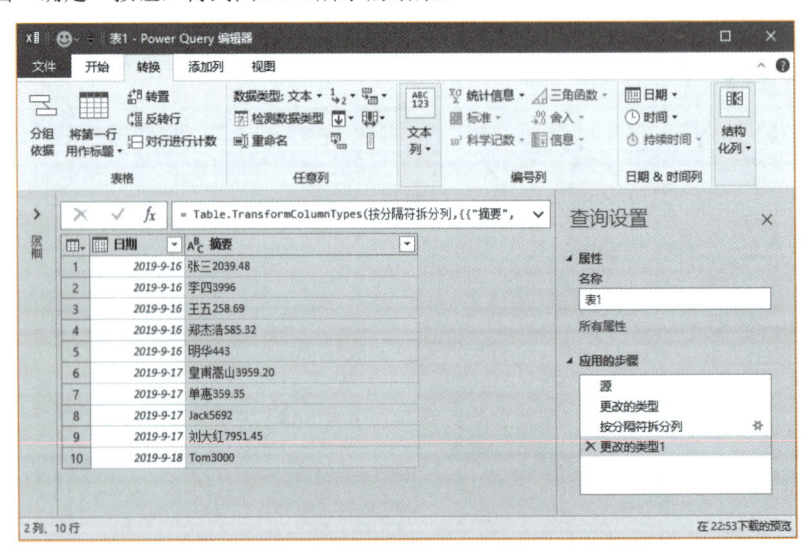

单击"确定"按钮,得到图2-137所示的结果。

图2-137　单元格里的每个人被拆分成了各行

执行"添加列"→"自定义列"命令，打开"自定义列"对话框，输入"新列名"为"姓名"，输入下面的自定义列公式，如图2-138所示。

= Text.Remove([摘要],{"0".."9","."})

图2-138 自定义列"姓名"

这样得到了一个新列"姓名"，提取出了每个人的姓名，如图2-139所示。

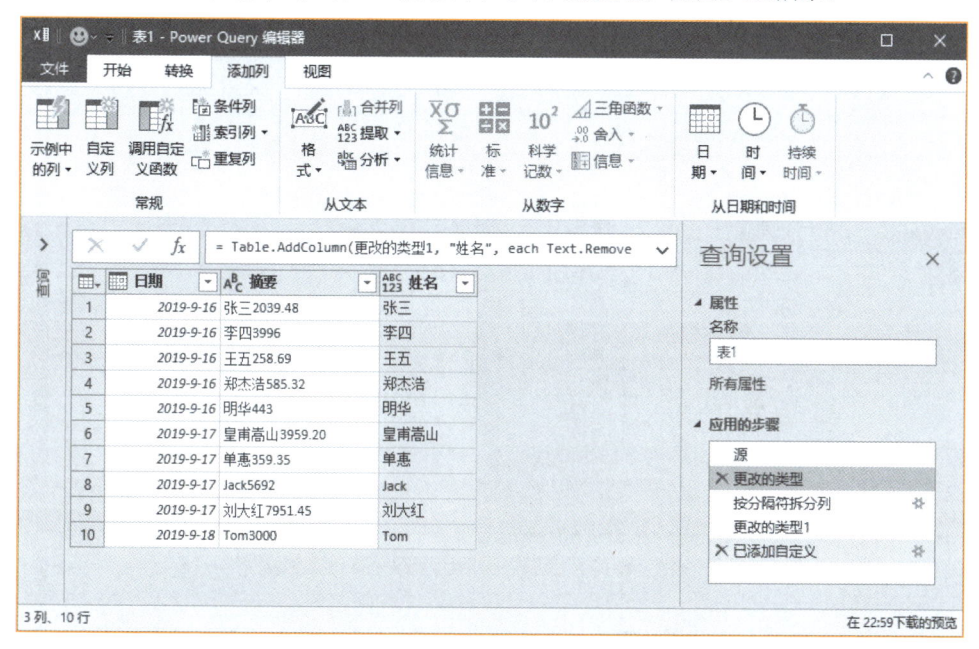

图2-139 新列"姓名"提取出了每个人的姓名

使用相同的方法添加一个自定义列"金额"，其自定义列公式如下，如图2-140所示。

= Text.Select([摘要],{"0".."9","."})

图2-140 自定义列"金额"

这样得到了一个新列"金额"，提取出了每个人的金额数字，如图2-141所示。

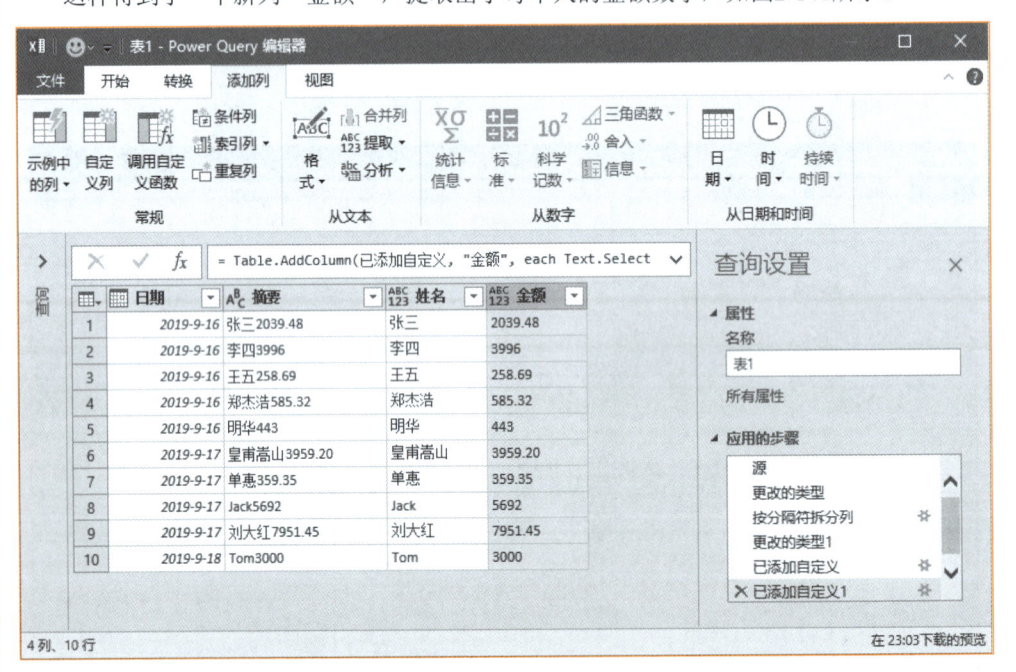

图2-141 新列"金额"提取出了每个人的金额数字

将"姓名"列的数据类型设置为"文本"，将"金额"列的数据类型设置为"小数"，并删除"摘要"列，如图2-142所示。

最后，将查询表导出Excel工作表，如图2-143所示。

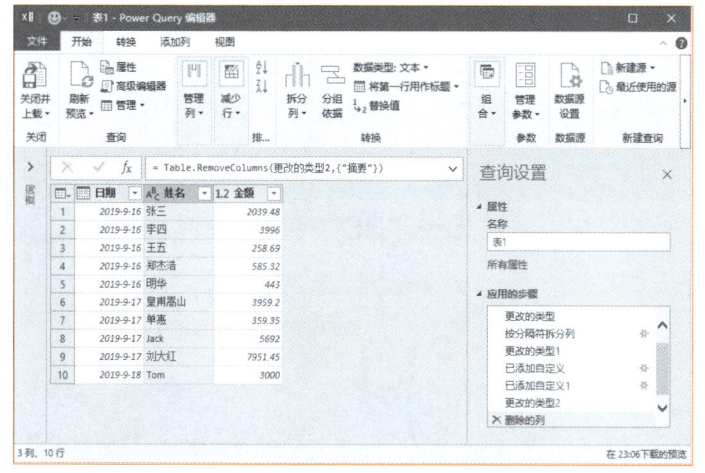

图2-142 设置各列数据类型

图2-143 得到的标准表单

2.3.11 把多列变为一列：简单情况

案例 2-12

实际工作中，经常遇到将多列合并为一列的情况。图2-144就是一个简单的案例情况，日期被分成了年、月、日三列保存，这对分析数据是不方便的，需要将它们组合成一个真正的日期列。

如果使用函数，则需要设计一个辅助列，输入下面的公式，这样做也不复杂。

```
=DATE(A2,B2,C2)
```

如果使用Power Query来处理也很简单，而且适合处理数据量大的场合。

首先，建立基本查询，如图2-145所示。

图2-144 日期被分成了年、月、日三列保存

选择前面三列"年""月"和"日"，执行"转换"→"合并列"命令，打开"合并列"对话框，在分隔符下拉表中选择"--自定义--"，并输入分隔符"-"；在"新列名"输入框中输入"日期"，如图2-146所示。

59

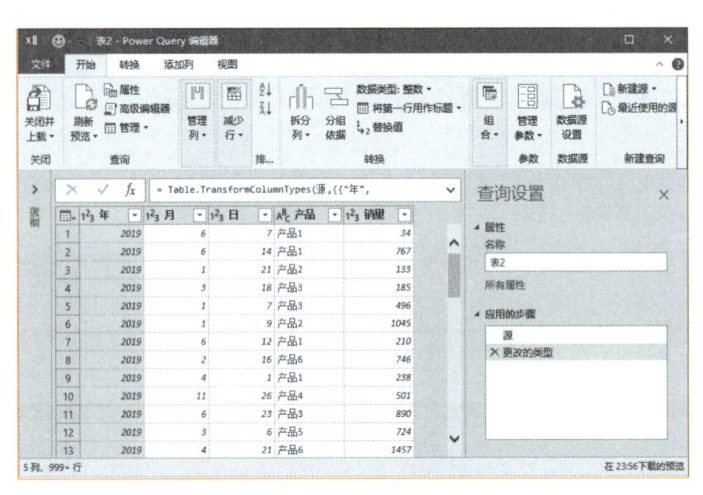

图2-145　建立基本查询

图2-146　设置合并列选项

这样就得到了新列"日期"，原有的"年""月""日"三列不复存在，如图2-147所示。

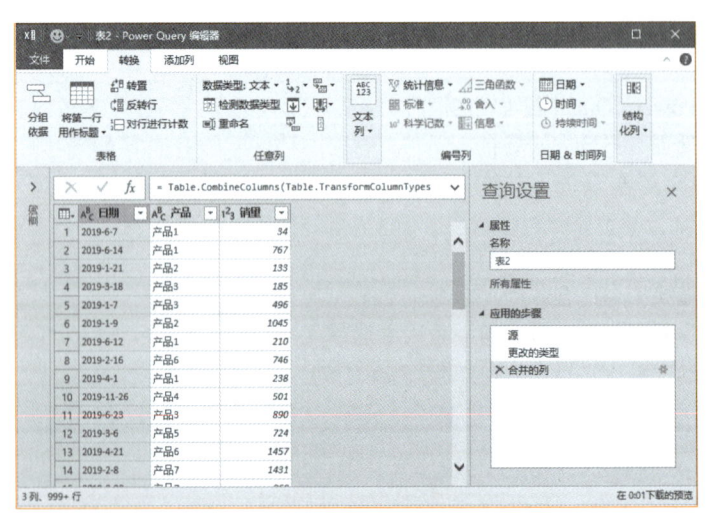

图2-147　得到的"日期"列

将第一列"日期"的数据类型设置为"日期",就得到了图2-148所示的标准表单。

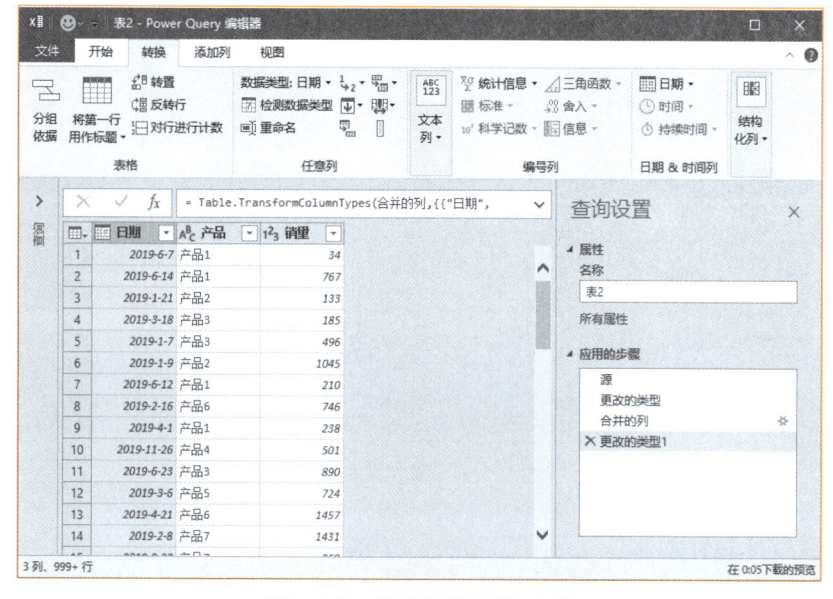

图2-148 标准规范的销售表单

2.3.12 把多列变为一列:复杂情况

前面介绍的案例比较简单,操作也很简单,无非就是使用"合并列"命令。下面介绍一个更复杂的案例。

案例 2-13

图2-149是一个比较复杂的情况,现在要求把左侧的表整理成右侧的表,这里要特别注意,除了要合并数据外,还要把英文单词的第一个字母变为大写。

图2-149 左侧是不规范的数据,右侧是规范表格

下面是使用Power Query处理的主要步骤。

首先,建立基本查询,如图2-150所示。

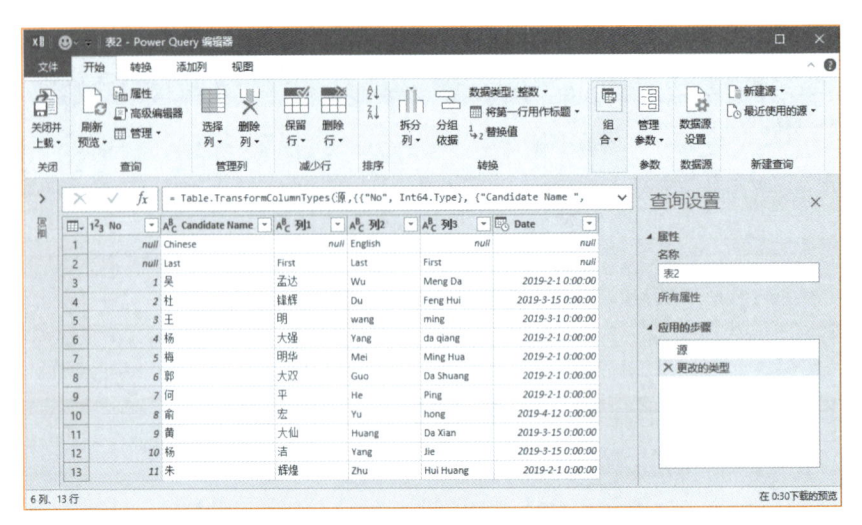

图2-150 建立基本查询

先进行基本设置如下。
（1）从第一列中筛选掉空值（null）行。
（2）将最后一列"Date"的数据类型设置为"日期"。
（3）将第一列标题"No"修改为"序号"。
（4）将最后一列标题"Date"修改为"日期"。
这样，查询表变为图2-151所示的情形。

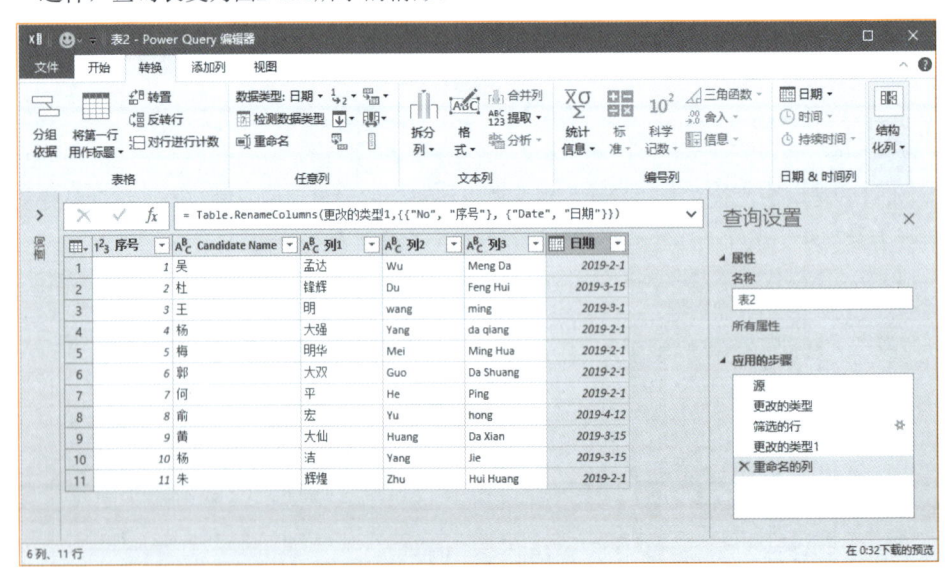

图2-151 筛选空行，设置日期类型，修改列标题

选择Candidate Name列和"列1"，执行"转换"→"合并列"命令，打开"合并列"对话框，在分隔符下拉表中选择"--无--"，在"新列名"输入框中输入"中文姓名"，如图2-152所示。

62

图2-152 准备合并中文姓名

这样就得到了新列"中文姓名"，如图2-153所示。

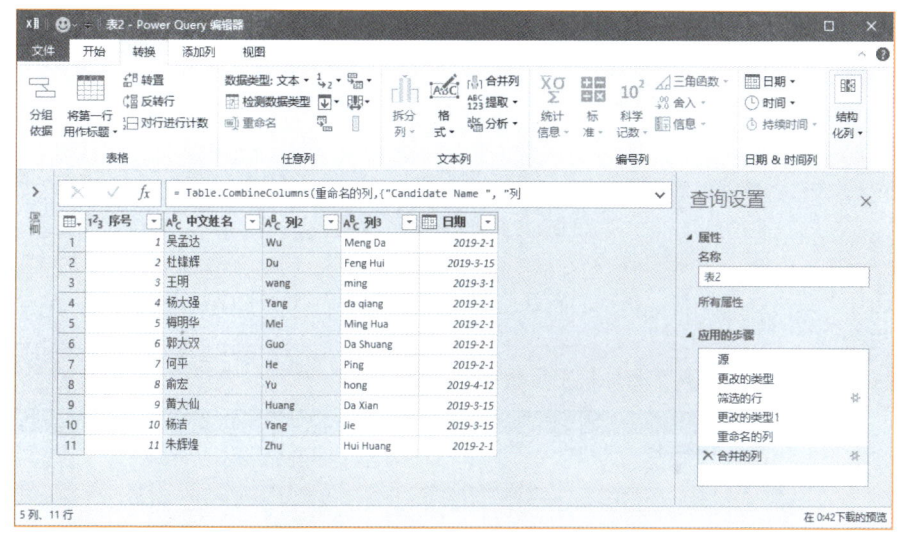

图2-153 得到新列"中文姓名"

选择"列2"和"列3"，执行"转换"→"合并列"命令，打开"合并列"对话框，在分隔符下拉表中选择"逗号"，在"新列名"输入框中输入"英文姓名"，如图2-154所示。

图2-154 准备合并英文姓名

63

这样就得到了新列"英文姓名",如图2-155所示。

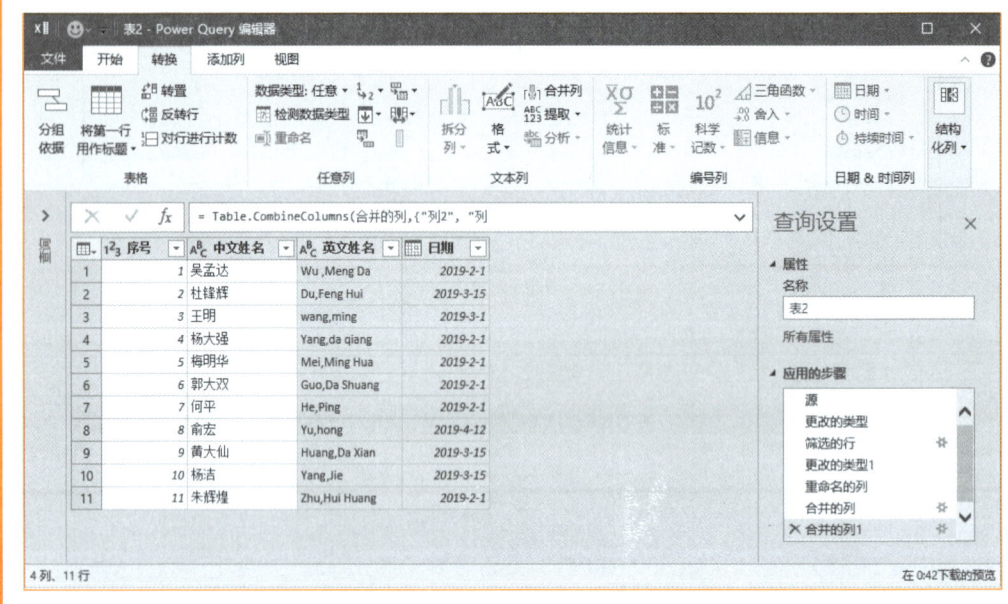

图2-155 得到新列"英文姓名"

选择"英文姓名"列,执行"转换"→"格式"→"每个字词首字母大写"命令,如图2-156所示。

这样就将不规范的英文名称首字母转换成了统一的大写字母,如图2-157所示。

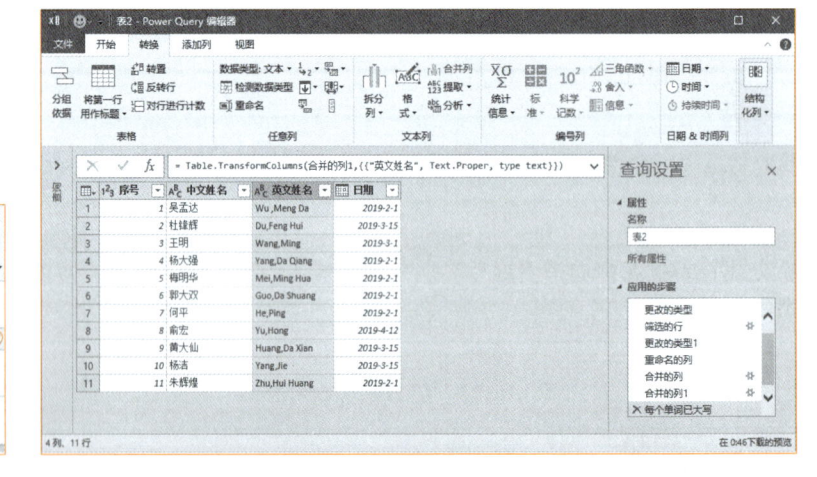

图2-156 "格式"→"每个字词首字母大写"命令

图2-157 将英文姓名的字母进行了大小写规范处理

最后,将数据加载到Excel工作表,如图2-158所示。

图2-158　得到规范的员工名单表

2.4 数据分列与数据提取

很多从系统导入的表格比较混乱，不同的数据保存在一列，或者含有关键词的列。此时，我们需要把这样的一列依据数据类型转换为多列，或者从该列数据中提取需要的信息，这就是数据分列与数据提取问题。

在Excel中，数据分列与数据提取的基本方法是使用分列工具和文本函数。本节我们结合工作中的实际问题，介绍如何使用Power Query来进行数据分列与数据提取。

之所以重点介绍如何使用Power Query，是因为其可以在不改变原始表结构的情况下，直接得到一个需要的标准规范表单，并建立数据模型，为以后的数据分析提供基础，同时还可以建立与系统导入数据的动态链接，随时更新分析报告。

2.4.1 数据分列：根据一个分隔符

很多情况下，要分列的列数据中有分隔符，例如空格、逗号、分号，或者某些特殊的符号，此时分列是很简单的。

案例 2-14

图2-159是一个很经典的例子，所有数据都保存在了A列，现在要把其转换为图2-160所示的表单。

图2-159　保存在一列的数据

	A	B	C	D	E	F	G
1	日期	起息日	摘要	传票号	借方发生额	贷方发生额	对方账户名称
2	2019-1-5	2019-1-5	J0011929140060U	TX21156902	39,149.68		AAAA公司
3	2019-1-5	2019-1-5	A011918730RISC6K	X151076702	50,000.00		BBBB公司
4	2019-1-6	2019-1-6	A011909323RISC6K	X151035101		350,556.18	CCCC公司
5	2019-1-6	2019-1-6	A011909299RISC6K	X151029601		245,669.20	CCCC公司
6	2019-1-6	2019-1-6	A011909324RISC6K	X151035201		157,285.84	CCCC公司
7	2019-1-6	2019-1-6	A011909307RISC6K	X151033501	190,851.42		CCCC公司
8	2019-1-6	2019-1-6	A011909302RISC6K	X151030201		101,541.05	CCCC公司
9	2019-1-6	2019-1-6	A011909279RISC6K	X151026101		36,494.32	CCCC公司
10	2019-1-6	2019-1-6	A011909361RISC6K	X151037901		36,043.85	CCCC公司
11	2019-1-6	2019-1-6	A011909287RISC6K	X151027601	14,084.60		CCCC公司
12	2019-1-6	2019-1-6	A011909285RISC6K	X151027401	13,751.90		CCCC公司
13	2019-1-6	2019-1-6	A011909295RISC6K	X151029101		11,372.43	CCCC公司
14	2019-1-6	2019-1-6	A011909371RISC6K	X151038601		7,820.95	CCCC公司

图2-160 要求制作的表单

这个案例可以使用Excel中的分列工具来解决。下面介绍具体操作方法。

执行"数据"→"自表格/区域"命令，打开"创建表"对话框，注意不要勾选"表包含标题"复选框，如图2-161所示。

不勾选"表包含标题"复选框是因为这个标题并不是真正的标题，而是需要分列的数据，分列后才能变为真正的标题。

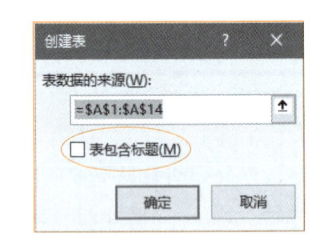

图2-161 "创建表"对话框，取消勾选"表包含标题"复选框

这样就打开了"Power Query编辑器"窗口，建立基本查询，如图2-162所示。

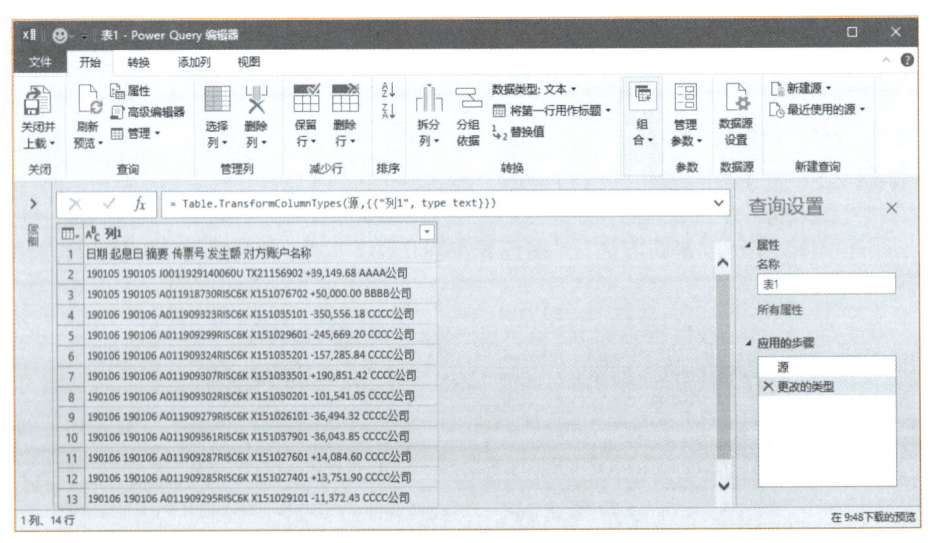

图2-162 建立基本查询

执行"转换"→"拆分列"→"按分隔符"命令，打开"按分隔符拆分列"对话框，选择分隔符为"空格"，其他参数保持默认设置，如图2-163所示。

66

图2-163　选择分隔符为"空格"

这样就将原始的一列拆分成了几列，如图2-164所示。

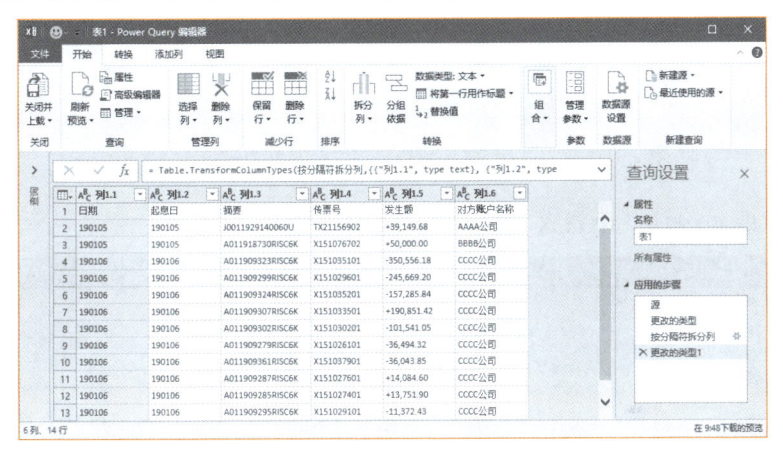

图2-164　按分隔符"空格"拆分后的表

执行"开始"→"将第一行用作标题"命令，提升标题，如图2-165所示。

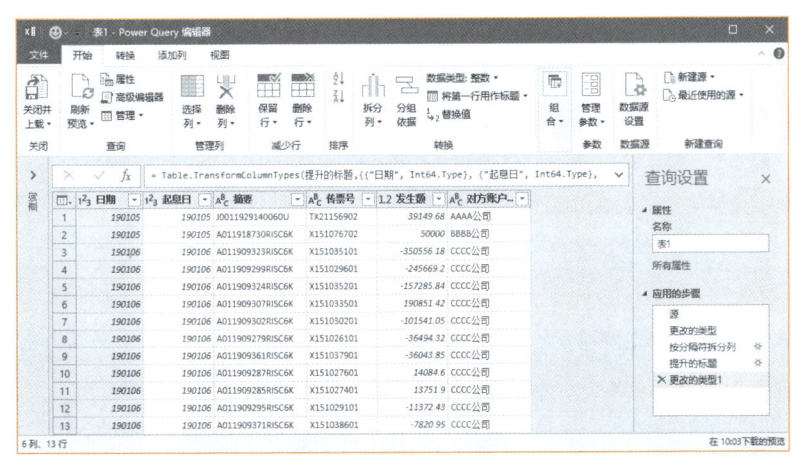

图2-165　提升标题

选择"发生额"列,执行"转换"→"拆分列"→"按分隔符"命令,打开"按分隔符拆分列"对话框,选择分隔符为"--自定义--",并输入分隔符为减号"-",如图2-166所示。

图2-166 选择分隔符为"--自定义--",并输入分隔符为减号"-"

单击"确定"按钮,就得到了图2-167所示的表。

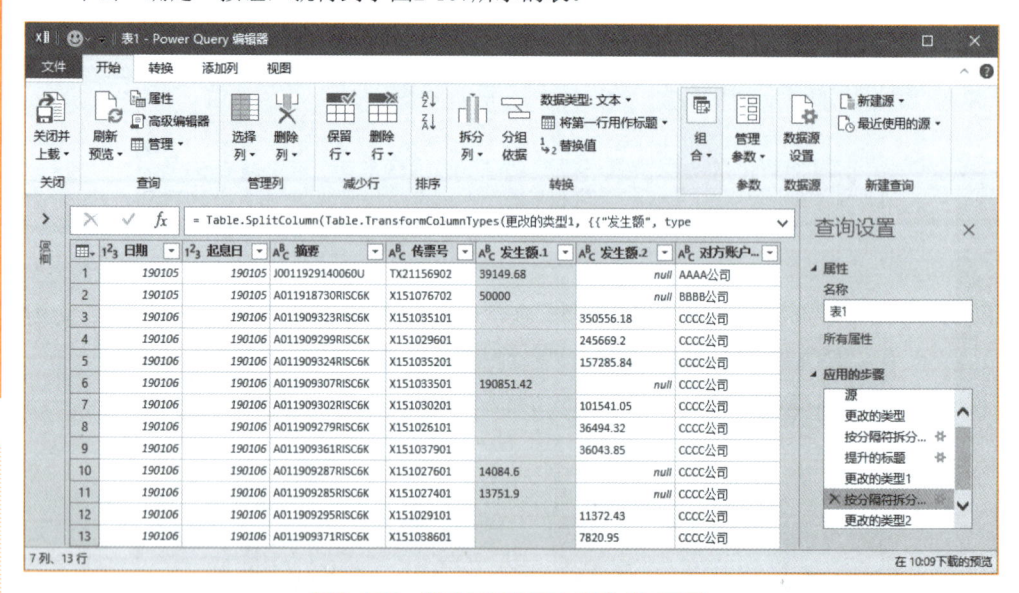

图2-167 发生额根据正负数分成了两列

将列标题"发生额.1"和"发生额.2"分别修改为"借方发生额"和"贷方发生额",并更改数据类型为"小数",如图2-168所示。

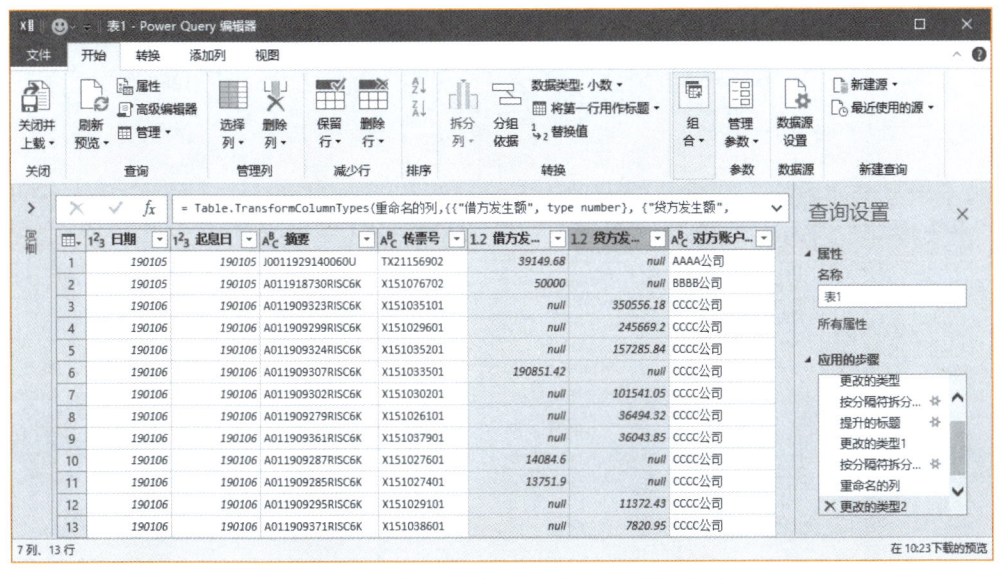

图2-168　修改金额标题名称，设置数据类型

如果仅仅分列，现在就已经完成任务。但在这个例子中，我们还需要把左边的两列日期转换为真正的日期，例如，190105要变为2019-1-5，基本方法如下。

选择第一列"日期"，执行"转换"→"格式"→"添加前缀"命令，如图2-169所示。打开"前缀"对话框，输入"值"为"20"，如图2-170所示。

图2-169　"格式"→"添加前缀"命令

图2-170　输入"值"为"20"

这样就将第一列变为图2-171所示的情形。

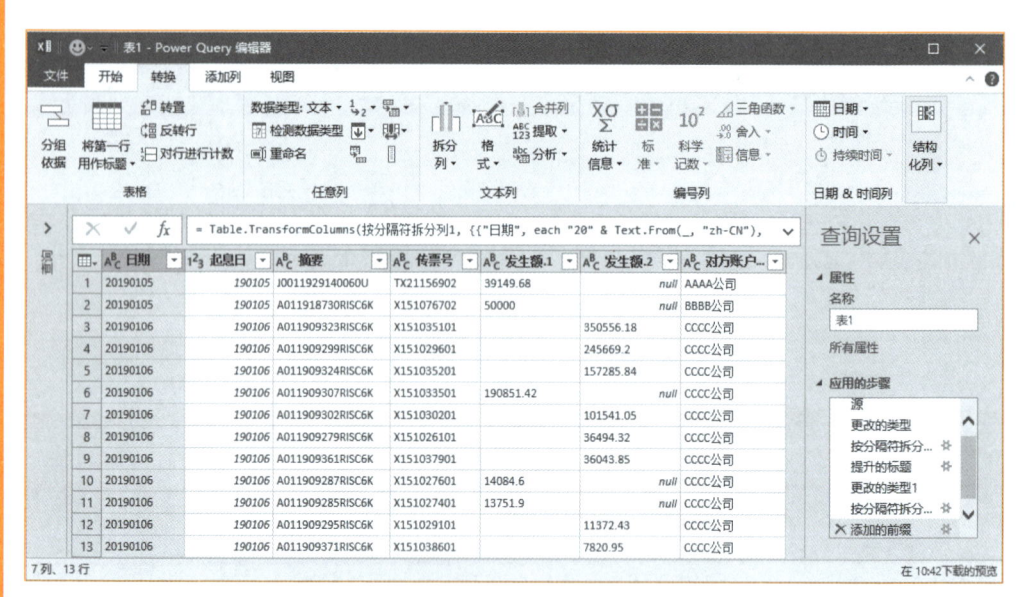

图2-171　第一列的6位数日期变为8位数日期

将第一列"日期"的数据类型设置为"日期",就得到了正确的日期,如图2-172所示。

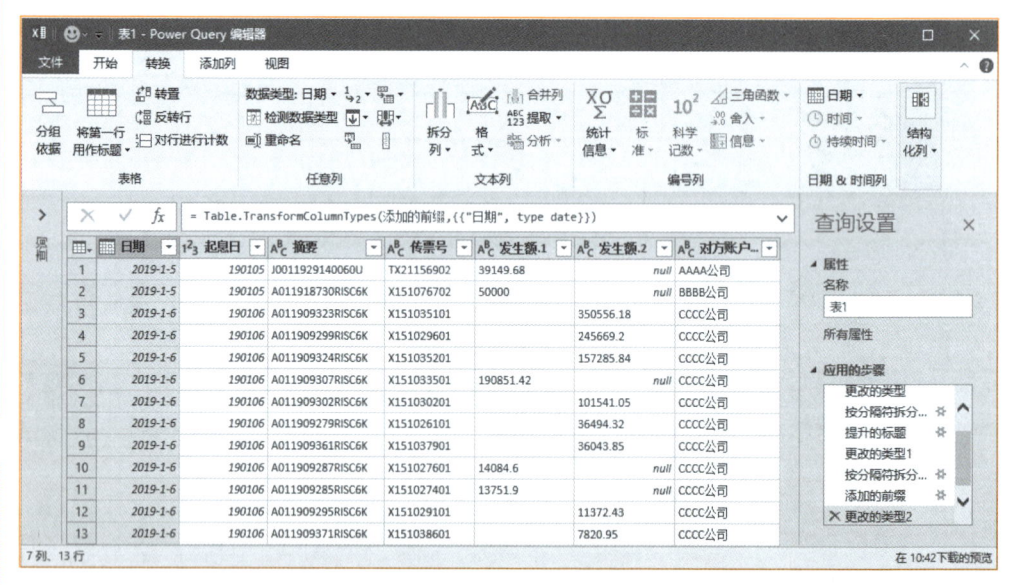

图2-172　第一列"日期"变成了真正的日期数字

使用同样的方法将第二列"起息日"也处理为真正的日期数字,如图2-173所示。

最后,将数据导出到Excel工作表,这就是我们需要的表单了。

图2-173 第二列"起息日"变成了真正的日期数字

2.4.2 数据分列：根据多个分隔符

案例 2-15

图2-174是原始数据，需要整理成图2-175所示的表单。

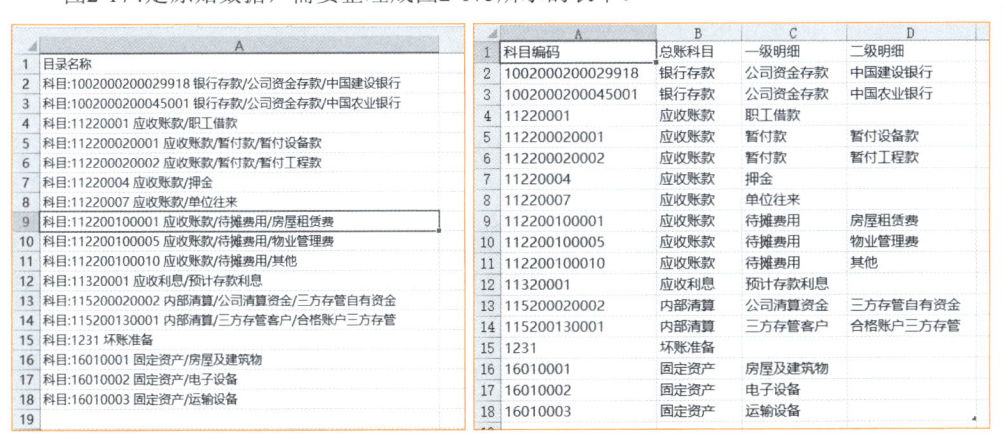

图2-174 原始数据 　　　　　　　　图2-175 要整理成的表单

这个表格的处理也不复杂，可以分成以下步骤来做。
第一步按冒号"："来拆分列。
第二步按空格拆分列。
第三步按斜杠"/"拆分列。
最后，修改列标题，将"科目编码"的数据类型设置为"文本"，就得到了我们需要的表单。下面简要说明利用Power Query分列的步骤。

首先建立基本查询，如图2-176所示。

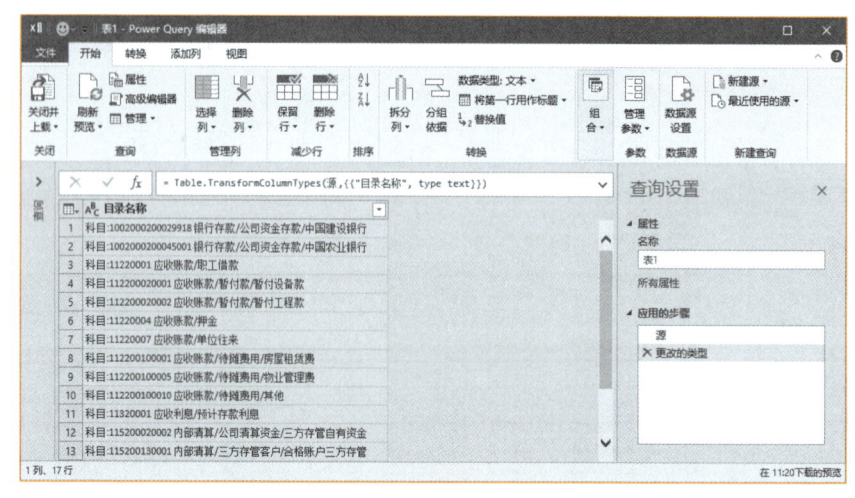

图2-176　建立基本查询

执行"转换"→"拆分列"→"按分隔符"命令，打开"按分隔符拆分列"对话框，选择分隔符为"冒号"，如图2-177所示，就得到了图2-178所示的表。

图2-177　选择分隔符为"冒号"

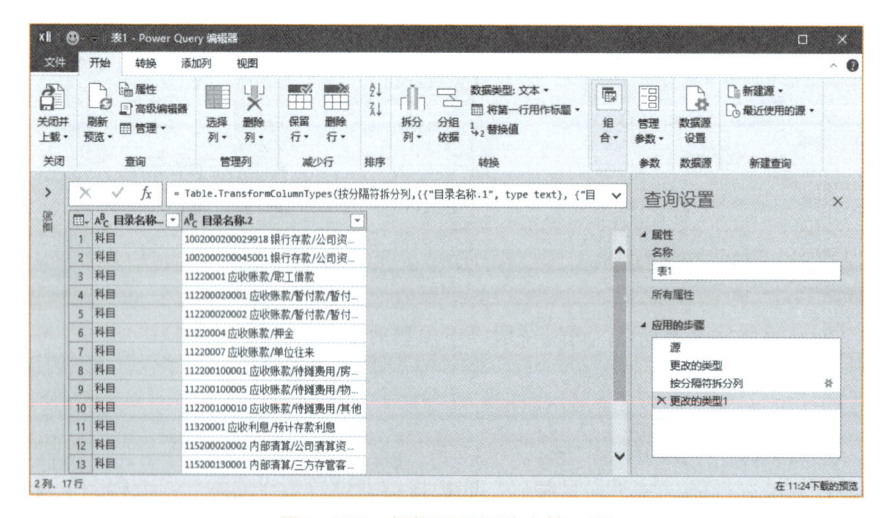

图2-178　根据冒号拆分出第一列

选择第二列，执行"转换"→"拆分列"→"按分隔符"命令，打开"按分隔符拆分列"对话框，选择分隔符为"空格"，如图2-179所示，这就得到了图2-180所示的表。

图2-179　选择分隔符为"空格"

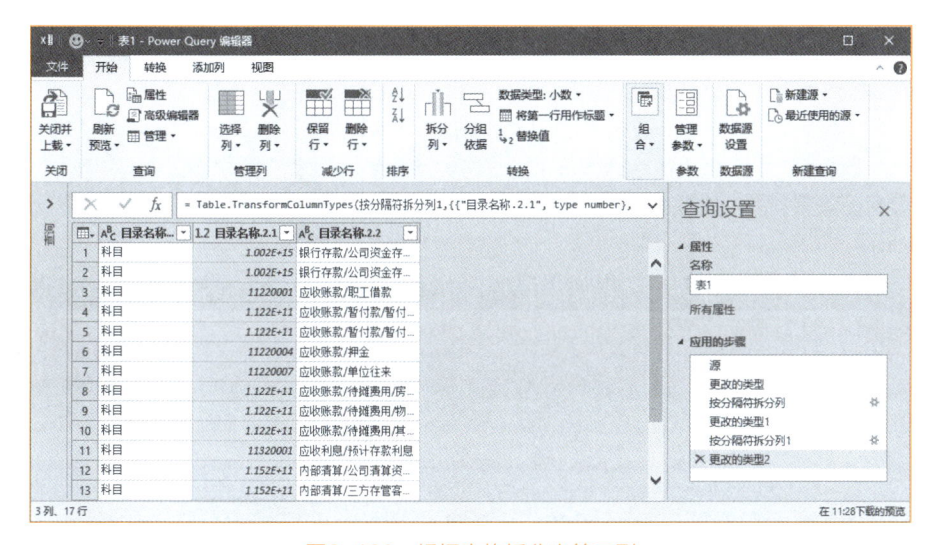

图2-180　根据空格拆分出第二列

选择第三列，执行"转换"→"拆分列"→"按分隔符"命令，打开"按分隔符拆分列"对话框，选择"--自定义--"，并输入斜杠"/"，如图2-181所示，这就得到了图2-182所示的表。

图2-181　输入分隔符为斜杠"/"

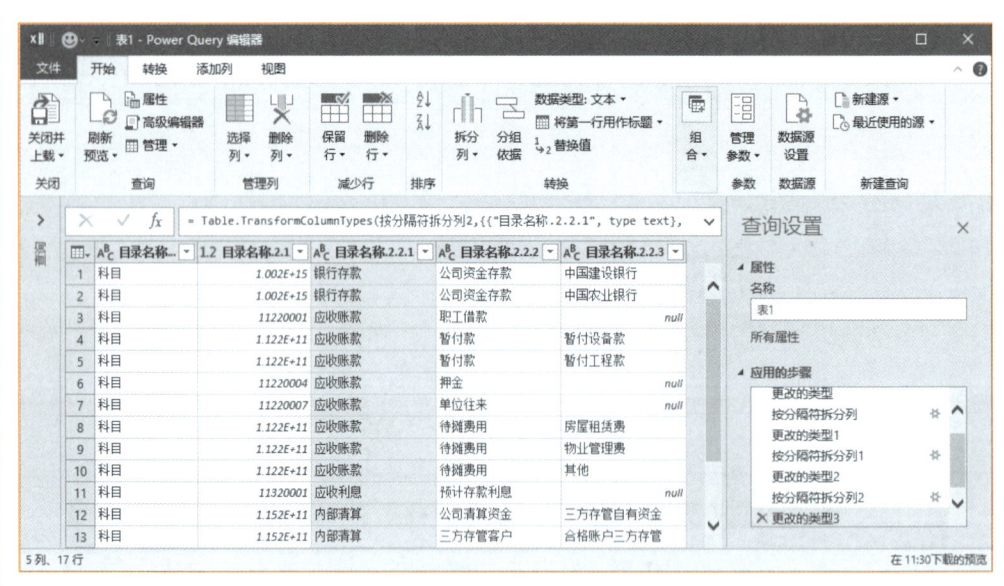

图2-182 根据斜杠拆分出其他各列

最后删除第一列，修改其他各列标题，将"科目编码"的数据类型设置为"文本"，如图2-183所示。

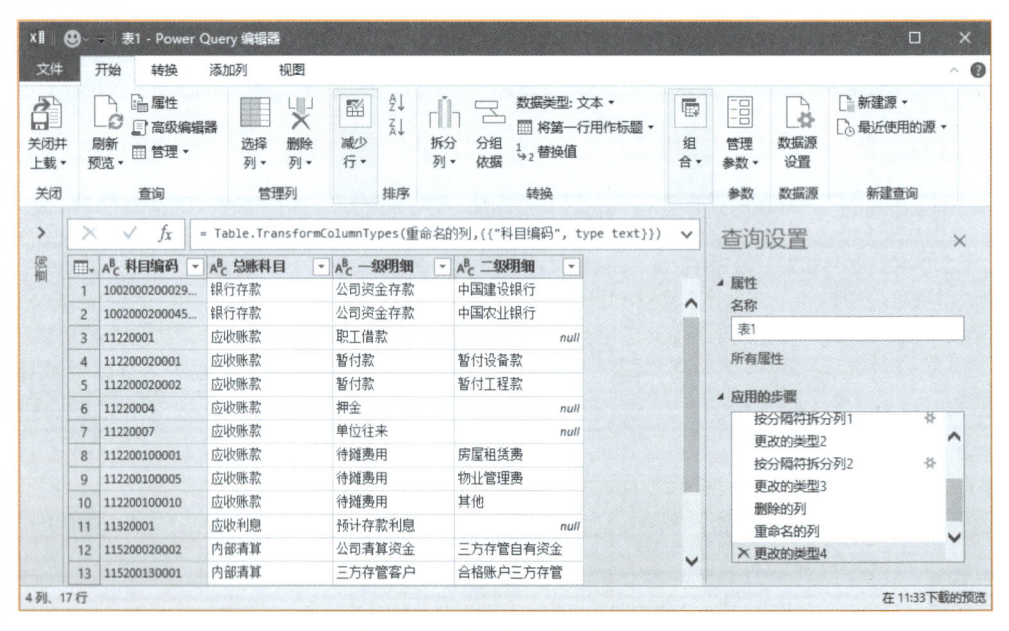

图2-183 得到最终的规范表单

2.4.3 数据分列：根据字符数

如果表格数据的长度很有规律，可以根据字符数对数据进行分列。

根据字符数分列，可以指定左侧和右侧的字符个数，也可以每隔几个字符就拆分。

案例 2-16

图2-184是一个原始数据表的例子，A列的合同编码左侧两位字母是合同类别，右侧8位数是合同签订日期，现在要根据A列生成两个新列"合同类别"和"合同日期"，效果如图2-185所示。

图2-184 原始数据表

图2-185 要求的表单

首先，建立基本查询，如图2-186所示。

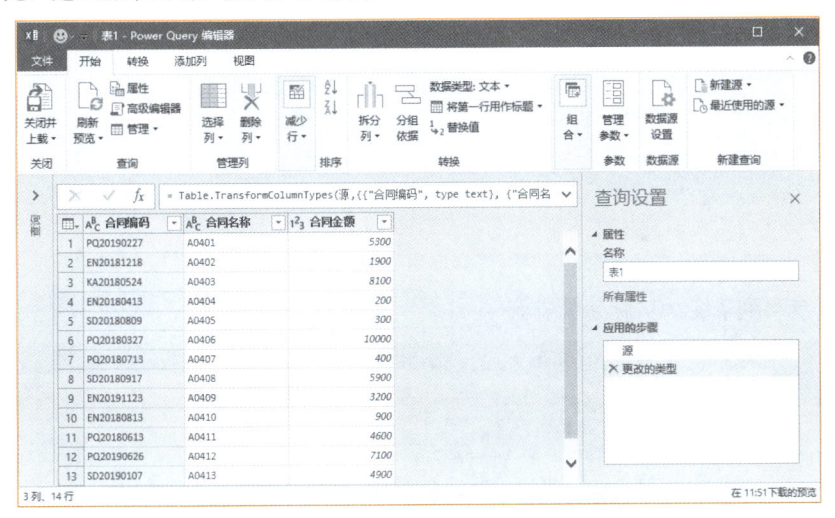

图2-186 建立基本查询

选择第一列"合同编码"，执行"添加列"→"重复列"命令，如图2-187所示。

这样就将合同编码列复制了一份，如图2-188所示。

选择复制的列"合同编码-复制"，执行"转换"→"拆分列"→"按字符数"命令，如图2-189所示。

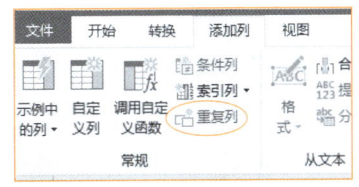

图2-187 "重复列"命令

打开"按字符数拆分列"对话框，输入"字符数"为"2"，选择"拆分"为"一次，尽可能靠左"，如图2-190所示。

75

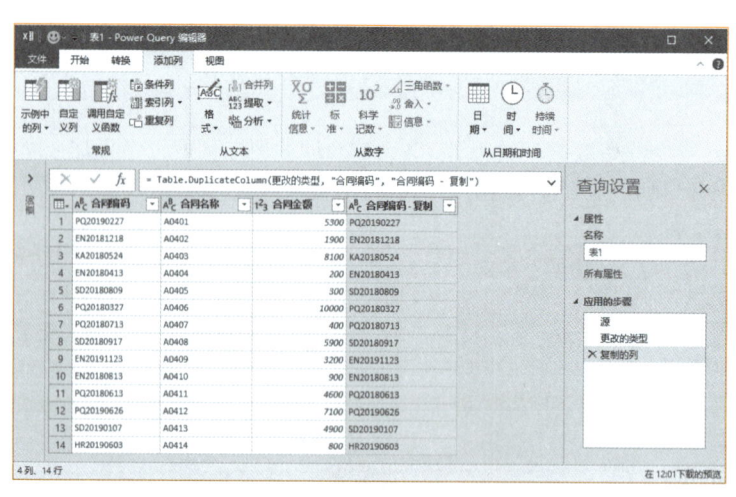

图2-188 复制一列"合同编码"

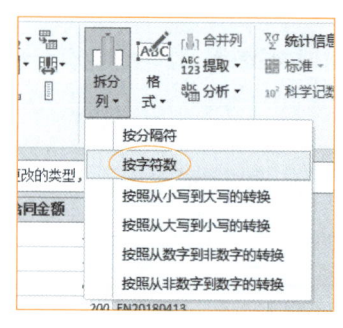

图2-189 "拆分列"→"按字符数"命令

图2-190 输入字符数"2",选择"一次,尽可能靠左"

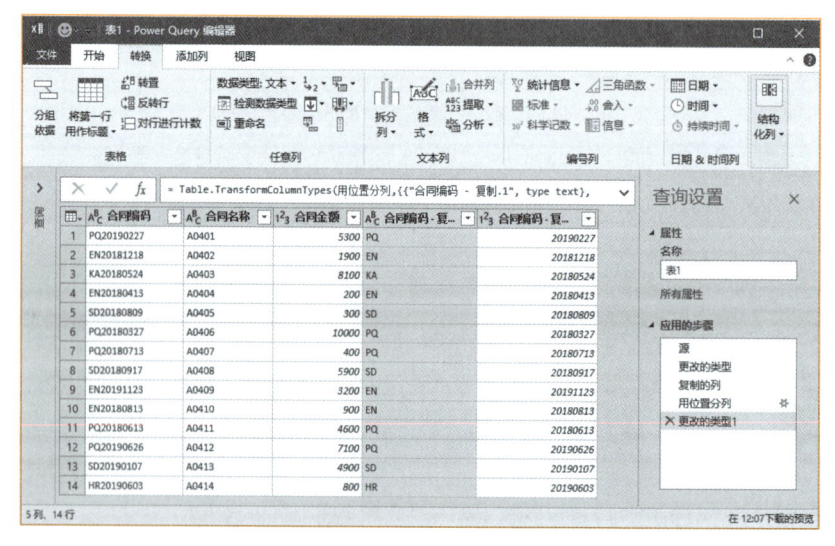

这样就得到了图2-191所示的表。

图2-191 分列后的表

修改列标题，并将最后一列的数据类型设置为"日期"，调整列次序，就得到了图2-192所示的表。

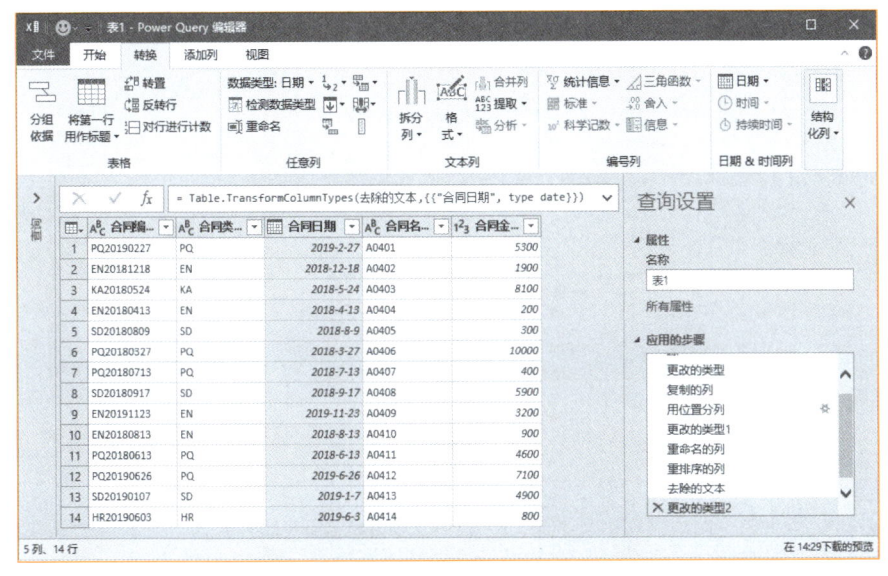

图2-192 最后需要的表

2.4.4 提取数据：利用分隔符

还有一些经常要做的数据处理，例如，从某列中提取所需要的信息，而原始列可以继续存在，也可以不再保留，这就是提取数据问题。

2.4.3小节的合同数据处理问题，本质上就是提取数据问题。

案例 2-17

例如，对于图2-193所示的例子，要求从B列"材料编码名称"中提取出材料编码和材料名称，要求保留原始的列。材料编码和材料名称之间是分隔符"/"。

图2-193 B列的原始数据，需要提取材料编码和材料名称

建立基本查询，如图2-194所示。

选择第二列"材料编码名称"，执行"添加列"→"提取"→"分隔符之前的文本"命令，如图2-195所示，打开"分隔符之前的文本"对话框，输入分隔符"/"，如图2-196所示。

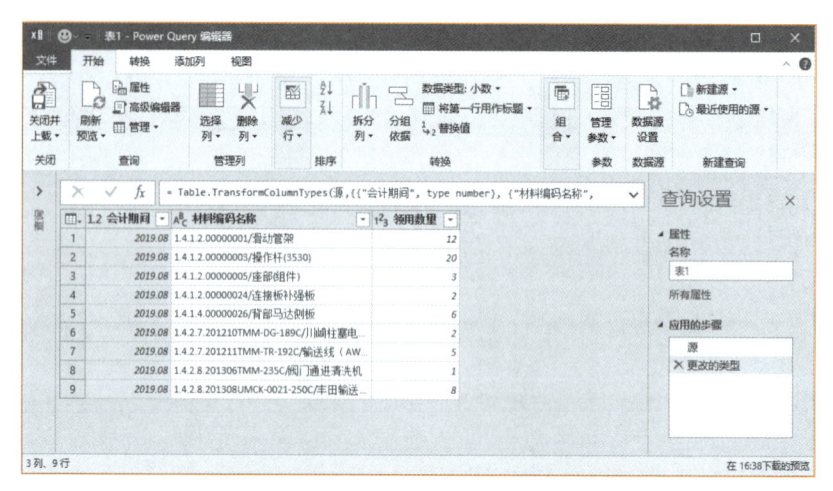

图2-194　基本查询表

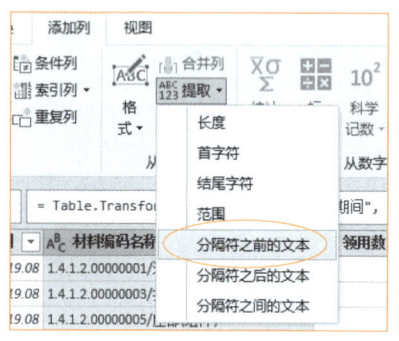

图2-195　"提取"→"分隔符之前的文本"命令

图2-196　输入分隔符"/"

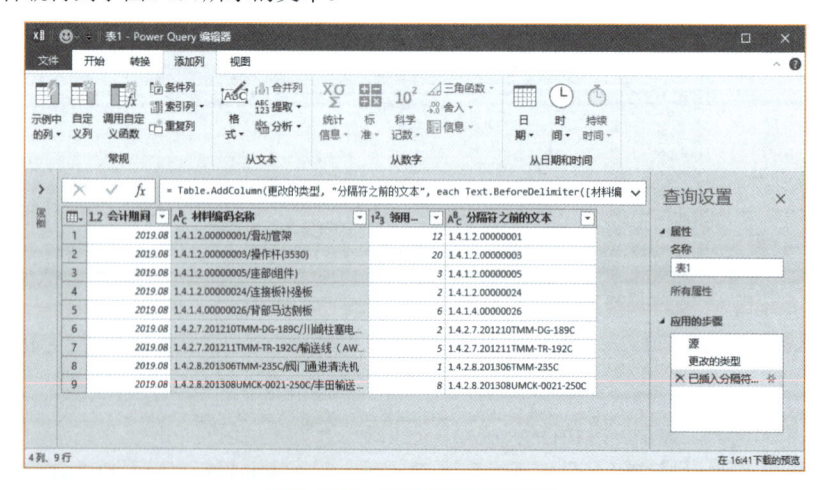

这样就得到了图2-197所示的文本。

图2-197　提取出的材料编码

选择第二列"材料编码名称",执行"添加列"→"提取"→"分隔符之后的文本"命令,打开"分隔符之后的文本"对话框,输入分隔符"/",就得到了材料名称,如图2-198所示。

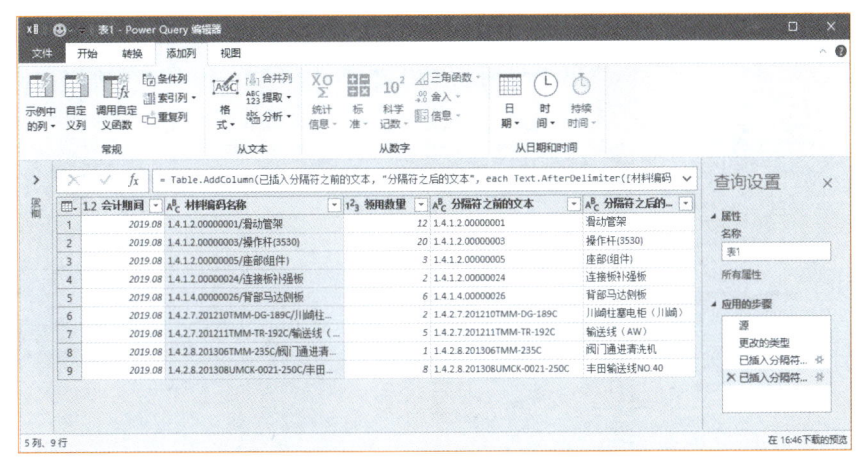

图2-198 提取出的材料名称

修改列标题名称,调整列次序,得到表单如图2-199所示。

图2-199 修改列标题名称,调整列次序

最后,将数据导出Excel工作表,如图2-200所示。

图2-200 整理完成的表单

案例 2-18

图2-201是另外一个例子，要求从B列"科目名称"中提取出部门名称。

首先，建立基本查询，如图2-202所示。

图2-201 B列数据不统一

图2-202 基本查询表

选择第二列"科目名称"，执行"添加列"→"提取"→"分隔符之间的文本"命令，打开"分隔符之间的文本"对话框，输入"开始分隔符"为"]"，输入"结束分隔符"为"/"，如图2-203所示。

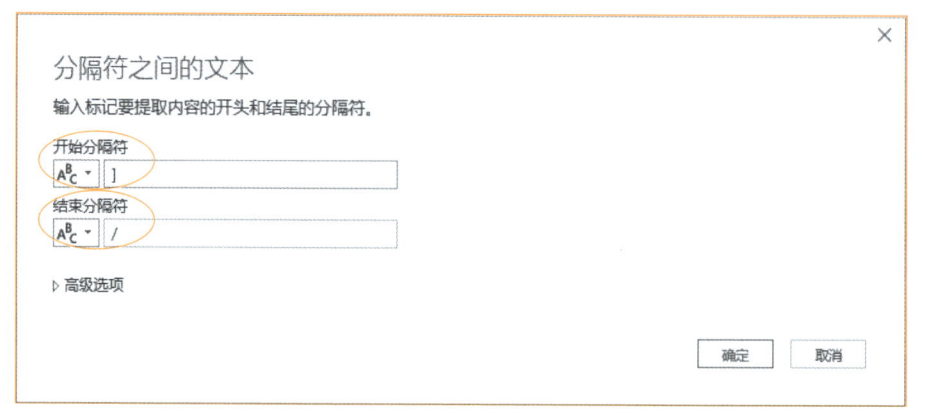

图2-203 输入"开始分隔符"和"结束分隔符"

这样就得到了保存部门名称的新列，如图2-204所示。

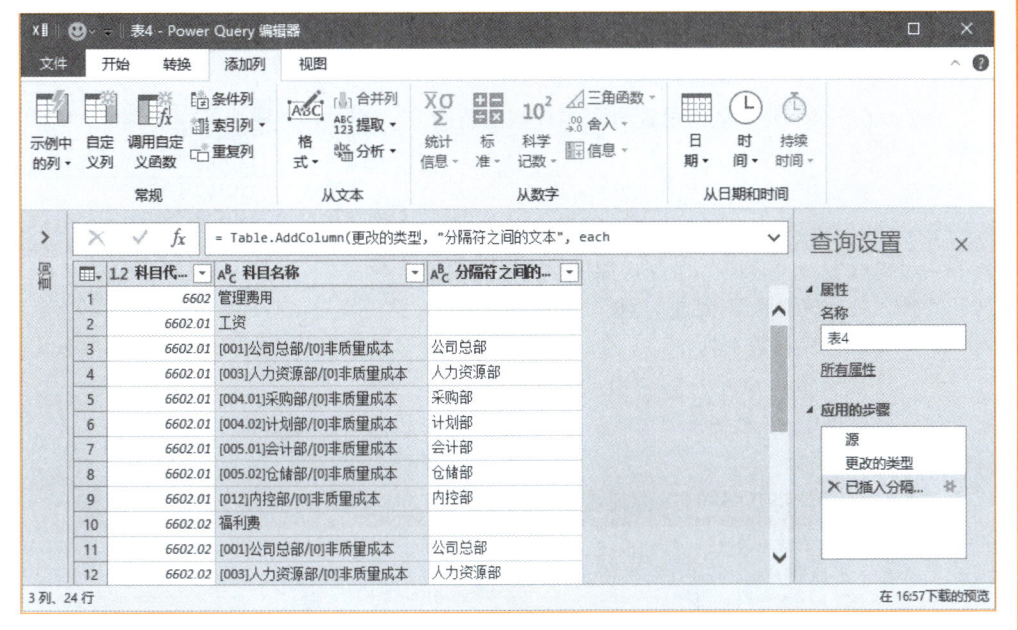

图2-204 得到了部门名称列

最后，设置第一列"科目代码"的数据类型为文本，修改最后一列标题名称，再将数据导出到Excel，就是我们需要的表单，如图2-205所示。

图2-205 提取出的部门名称

2.4.5 提取数据：利用字符数

如果要提取的字符串是指定的长度，则可以根据字符数来提取，从左边提取指定个数的字符（首字符，相当于Excel的LEFT()函数），从右边提取指定的字符（结尾字符，相当于Excel的RIGHT()函数），或者提取指定范围的字符（相当于Excel的MID()函数）。

案例 2-19

图2-206是一个要求从身份证号码中提取生日的例子。

首先，建立基本查询，如图2-207所示。

选择第二列"身份证号码"，执行"添加列"→"提取"→"范围"命令，如图2-208所示。打开"插入文本范围"对话框，输入"起始索引"为"6"，输入"字符数"为"8"，如图2-209所示。

注意：第一个字符的索引号是0，第二个字符的索引号是1，以此类推。生日从第七个字符开始，因此其索引号是6。

	A	B
1	姓名	身份证号码
2	张三	110108198502022289
3	李四	110108199612221113
4	王五	11010819930819223x
5	马六	110108200210062281
6	胡说	110108197809091289
7	赵八	110108199911025871

图2-206　从身份证号码中提取生日

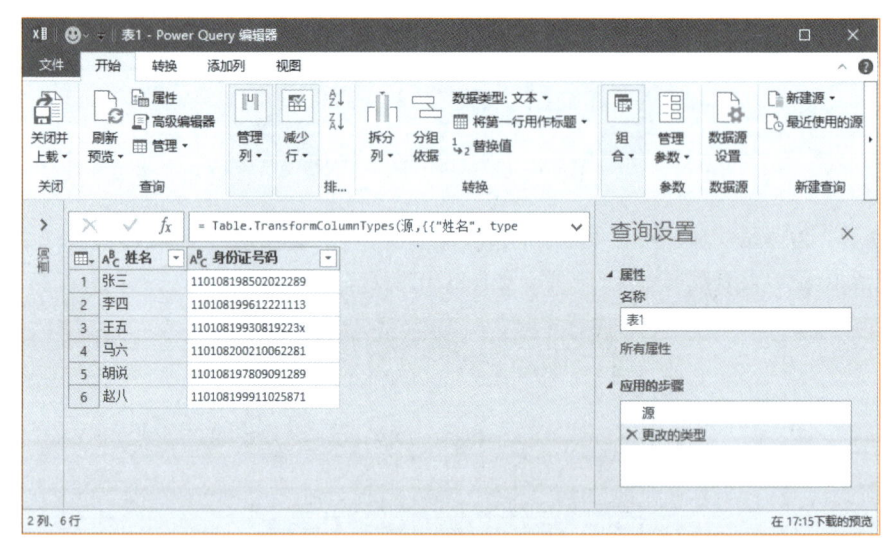

图2-207　建立基本查询

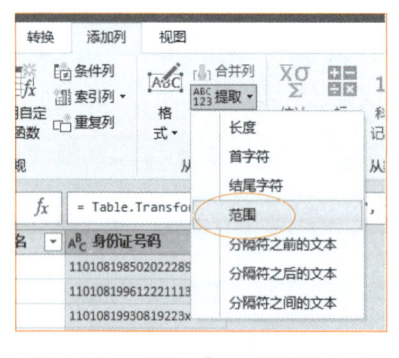

图2-208　"提取"→"范围"命令

图2-209　输入"起始索引"和"字符数"

这样就得到了图2-210所示的新列。

将新列标题改为"出生日期",将其数据类型更改为"日期",如图2-211所示。

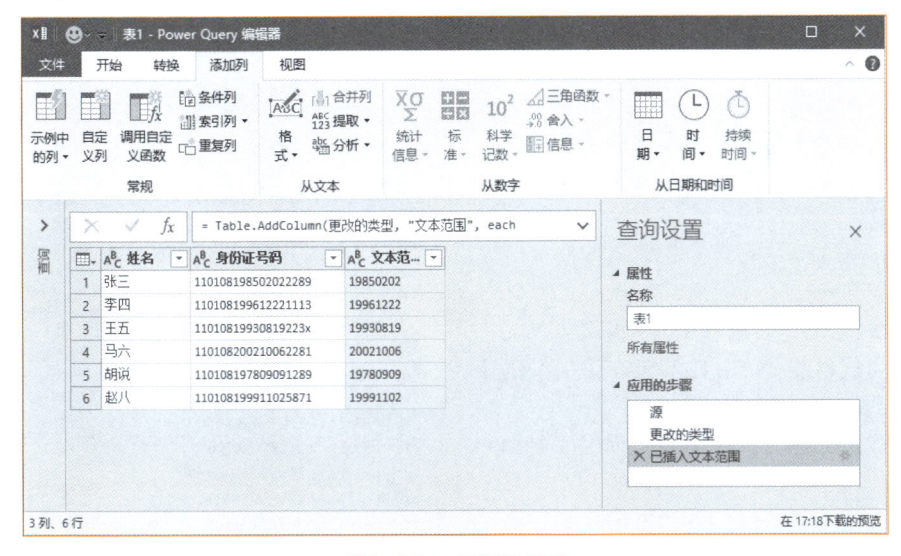

图2-210 得到的新列

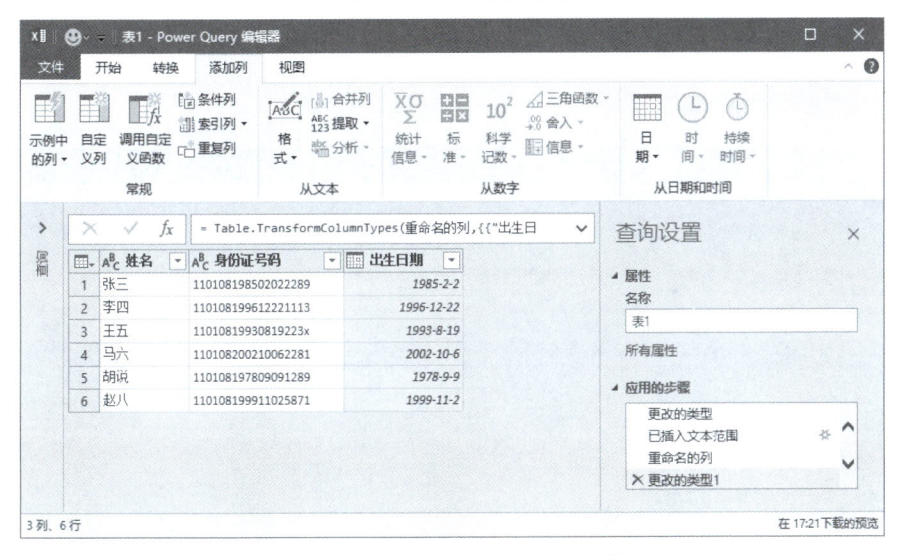

图2-211 得到了真正的出生日期数据

最后,将数据导出到Excel工作表,如图2-212所示。

图2-212 提取出的出生日期

2.4.6 提取数据：利用 M 函数公式

很多情况下，从某列中提取字符，使用基本命令可能要做多次转换操作比较麻烦。此时，我们可以使用M函数一步完成。

案例 2-20

图2-213是要求从B列中提取出产品名称和规格型号（B列不允许丢失）的例子。

首先，建立基本查询，如图2-214所示。

执行"添加列"→"自定义列"命令，打开"自定义列"对话框，输入新列名"名称"，输入下面的自定义列公式，如图2-215所示。

= Text.Remove([**产品名称**],{"0".."9","A".."Z","*","-"})

图2-213　要求从B列中提取产品名称和规格型号

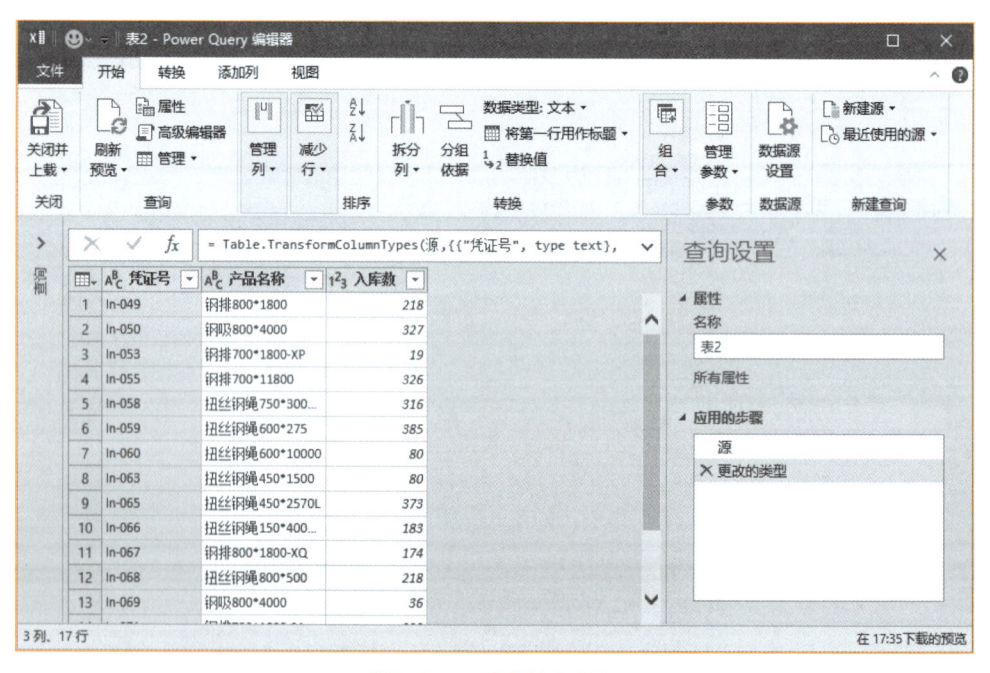

图2-214　建立基本查询

图2-215　自定义列"名称"

这样就从原始列中提取出了产品名称，如图2-216所示。

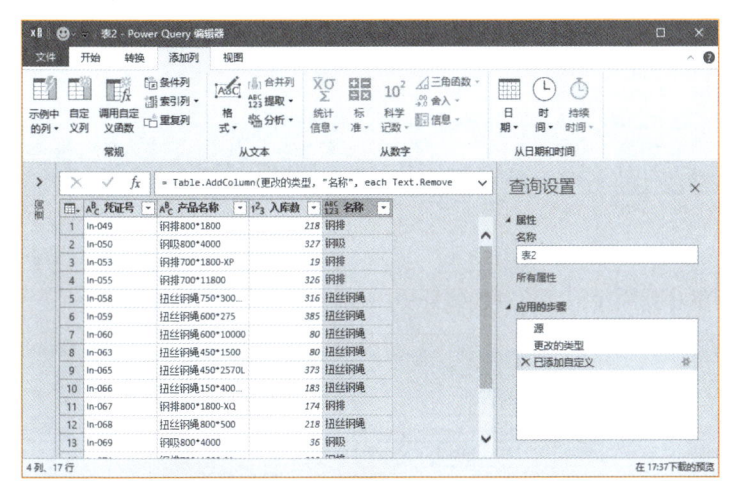

图2-216　提取出的产品名称

执行"添加列"→"自定义列"命令，打开"自定义列"对话框，输入"新列名"为"规格型号"，输入下面的自定义列公式，如图2-217所示。

```
= Text.Select([产品名称],{"0".."9","A".."Z","*","-"})
```

图2-217　自定义列"规格型号"

这样就从原始列中提取出了规格型号，如图2-218所示。

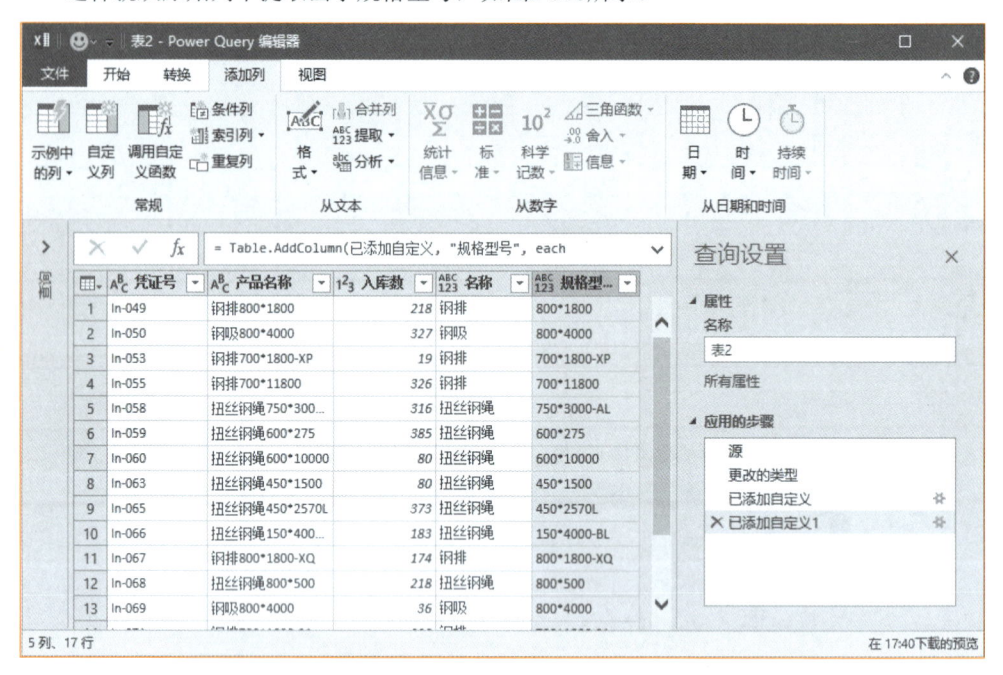

图2-218 提取出的规格型号

最后，调整各列次序，并将查询表导出Excel工作表，如图2-219所示。

图2-219 整理好的数据表单

案例 2-21

图2-220是较为复杂的一种情况。现在需要把A列的地址电话整理成两列，分别保存地址和电话号码。

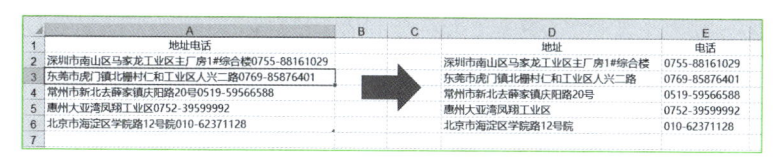

图2-220　复杂的地址和电话号码混杂的数据

这个问题的难点在于：地址里面有数字，不能使用Text.Select函数或者Text.Remove函数做自定义列。

不过，我们可以尝试将数据反转，将电话号码翻转到地址的前面，然后再进行处理，因为地址与电话号码的特征是：电话号码的首字符是数字，而地址的末字符是文本。

建立基本查询，如图2-221所示。

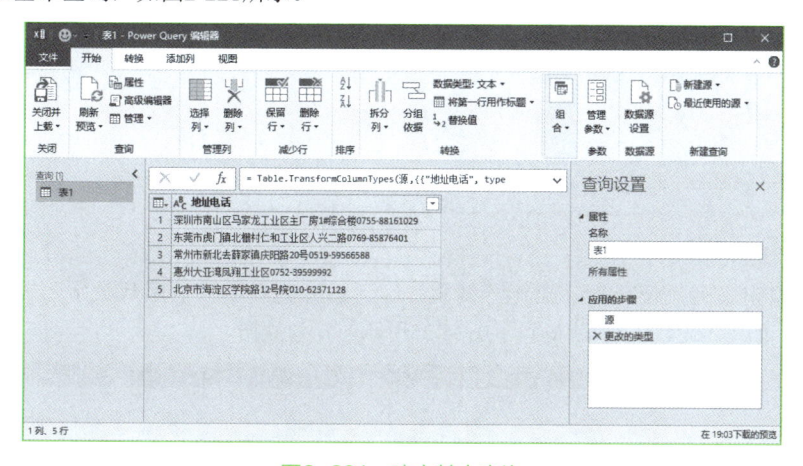

图2-221　建立基本查询

执行"添加列"→"自定义列"命令，打开"自定义列"对话框，输入"新列名"为"反转"，输入下面的自定义列公式，如图2-222所示。

= Text.Reverse([地址电话])

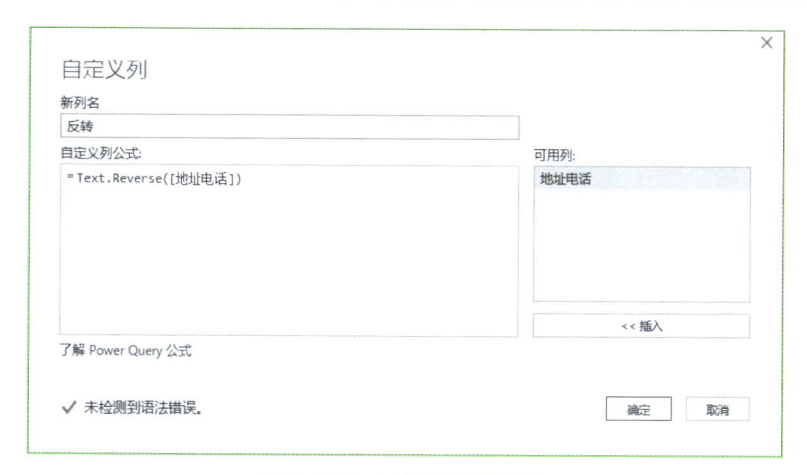

图2-222　自定义列"反转"

这样就得到了一个新列"反转"，将原始列的字符左右反转，如图2-223所示。

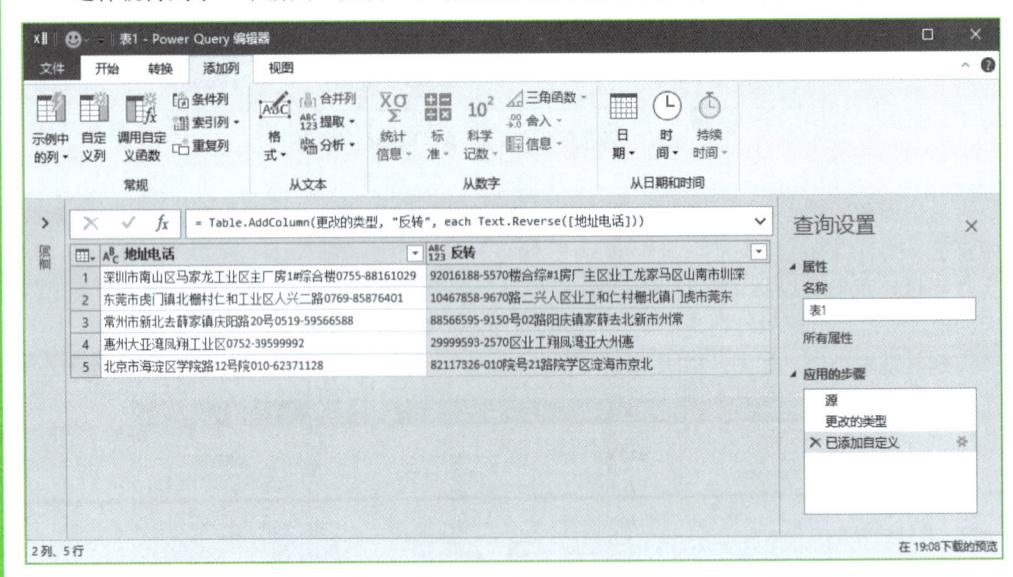

图2-223 自定义列"反转"

选择自定义列"反转"，执行"转换"→"拆分列"→"按照从数字到非数字的转换"命令，如图2-224所示，就得到了图2-225所示的几列数据。

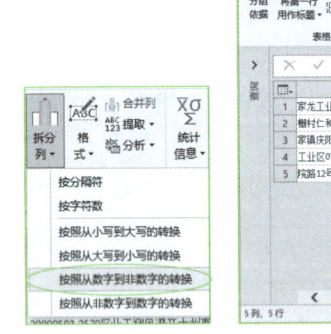

图2-224 "拆分列"→"按照从数字到非数字的转换"命令

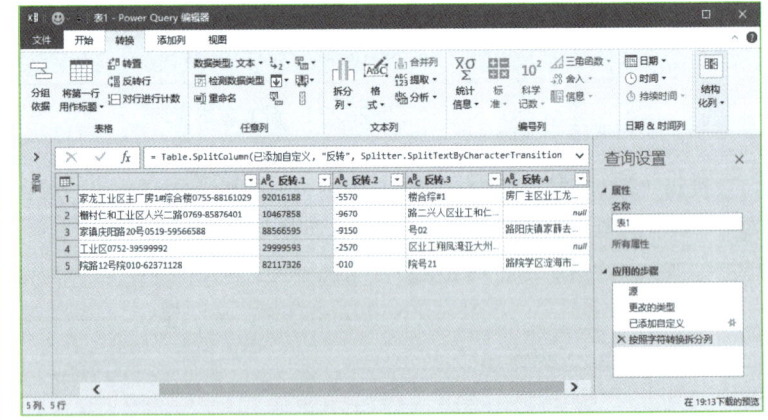

图2-225 分列后的表

选择表示电话号码的两列，执行"转换"→"合并列"命令，将它们合并为一列；再选择表示地址的两列，执行"转换"→"合并列"命令，也将它们合并为一列，如图2-226所示。

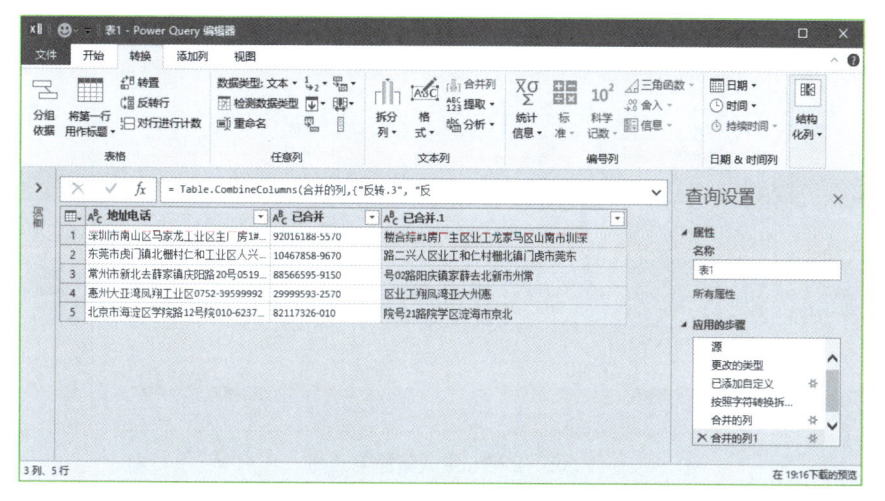

图2-226　分别将电话号码和地址合并

执行"添加列"→"自定义列"命令，打开"自定义列"对话框，输入"新列名"为"地址"，输入下面的自定义列公式，如图2-227所示。

= Text.Reverse([已合并.1])

图2-227　生成新的地址列

执行"添加列"→"自定义列"命令，打开"自定义列"对话框，输入"新列名"为"电话"，输入下面的自定义列公式，如图2-228所示。

= Text.Reverse([已合并])

这样就得到了图2-229所示的表。

图2-228　生成新的电话列

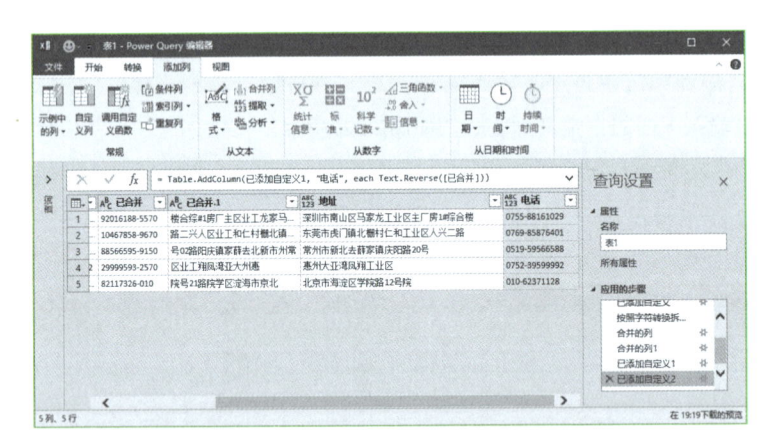

图2-229　生成了两个新的地址列和电话列

删除前面不必要的列，保留新生成的地址列和电话列，如图2-230所示。

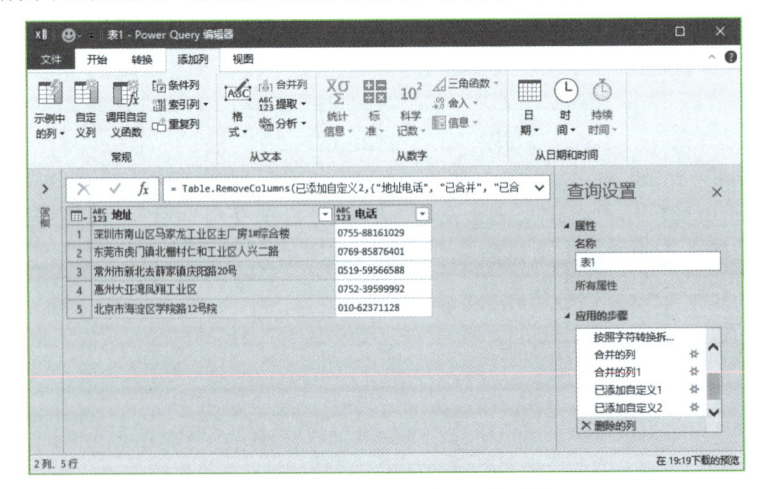

图2-230　得到的地址列和电话列

最后，将表导出Excel工作表，如图2-231所示。

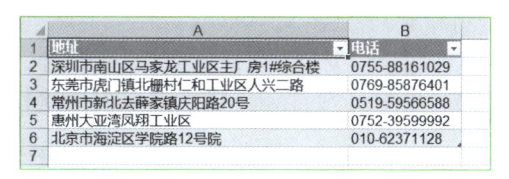

图2-231　得到需要的表单

2.5 二维表格转换为一维表格

本质上讲，二维表格实际上是阅读格式的报表，因此分析数据时非常不灵活。为了能更好地分析数据，一般情况下，需要将二维表格转换为一维表格。

将二维表格转换为一维表格的最简单方法是使用Power Query的逆透视功能。

2.5.1 一列文本的二维表格转换为一维表格

案例 2-22

图2-232是一个典型的二维表格，表格只有最左边一列文本和一行文本（标题）。现在要把这个表转换为图2-233所示的一维表格。

图2-232　经典二维表格

首先建立基本查询，如图2-234所示。

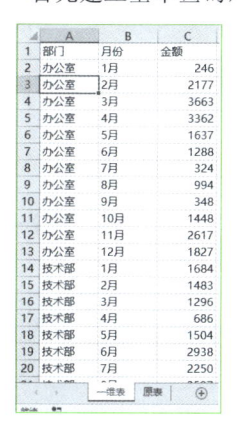

图2-233　需要的一维表格　　　　图2-234　建立基本查询

选择第一列，然后执行"转换"→"逆透视其他列"命令；或者选择各个月份的列，执行"转换"→"逆透视列"命令，如图2-235所示。

这样就得到了图2-236所示的表，这就是我们需要的一维表格。

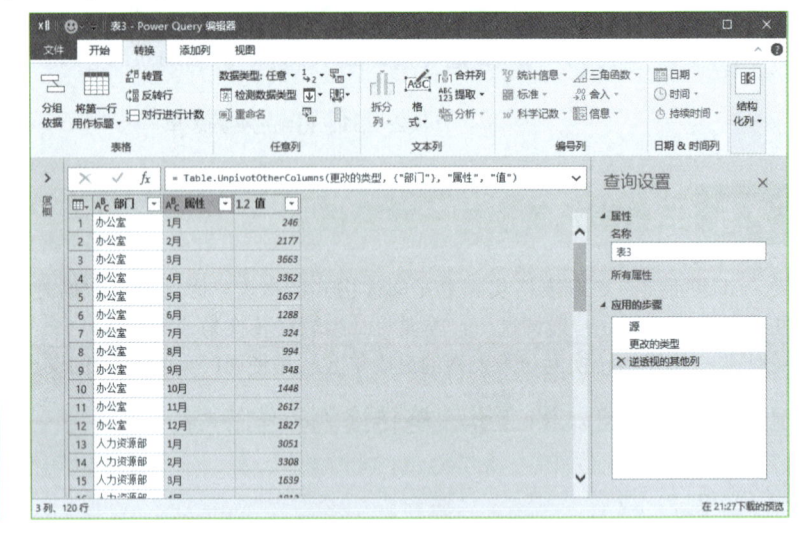

图2-235 "逆透视列"命令和"逆透视其他列"命令

图2-236 转换得到的一维表格

将列标题"属性"和"值"分别修改为"月份"和"金额"，如图2-237所示。

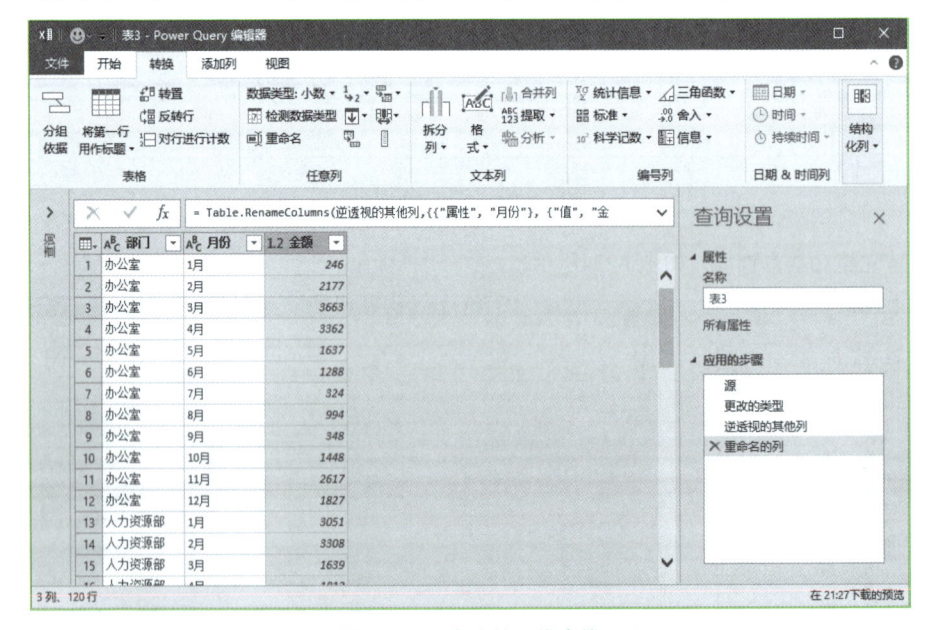

图2-237 完成的一维表格

最后，执行"开始"→"关闭并上载"命令，将数据导出Excel工作表即可。

案例 2-23

上面的例子中每个单元格都有数据，如果含有空单元格呢？图2-238就是这样的一个二维表格。

这样的表格处理方法与前面介绍的完全一样，建立查询，逆透视各个"尺码"列就会自动制作一维表，而没有数据的商品代码和尺码是不会出现在一维表明细中的，如图2-239所示。

图2-238　有空单元格的二维表格

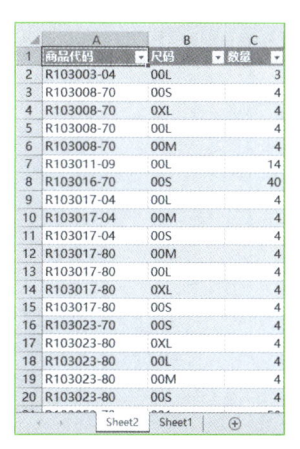

图2-239　转换得到的二维表格

2.5.2　多列文本的二维表格转换为一维表格

不论是只有一列文本的标准二维表格，还是有多列文本的二维表格，都可以使用逆透视列的方法进行快速转换。

案例 2-24

图2-240就是有多列文本的准二维表格，现在要将其转换为图2-241所示的一维表格。

图2-240　有多列文本的准二维表格

图2-241　要求制作的一维表格

首先，建立基本查询，如图2-242所示。

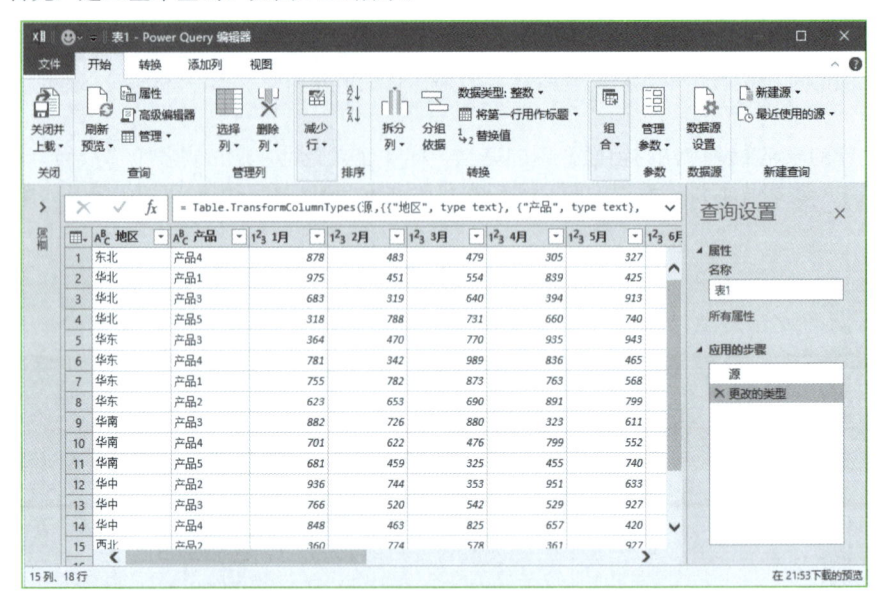

图2-242　建立基本查询

删除右侧的"合计"列（如果有"合计"列，本案例是有的）。

选择前两列"地区"和"产品"，执行"转换"→"逆透视其他列"命令，就得到图2-243所示的表。

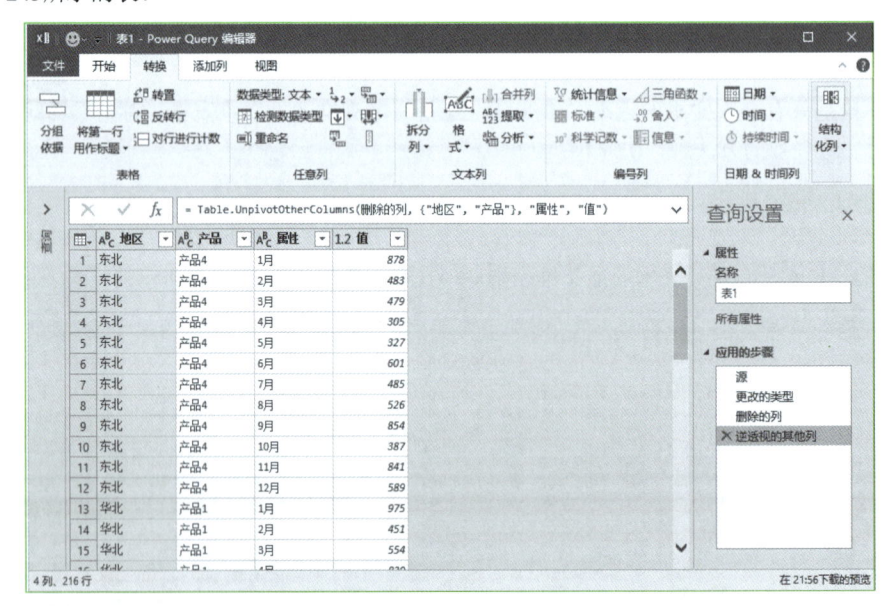

图2-243　逆透视各个月份数据

将列标题"属性"和"值"分别修改为"月份"和"金额"，如图2-244所示，就得到了我们需要的一维表格。

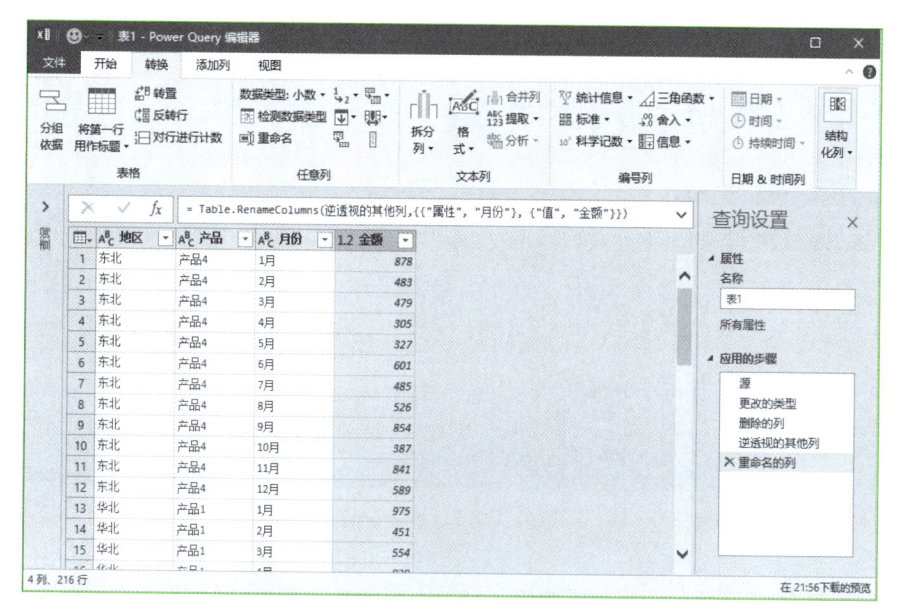

图2-244 修改默认的列标题名称

2.5.3 有合并单元格的多列文本的二维表格转换为一维表格

也有这样的准二维表格：多列文本，外层的文本列有合并单元格，同样使用Power Query的逆透视功能进行科学快速地转换。

案例 2-25

图2-245是原始表，A列"地区"中有合并单元格，现在要求将这个表制作成图2-246所示的一维表格。

建立基本查询，如图2-247所示。

图2-245 原始表，A列有合并单元格

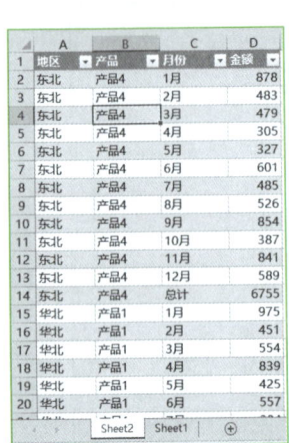

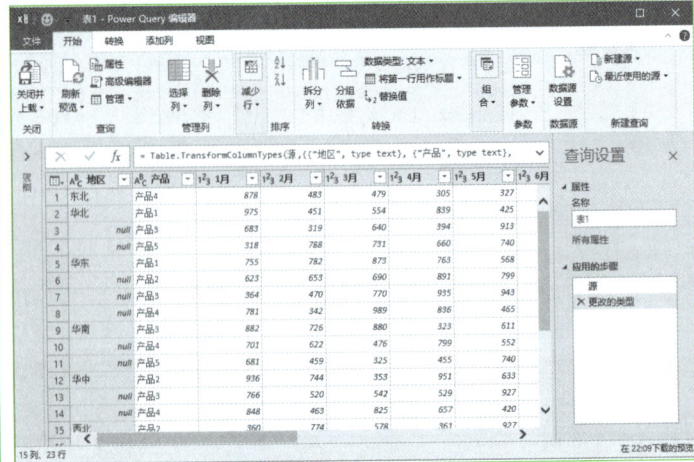

图2-246 要求的一维表格

图2-247 建立基本查询

选择第一列"地区",执行"转换"→"填充"→"向下"命令,将该列的空单元格进行填充,如图2-248所示。

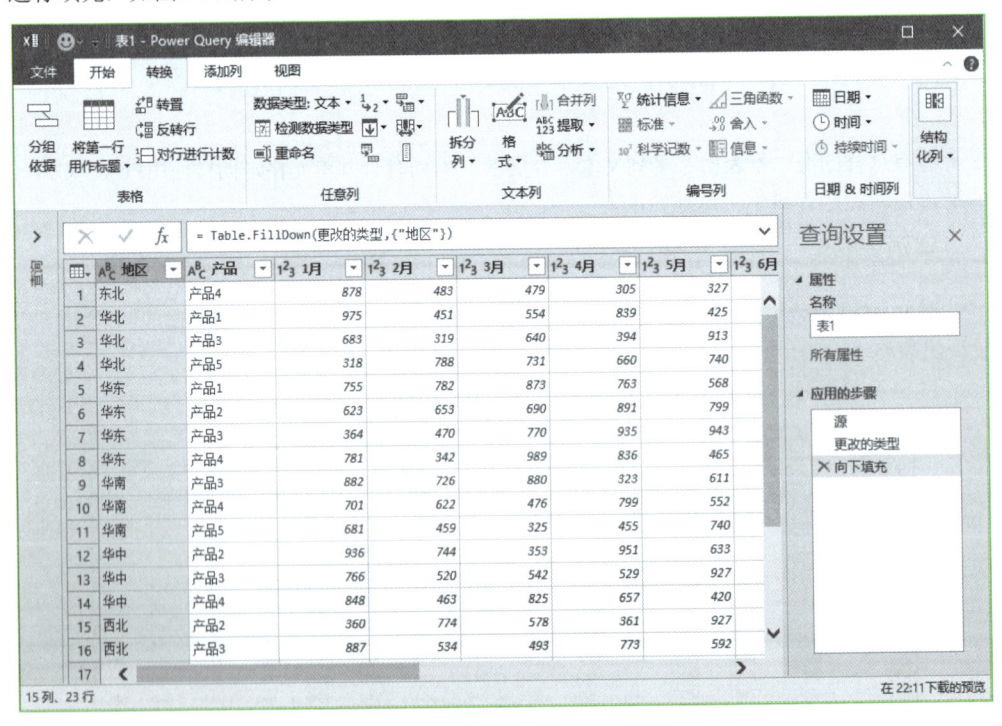

图2-248 填充第一列的空单元格

对前两列"地区"和"产品"执行"转换"→"逆透视其他列"命令,得到图2-249所示的表。最后修改默认的列标题名称,将数据导出Excel工作表。

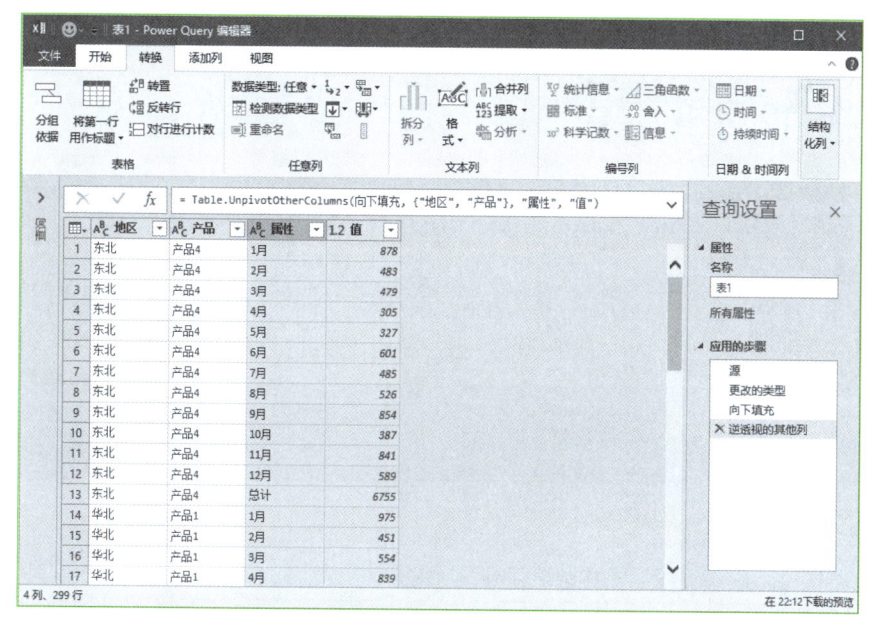

图2-249 逆透视后的一维表格

2.5.4 有合并单元格标题的多列文本的二维表格转换为一维表格

也有更为复杂的二维表格，不仅有多列文本（合并单元格），还有多行文本标题（合并单元格），这样的表格是一个纯粹的阅读报告，无法进行灵活的数据分析。

案例 2-26

图2-250就是这样的一种情况，现在要将其转换为图2-251所示的一维表格。

图2-250 原始的阅读格式表格　　　　　图2-251 要求制作的一维表格

首先建立基本查询，如图2-252所示。这里要注意，在"创建表"对话框中要勾选"表包含标题"复选框。

图2-252 基本查询表

选择第一列，执行"转换"→"填充"→"向下"命令，对该列空单元格进行填充，如图2-253所示。

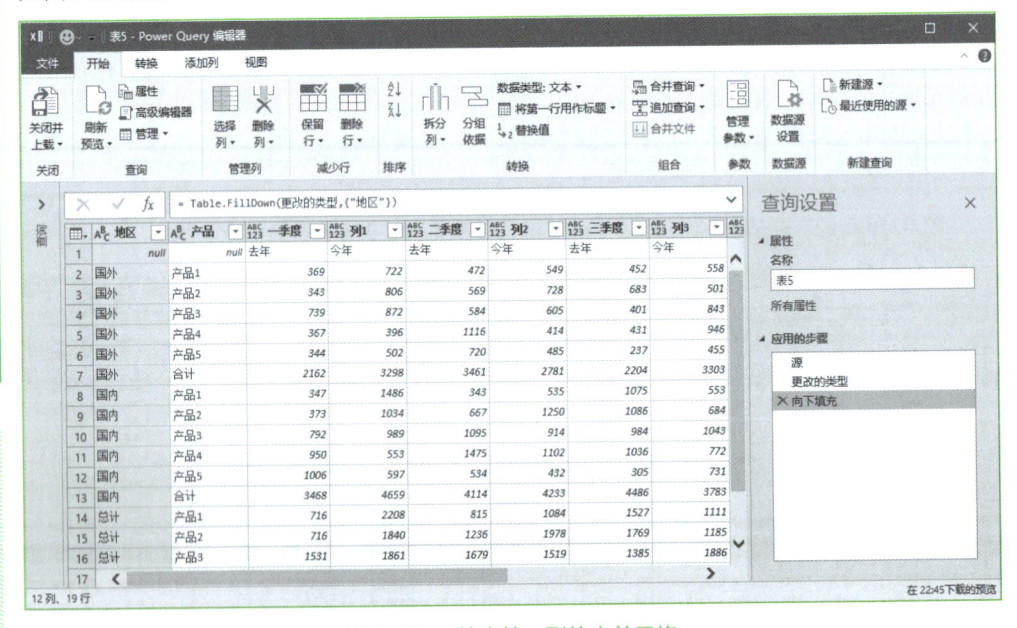

图2-253 填充第一列的空单元格

执行"开始"→"将第一行用作标题"命令，对标题进行降级，如图2-254所示。

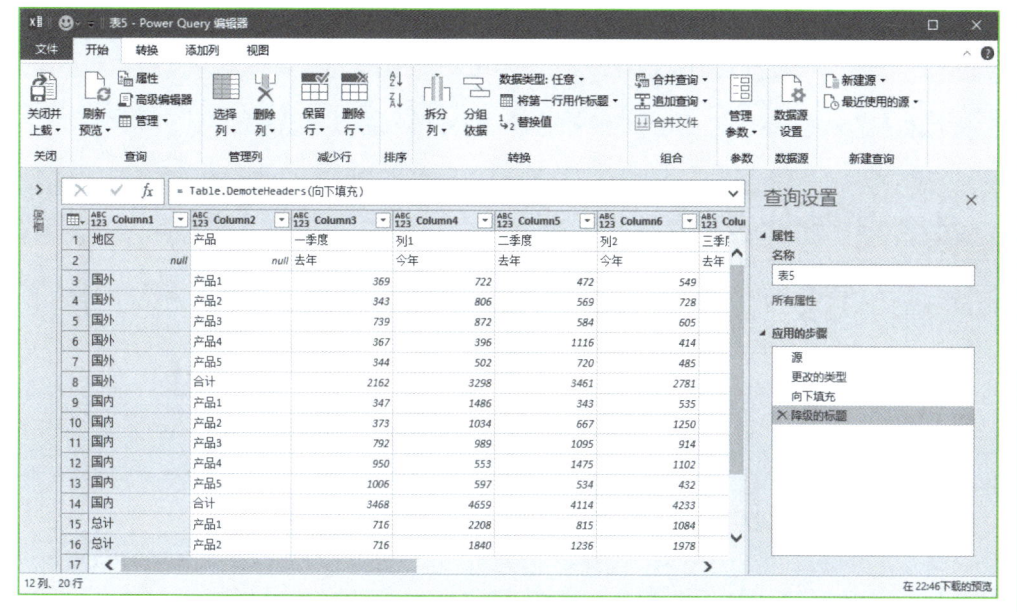

图2-254 将第一行用作表的标题

执行"转换"→"转置"命令，将整个表进行转置，如图2-255所示。

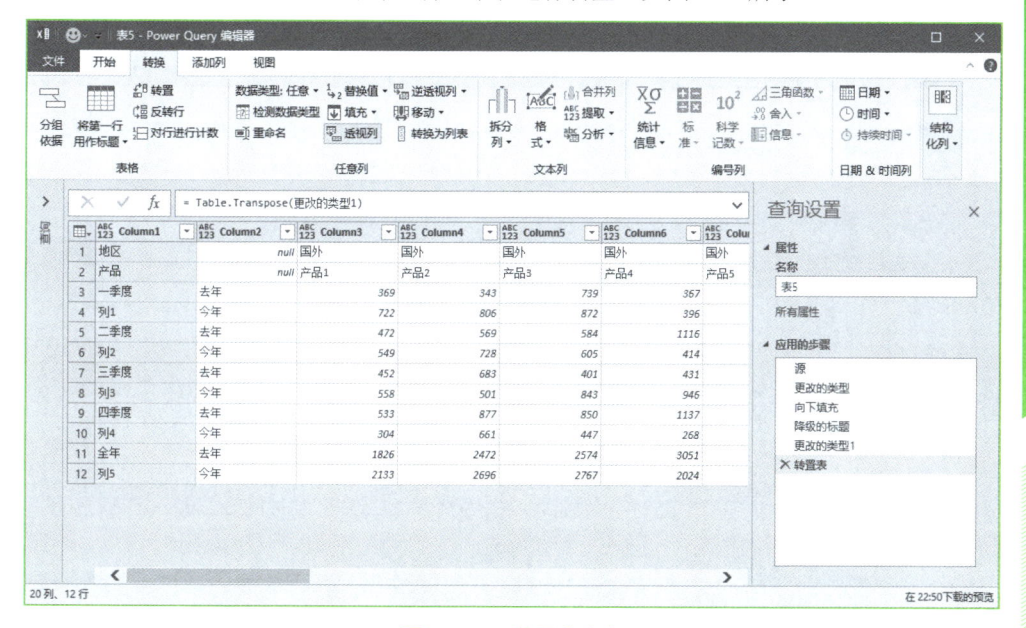

图2-255 转置整个表

选择第一列，使用"替换值"命令，将默认的"列1""列2""列3""列4"和"列5"分别替换为"一季度""二季度""三季度""四季度""全年"，如图2-256所示。

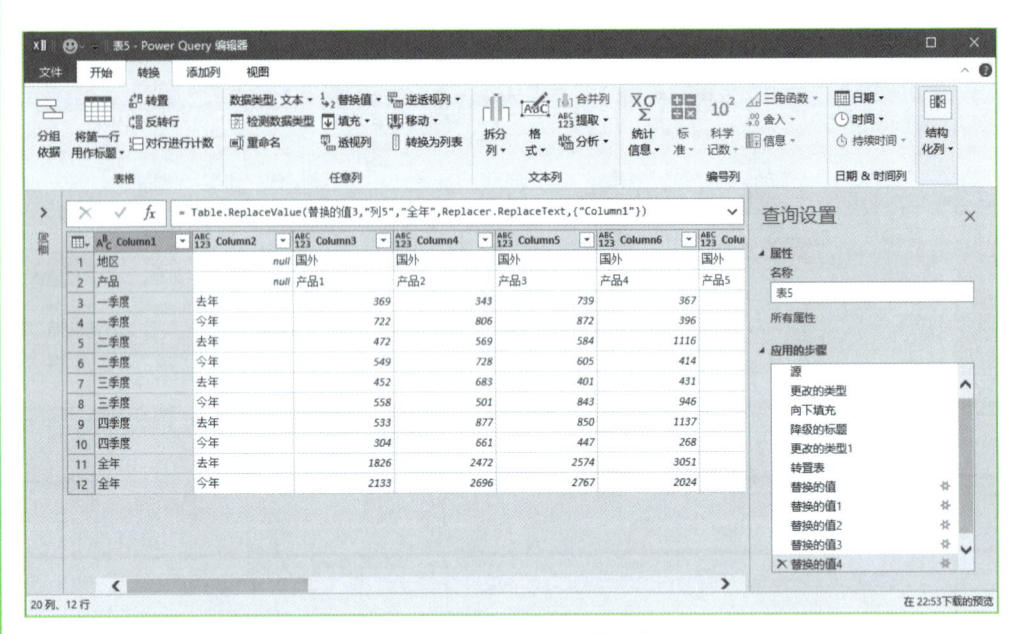

图2-256 替换默认的"列n"

选择前两列，执行"转换"→"合并列"命令，使用逗号作为分隔符将它们合并为一列，如图2-257所示。

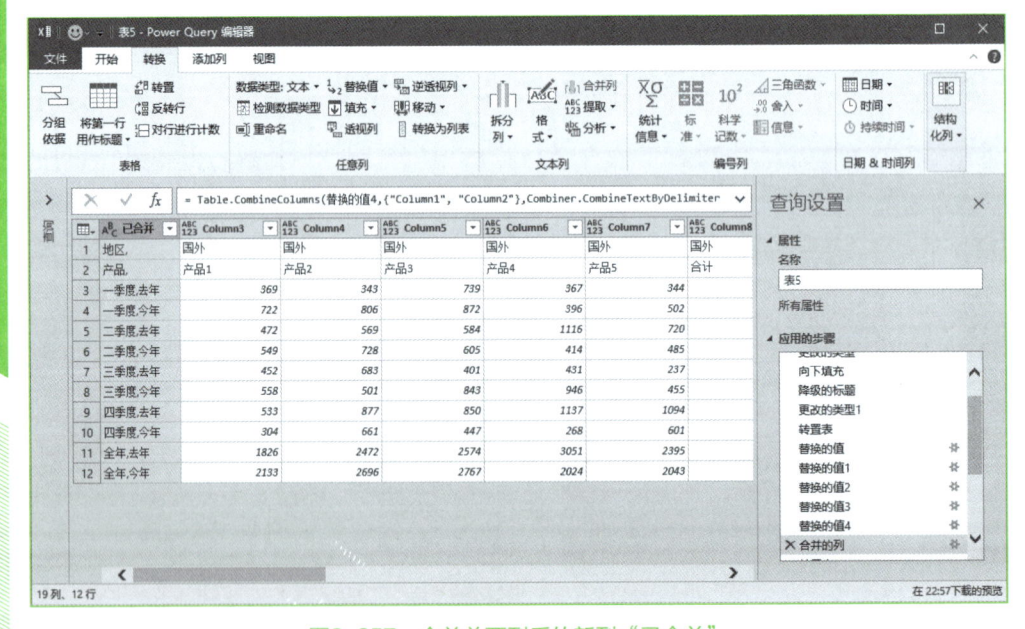

图2-257 合并前两列后的新列"已合并"

执行"转换"→"转置"命令，将表再次进行转置，如图2-258所示。

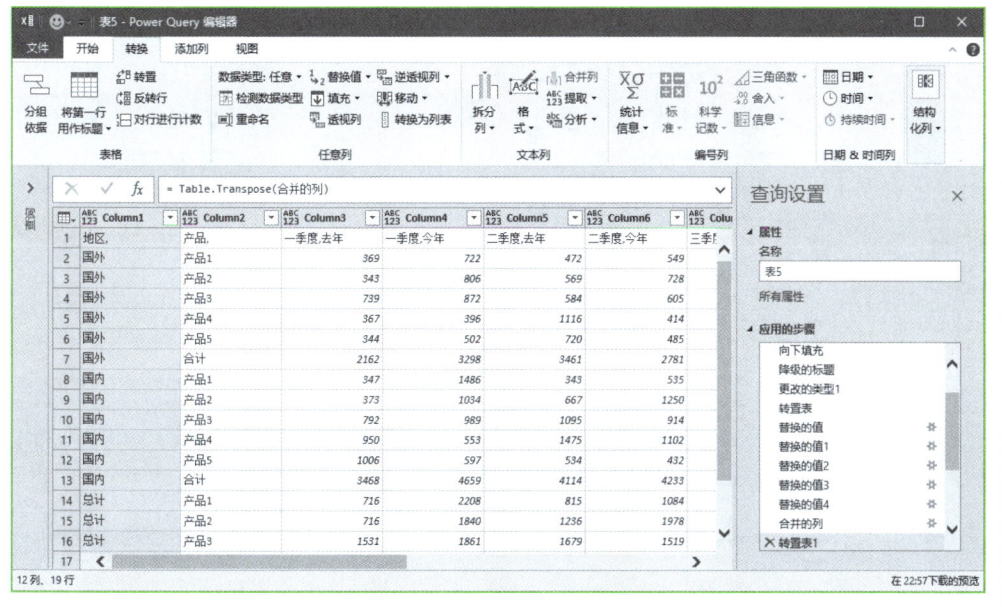

图2-258　再次转置表

执行"开始"→"将第一行用作标题"命令，提升标题，如图2-259所示。

图2-259　提升标题

选择前两列，然后执行"转换"→"逆透视其他列"命令，得到图2-260所示的表。

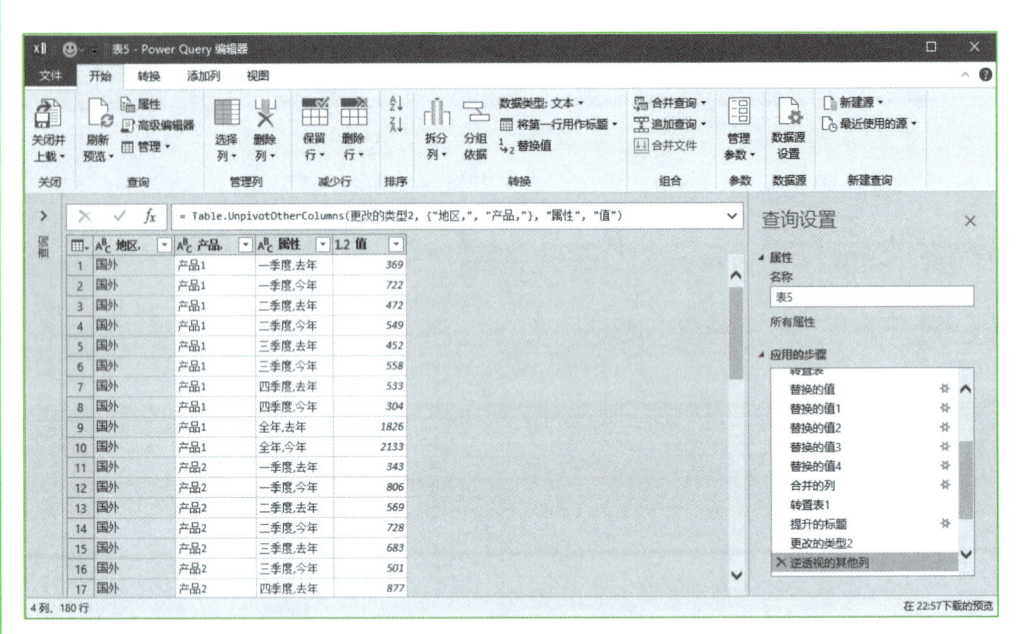

图2-260 逆透视列后的表

选择"属性"列，执行"转换"→"拆分列"→"按分隔符"命令，使用逗号作为分隔符号，将这列再次拆分成两列，如图2-261所示。

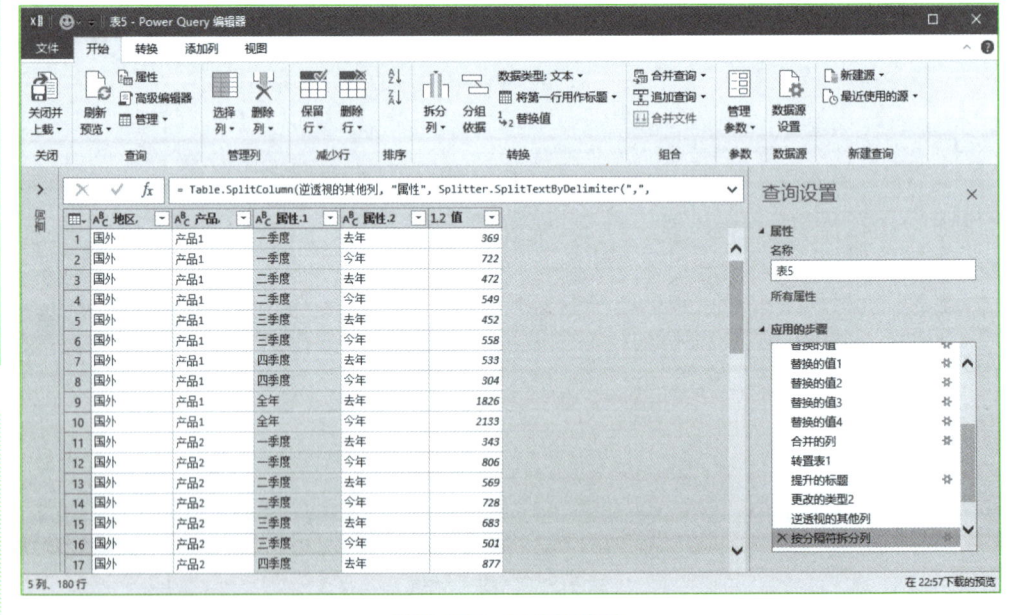

图2-261 再次拆分列

修改列标题名称，并调整列的先后次序，如图2-262所示。

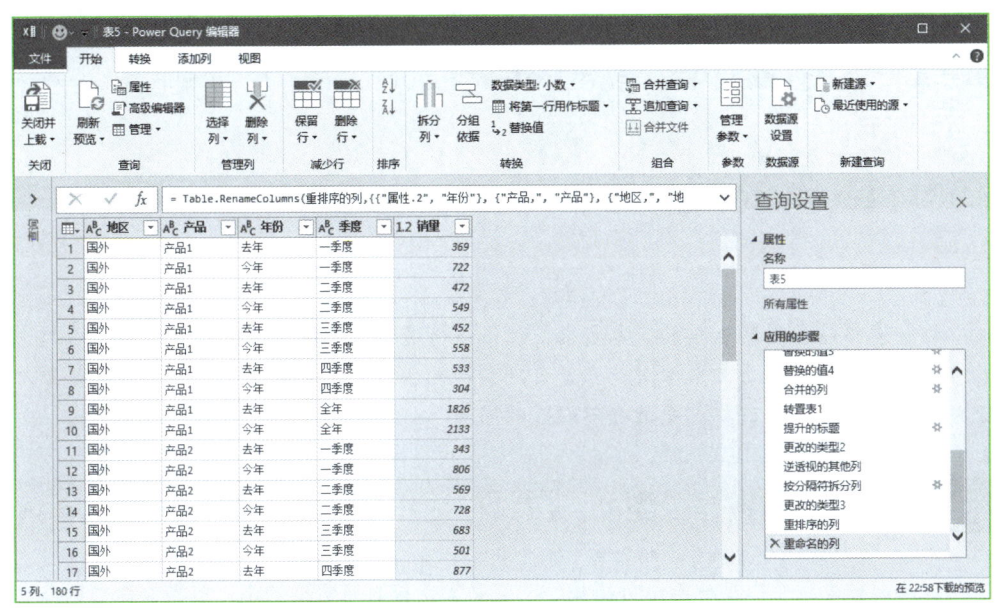

图2-262　修改列标题名称，并调整列的先后次序

最后，将查询表导出Excel工作表即可。

说明：上面的操作中，最麻烦的是修改默认"列n"名称，采用了替换值的方法一个一个地替换修改。为了减轻工作量，建议在Excel表格中对合并单元格列标题做取消合并，填充空单元格，使各列均有标题。

第3章
整理表格数据

即使表格结构满足表单的基本要求，但很多情况下，数据也是五花八门的，看起来似乎是数字，实际却是文本；看起来是日期，却无法计算；看起来干干净净的数据，却无法匹配和查找等，这些都是数据不规范的问题。

3.1 严格对待数据模型

如果要建立一个自动化数据分析模型，就必须认真对待数据的不同类型，使数据能够被正确辨识和计算。

3.1.1 数据的分类

从本质上来说，Excel处理的数据主要有四种：文本、日期/时间、数字和逻辑值。

文本，诸如汉字、字母、符号等，又称为文本字符串。文本不能参与算术运算。

日期/时间，包括日期和时间，实质上是数字，其中日期是从1开始的序列号（1代表1900年1月1日），时间是以天为单位的小数（1小时就是1/24天）。

数字，可以进行算术运算的数据。

逻辑值，只有两个，即TRUE和FALSE。

在Power Query中，还有第五种数据：空值"null"，表示单元格没有数据。

3.1.2 数据类型的种类

从建立数据模型的角度来说，列数据的数据类型主要有以下几种。

◎ 数值型：小数、货币、整数、百分比。
◎ 日期时间型：日期、时间、日期/时间。
◎ 文本型：文本。
◎ 逻辑型：True/False。

因此，在处理数据时，首先必须保证各列的数据类型是正确的，数据是规范的，不能有非法数据。

3.1.3 常见的数据不规范问题

在实际数据处理中，常见的不规范数据有以下几种情况。

◎ 汉字名称中有空格，或者英语名称中的空格有多有少。

◎ 名称不统一。

◎ 数字格式不统一，有的单元格是文本型数字，有的是数值型数字。

◎ 本来应该是文本型数字的，却保存为数值型数字。

◎ 本来是数值型数字用于计算的，由于是文本型数字，无法计算。

◎ 非法格式日期，无法对日期进行计算。

◎ 大量的空单元格，而这些空单元格本来应该是有数据的。

◎ 数据中含有眼睛看不见的空格、特殊字符。

下面我们就常见的数据不规范问题及其处理方法，结合实际案例进行介绍。

3.2 清除数据中眼睛看不见的字符

眼睛看不见的字符包括字符前后及中间的空格、某些特殊字符。这些字符会影响数据分析结果的正确性，甚至无法计算，需要进行处理。

3.2.1 清除字符中的空格

清除空格很简单，直接在Excel里查找替换就可以了。不过，如果是英文单词，则需要保留单词之间的一个空格，这就不能做查找替换了，但可以使用TRIM函数进行处理。

例如，图3-1所示的是中文名称和英文名称表格，字符中间、前后会出现很多空格，此时，先使用查找替换的方法将A列的空格替换掉，然后在C列输入公式“=TRIM(B2)”，向下复制得到标准的英文名称，如图3-2所示，最后再将C列数据选择性粘贴到B列，得到最终的标准数据。

	A	B
1	中文名称 DESCRIPTION IN CHINESE	英文名称 DESCRIPTION IN ENGLISH
2	Q420　底座装配	BASE　ASSEMBLY-Q420
3	Q320　底座装配	BASE　ASSEMBLY-Q320
4	窄体机　底座焊合	Base　Weld　Assy -Narrow　Body
5	窄体机　　底座横梁	Narrow Body Base Bracket-Horizontal
6	底座纵梁	Base Bracket-Vertical
7	立柱定位销	Pin for Column
8	底座轴套	Bush　in　Base
9	120°沉头铆　螺母　M8X16.5	Rivet Nut　M8X16.5
10	底座门垫	Door Support
11	十字槽盘头螺钉M5X10	Cross　Head　Screw　M5X10
12	底座孔盖	Base Hole　Cover
13	Q320防漏盘选用套件	Q320 Leak plate Set- Option
14	Q320底座防漏盘	Leak plate-Narrow Body
15	底座防漏盘密封垫	Rubber Seal for Leak plate

图3-1　存在大量空格的表格

C2　=TRIM(B2)

	A	B	C
1	中文名称DESCRIPTIONINCHINESE	英文名称 DESCRIPTION IN ENGLISH	
2	Q420底座装配	BASE　ASSEMBLY-Q420	BASE ASSEMBLY-Q420
3	Q320底座装配	BASE　ASSEMBLY-Q320	BASE ASSEMBLY-Q320
4	窄体机底座焊合	Base　Weld　Assy -Narrow　Body	Base Weld Assy -Narrow Body
5	窄体机底座横梁	Narrow Body Base Bracket-Horizontal	Narrow Body Base Bracket-Horizontal
6	底座纵梁	Base Bracket-Vertical	Base Bracket-Vertical
7	立柱定位销	Pin for Column	Pin for Column
8	底座轴套	Bush in Base	Bush in Base
9	120°沉头铆螺母M8X16.5	Rivet Nut M8X16.5	Rivet Nut M8X16.5
10	底座门垫	Door Support	Door Support
11	十字槽盘头螺钉M5X10	Cross　Head　Screw　M5X10	Cross Head Screw M5X10
12	底座孔盖	Base Hole　Cover	Base Hole Cover
13	Q320防漏盘选用套件	Q320 Leak plate Set- Option	Q320 Leak plate Set- Option
14	Q320底座防漏盘	Leak plate-Narrow Body	Leak plate-Narrow Body

图3-2　使用TRIM函数规范英文名称

3.2.2 清除字符中的特殊字符

很多情况下，表格里含有眼睛看不见的特殊字符，影响计算。处理这样特殊字符的方法可以使用查找替换工具，将特殊字符清除，也可以使用Power Query来快速处理。

案例3-1

例如，对于图3-3所示的表格数据，A列和C列数据中都有眼睛看不见的特殊字符，如果将单元格字体设置为"Symbol"，就可以看到，数据的前后都有内容存在，如图3-4所示。

图3-3　系统导出的原始数据

图3-4　数据前后的特殊字符

下面是使用Power Query来处理这样特殊字符的主要步骤。

首先建立基本查询，如图3-5所示。

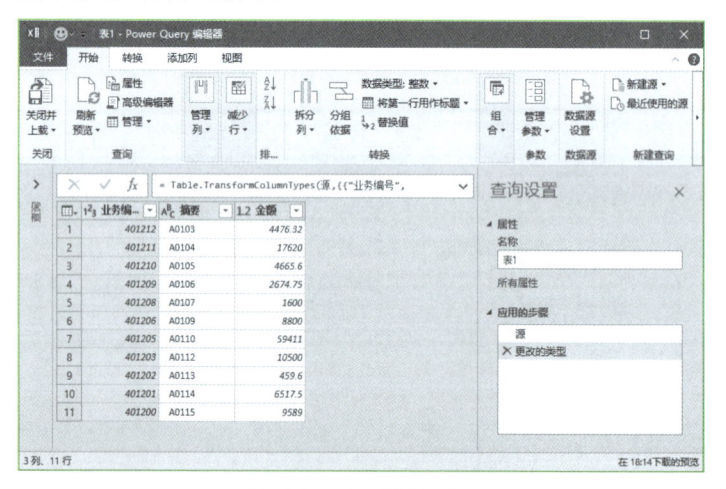

图3-5　建立基本查询

Power Query自动添加了一个操作步骤"更改的类型"，把第一列处理为数字，这样就导致业务编号前面的数字0丢失，因此删除这个操作步骤，如图3-6所示。

选择这三列，执行"转换"→"格式"→"修整"命令，如图3-7所示。

这样就得到了图3-8所示的处理后的列数据。

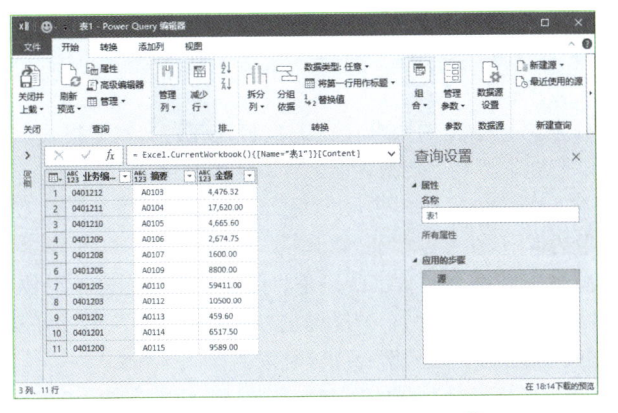

图3-6　删除操作步骤"更改的类型"

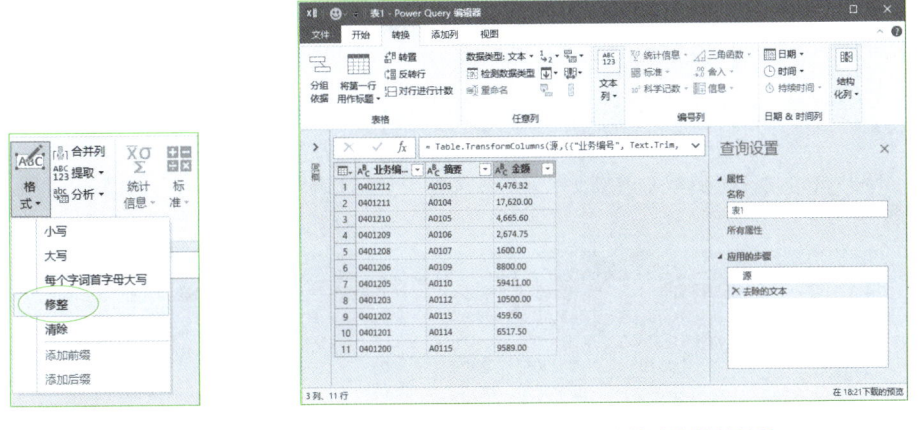

图3-7　"格式"→"修整"命令

图3-8　数据前后的特殊字符被清除

将第三列"金额"的数据类型设置为"小数",如图3-9所示。

最后,关闭查询,上载数据到Excel表,如图3-10所示。

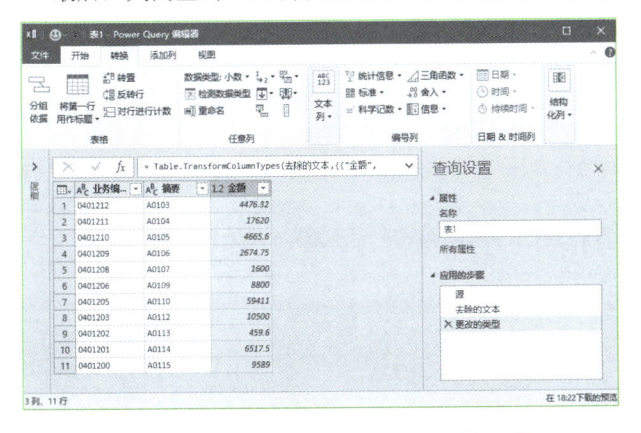

图3-9　设置"金额"的数据类型为"小数"

图3-10　整理干净的表单

3.3 转换数字格式

大多数情况下，从系统导出的数据往往把数字处理为文本型格式，这样就不能进行分类汇总。因此，需要把文本型数字转换为能够计算的纯数字。

在另外一些情况下，也会得到本来应该是文本型数字结果却是纯数字的情况，此时则需要将纯数字转换为文本型数字。

不论是将文本型数字转换为纯数字，还是将纯数字转换为文本型数字，在Excel里都是很简单的，前者可以使用选择性粘贴、智能标记、分列工具等，后者可以使用分列工具。但在数据量大的情况下，使用这些工具都会比较麻烦。

这里，不介绍Excel表格里的普通处理方法，而只介绍如何使用Power Query进行处理。

3.3.1 把文本型数字转换为数值型数字

使用Power Query可以自动把文本型数字转换为纯数字。但要注意，有些本该是文本型数字的编码数字会被误转。

案例 3-2

图3-11是一个文本型数字的例子，A列是文本型日期，G列和H列的实发数量和金额是文本型数字。

	A	B	C	D	E	F	G	H
1	日期	单据编号	客户编号	购货单位	产品代码	产品名称	实发数量	金额
2	2018-05-01	XOUT004664	37106103	客户A	005	产品5	5000	26766.74
3	2018-05-01	XOUT004665	37106103	客户B	005	产品5	1520	8137.09
4	2018-05-02	XOUT004666	00000006	客户C	001	产品1	44350	196356.73
5	2018-05-04	XOUT004667	53004102	客户D	007	产品7	3800	45044.92
6	2018-05-03	XOUT004668	00000006	客户E	001	产品1	14900	65968.78
7	2018-05-04	XOUT004669	53005101	客户A	007	产品7	5000	59269.64
8	2018-05-01	XOUT004670	55803101	客户F	007	产品7	2300	27264.03
9	2018-05-04	XOUT004671	55702102	客户G	007	产品7	7680	91038.16
10	2018-05-04	XOUT004672	37106103	客户E	005	产品5	3800	20342.73
11	2018-05-04	XOUT004678	91006101	客户A	007	产品7	400	4741.57
12	2018-05-04	XOUT004679	37106103	客户H	005	产品5	10000	53533.49
13	2018-05-04	XOUT004680	91311105	客户C	007	产品7	2000	18037.83
14	2018-05-04	XOUT004681	91709103	客户F	002	产品2	2000	11613.18
15	2018-05-04	XOUT004682	37403102	客户C	007	产品7	4060	36616.8
16	2018-05-04	XOUT004683	37311105	客户K	007	产品7	1140	10281.57

图3-11　G列和H列是文本型数字

首先，建立基本查询，如图3-12所示，可以看到，Power Query就自动把文本型数字转换为了数值型数字，不过，也把不该转换的客户编码和产品代码一并处理了。

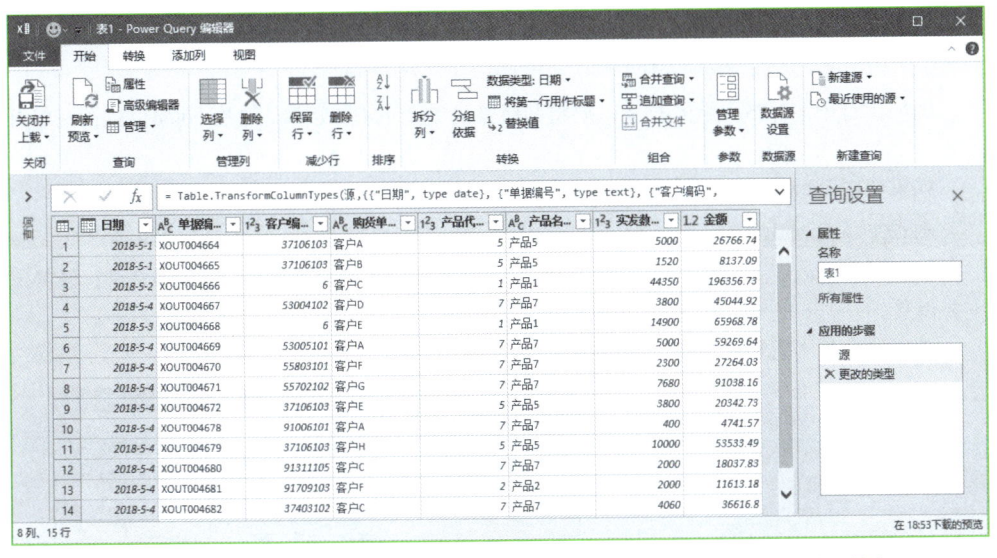

图3-12 自动把所有的文本型日期和文本型数字转换为数值型日期和数值型数字

选择客户编码和产品代码，设置数据类型为"文本"，恢复原来的格式，如图3-13和图3-14所示。

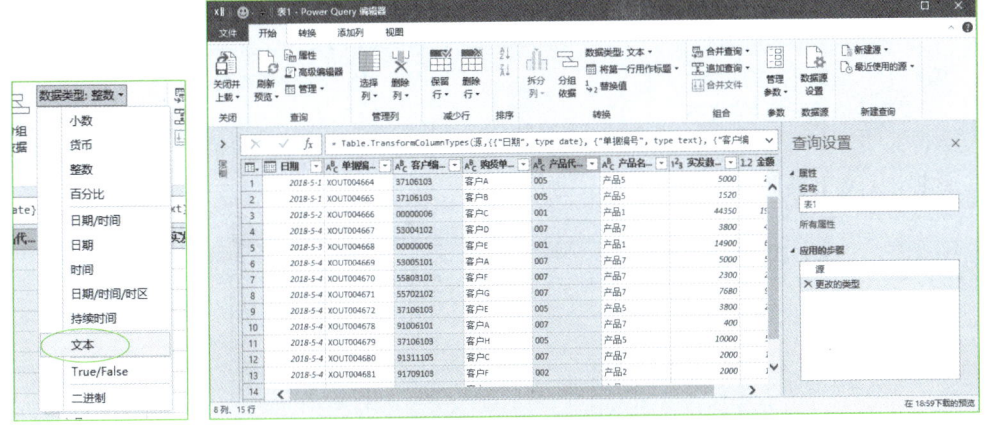

图3-13 "文本"选项

图3-14 恢复编码类数字的文本数据类型

3.3.2 把数值型数字转换为文本型数字

利用Power Query转换数字为文本非常简单，选择某列，设置数据类型为"文本"即可。

3.3.3 把数字转换为指定位数的文本型数字

如果要把数字转换为指定位数的文本型数字，在Excel表格里可以使用TEXT函数。

109

案例 3-3

例如，对于图3-15所示的数字，要将其转换为统一的4位文本，位数不够4位就在左侧补足0。

如果使用Excel函数，则需要做辅助列，公式为

=TEXT(A2,"0000")

在Power Query里，则需要使用M函数来进行转换。下面是使用Power Query进行转换的主要步骤。

首先建立基本查询，如图3-16所示。

图3-15　位数不一的数字，需要转换成统一的4位文本

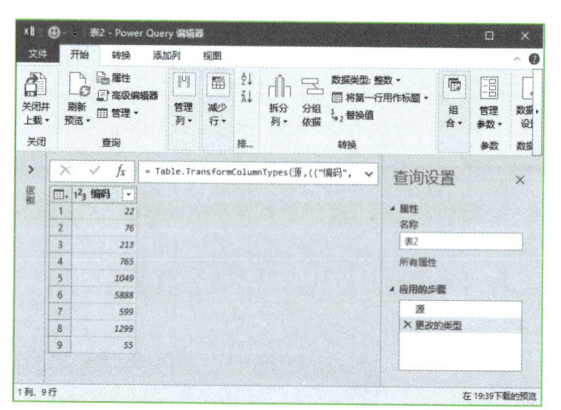

图3-16　建立基本查询

将该列数字类型设置为"文本"，如图3-17所示。

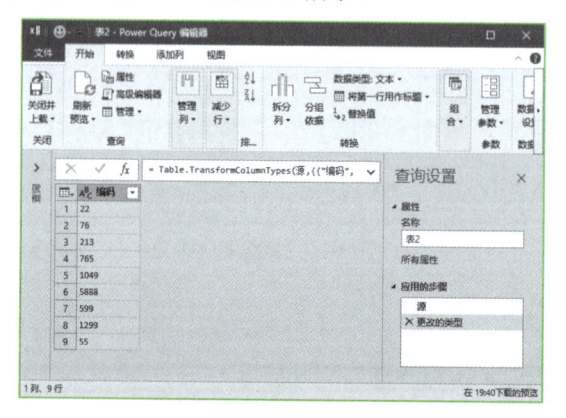

图3-17　设置数据类型为"文本"

执行"添加列"→"自定义列"命令，如图3-18所示。

打开"自定义列"对话框，输入"新列名"为"项目编码"，输入如下的自定义列公式，如图3-19所示。

=Text.Combine({Text.Repeat("0",4-Text.Length([编码])),[编码]},"")

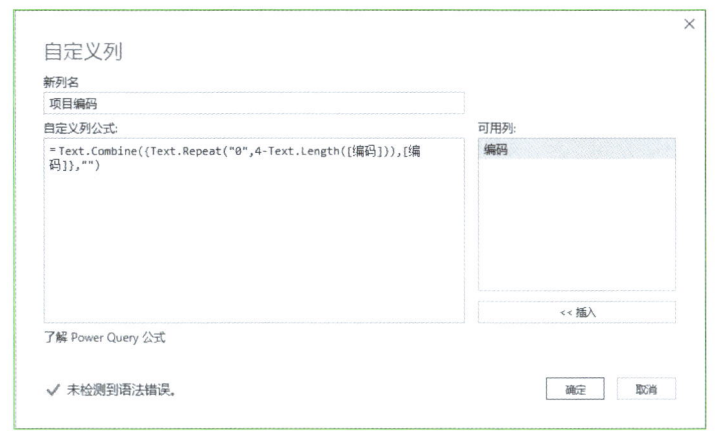

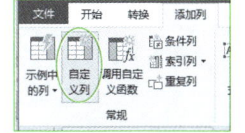

图3-18 "自定义列"命令　　　　　图3-19 添加自定义列

单击"确定"按钮，就得到了图3-20所示的新列。

删除第一列的原始数字列，将数据导出Excel，就得到需要的结果，如图3-21所示。

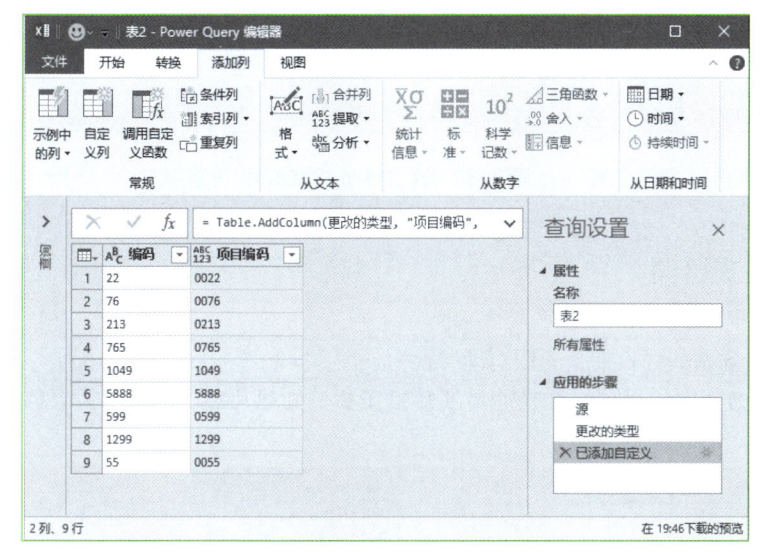

图3-20 得到统一位数的文本　　　　　图3-21 统一位数的文本型数字

3.4 转换修改日期

从系统导出Excel工作表的日期数据，大多情况下都是文本型日期，或者是错误的日期，需要将这样的日期转换为真正的日期。

在Excel工作表中，将非法日期修改为真正的日期，最简单的方法是使用分列工具。

使用Power Query来转换修改非法日期，则需要根据具体情况做不同的处理。

3.4.1 转换文本型日期

案例 3-4

转换文本型日期很简单，创建查询后，会自动转换日期，如图3-22和图3-23所示。

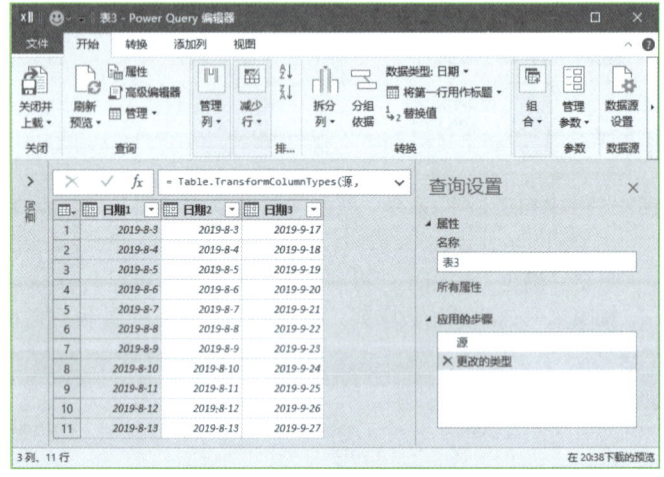

图3-22　几种非法日期情况

图3-23　建立查询，自动转换日期

3.4.2 转换非法格式日期

有些特殊格式的日期是无法自动转换的，图3-24和图3-25分别是8位数字和6位数字的文本型日期，这样的日期转换需要多处理几步才能得到需要的结果。

图3-24　8位数字的文本型日期

图3-25　6位数字的文本型日期

1. 8位数的非法日期

图3-24所示的8位数字的日期数据转换步骤如下。

首先建立基本查询，如图3-26所示。

将该列数据类型设置为"日期"，如图3-27所示，就得到了正确的日期，如图3-28所示。

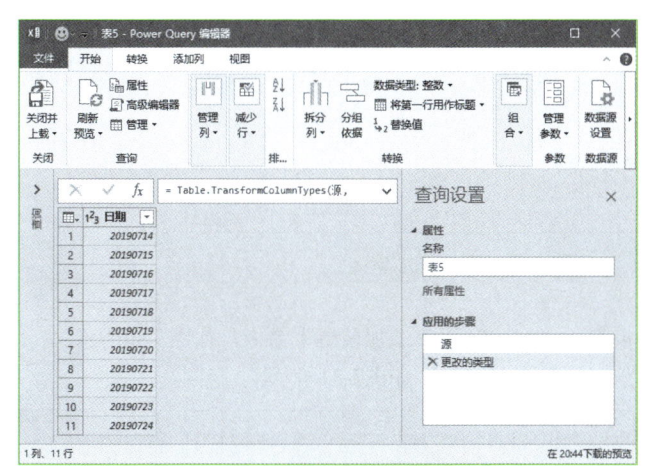

图3-26　建立基本查询　　　　　　　　　图3-27　选择"日期"类型

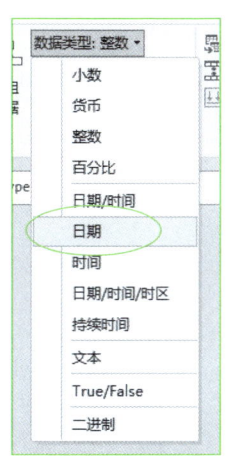

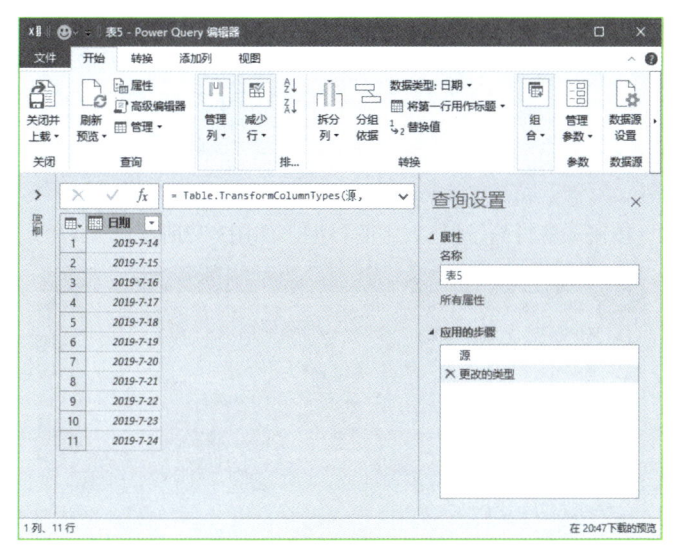

图3-28　得到的正确日期

2. 6位数的非法日期

对于图3-25所示的6位数字的日期数据转换步骤如下。

首先建立基本查询，如图3-29所示。

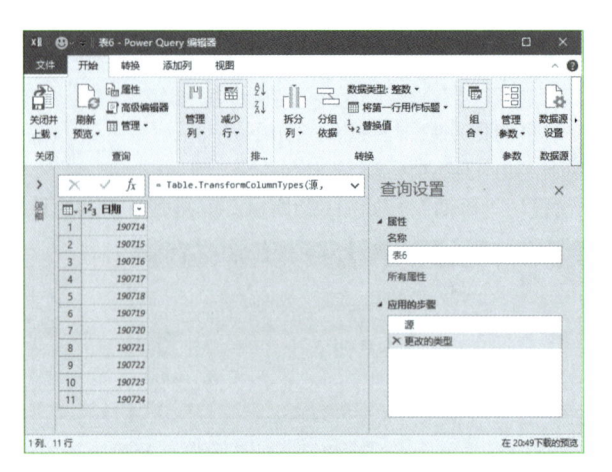

图3-29 建立基本查询

选择该列数据，执行"转换"→"格式"→"添加前缀"命令，如图3-30所示。
打开"前缀"对话框，输入"值"为"20"，如图3-31所示。

图3-30 "格式"→"添加前缀"命令

图3-31 "前缀"对话框，输入"值"为"20"

单击"确定"按钮，就得到了8位数字的日期，如图3-32所示。

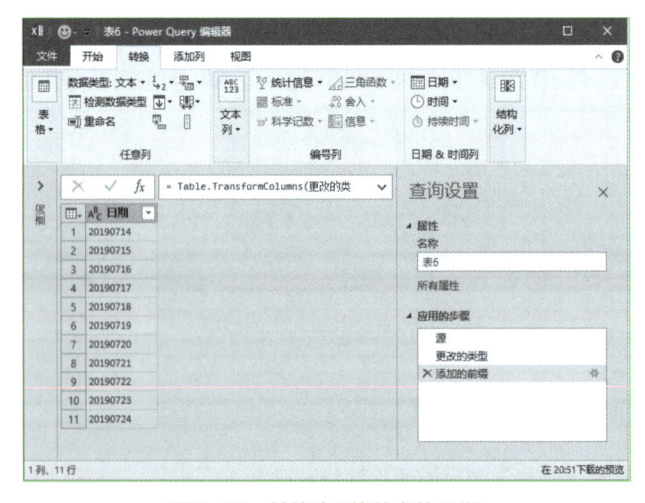

图3-32 转换为8位数字的日期

最后，将该列数据类型设置为"日期"，就得到了正确的日期数据，如图3-33所示。

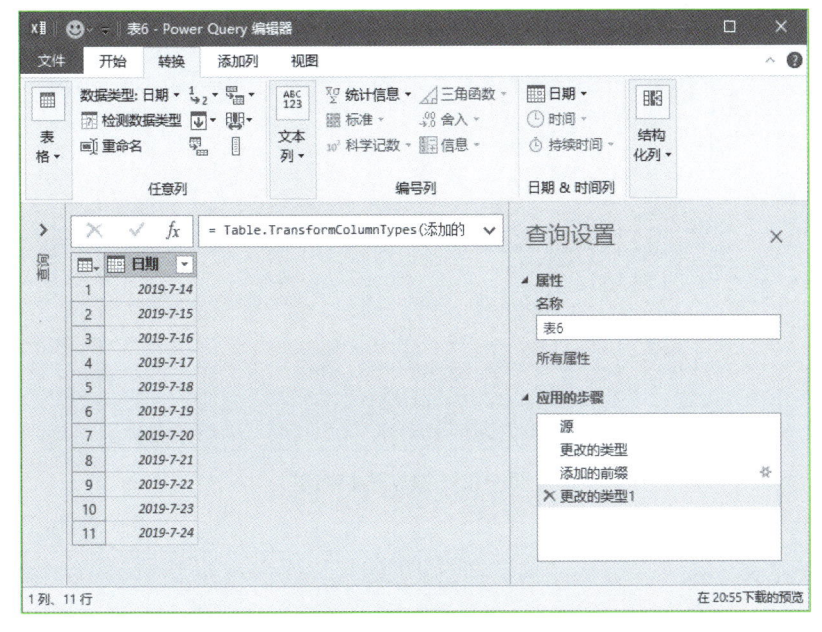

图3-33 得到正确的日期数据

3.4.3 拆分日期和时间

某些情况下，日期和时间数据会被保存在同一个单元格（例如从刷卡机导出的考勤数据），此时需要将日期和时间分成两列保存。

案例 3-5

图3-34所示就是日期时间保存在同一个单元格内，在Excel表格中，可以直接使用分列工具进行处理，而在Power Query中，则使用"拆分列"命令。

首先，建立基本查询，删除默认的"更改的数据类型"步骤，如图3-35所示。

选择"日期时间"列，执行"转换"→"拆分列"→"按分隔符"命令，如图3-36所示。打开"按分隔符拆分列"对话框，选择"空格"分隔符，如图3-37所示。

单击"确定"按钮，就得到了日期和时间两列数据，如图3-38所示。

最后，把两列标题分别修改为"日期"和"时间"即可。

图3-34 日期时间保存在同一个单元格

115

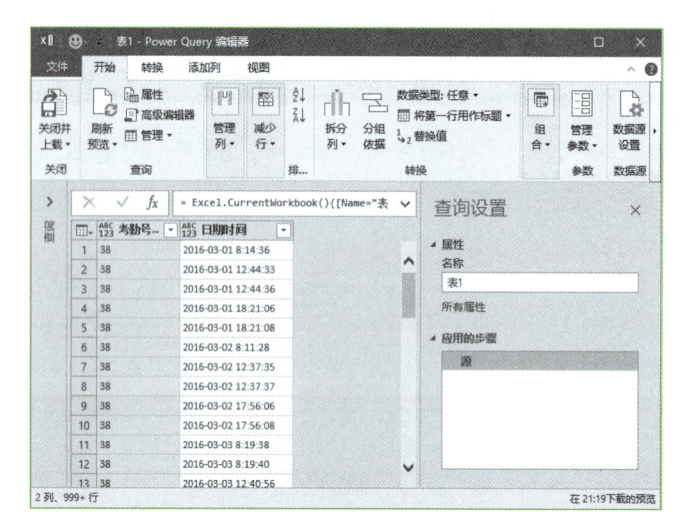

图3-35　建立基本查询

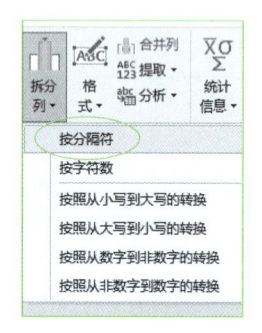

图3-36　"拆分列"→"按分隔符"命令

图3-37　选择分隔符为"空格"

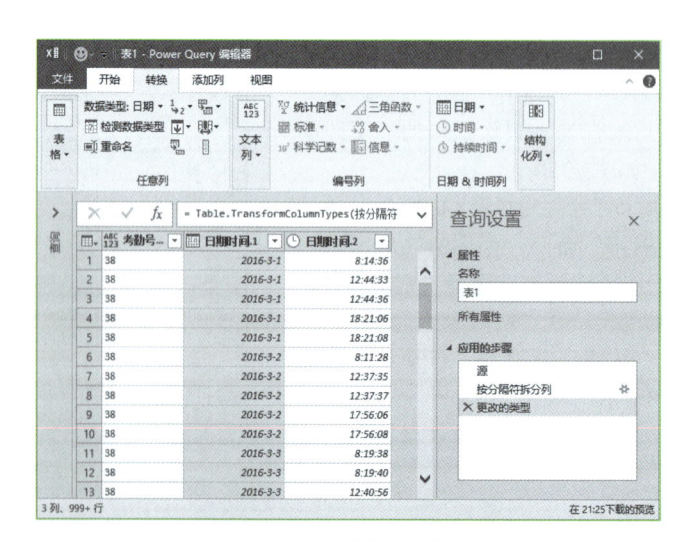

图3-38　日期和时间分成了两列

3.5 从文本数据中提取关键数据

提取关键数据，是指从现有的数据列中把某些重要的关键数据提取出来，将该列数据转换为新数据，或者生成一个新列数据。例如，从身份证号码中提取出生日期和性别，从材料编码中提取出材料类别，从合同编码中提取关键信息等。

提取关键数据可以使用现有的工具（"拆分列"和"提取"），也可以使用M函数设计公式。

3.5.1 使用现有工具提取关键数据

执行"转换"→"拆分列"命令，如图3-39所示，从指定列中提取数据，把原始数据列变为关键数据列。

执行"添加列"→"提取"命令，如图3-40所示，就从原始数据列中提取关键数据，生成一个关键数据列，原数据列继续保留。

案例 3-6

图3-41是一个简单的示例，要求从工程编号中提取类别，类别是两个句点之间的字母。

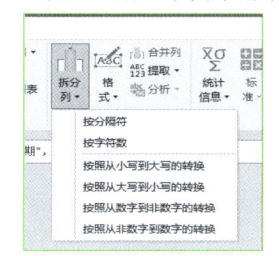

图3-39 "拆分列"菜单下的命令选项

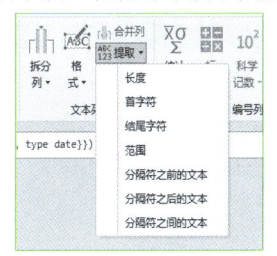

图3-40 "提取"菜单下的命令选项

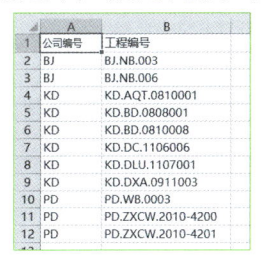

图3-41 要求从工程编号中提取类别

首先，建立基本查询，如图3-42所示。

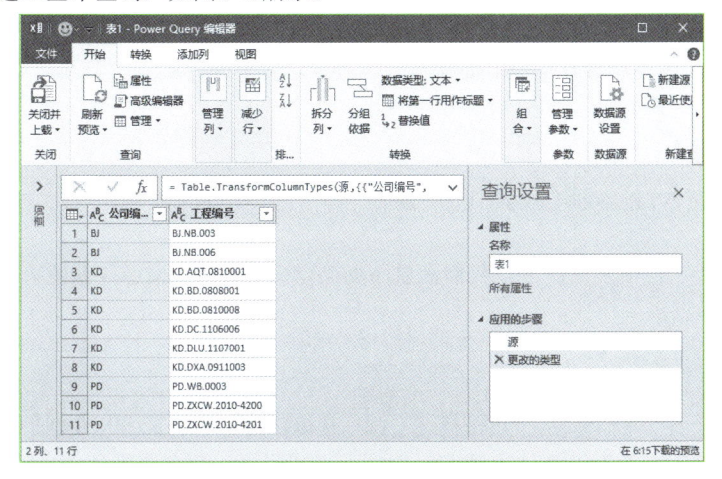

图3-42 建立基本查询

选择"工程编号"列，执行"添加列"→"提取"→"分隔符之间的文本"命令，如图3-43所示。

打开"分隔符之间的文本"对话框，输入开始分隔符"."和结束分隔符"."，如图3-44所示。

图3-43 "提取"→"分隔符之间的文本"命令

图3-44 输入开始分隔符"."和结束分隔符"."

单击"确定"按钮，得到了一个新列，也就是要求提取的类别，如图3-45所示。

最后，修改列标题名称，将数据导出到Excel工作表，如图3-46所示。

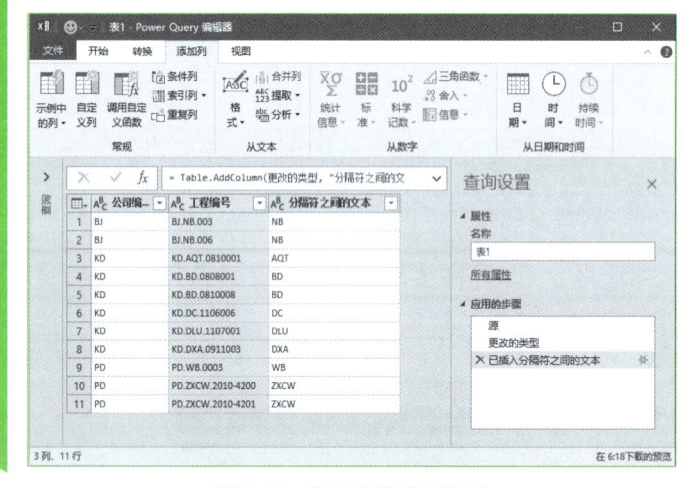

图3-45 提取出的类别新列

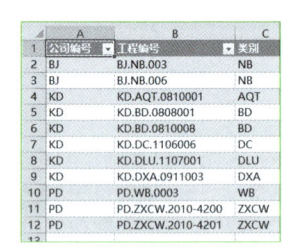

图3-46 得到的类别数据

3.5.2 使用M函数提取关键数据

在很多情况下，我们需要添加自定义列，使用M函数创建公式来提取关键数据。

案例 3-7

图3-47是一个示例，要从"规格描述"列中提取字母U、K、O和M前面的数字。例如，第2行要提取0.022，第3行要提取0.0047，第4行要提取4.99，以此类推。

图3-47 要提取"规格描述"列里逗号后面的字母U、K、O和M前面的数字

仔细观察数据特征，要提取的数字前面是逗号"，"，后面是字母U、K、O或M，则可以使用M函数来设计公式提取。

首先建立基本查询，如图3-48所示。

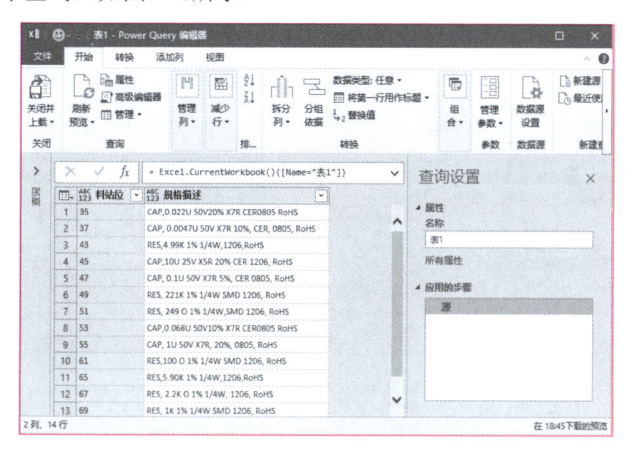

图3-48 建立基本查询

执行"添加列"→"自定义列"命令，打开"自定义列"对话框，输入"新列名"为"数字"，输入下面的自定义列公式，如图3-49所示。

= Text.Middle([规格描述],Text.PositionOf([规格描述],",")+1,Text.PositionOfAny([规格描述], {"U","K","O","M"})-Text.PositionOf([规格描述],",")-1)

图3-49 添加自定义列

119

这样就提取出了指定的数字，如图3-50所示。

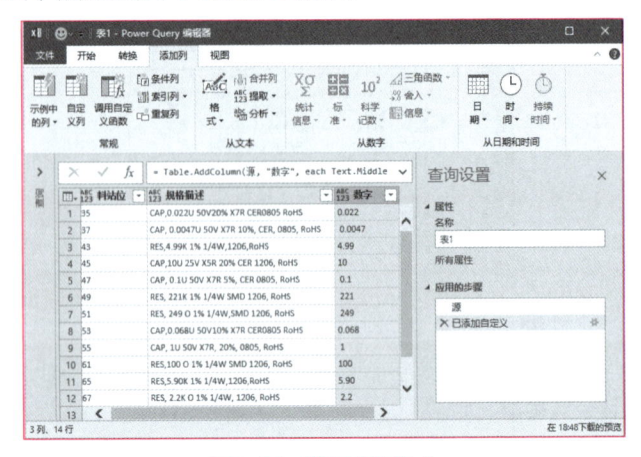

图3-50　提取出的数字

注意，这样取出的数字前后都存在空格，因此选择数字，再执行"转换"→"格式"→"修整"命令，将空格清除，得到正确的数字，如图3-51所示。

图3-51　清除数字前后的空格

最后，将数据导出Excel工作表，如图3-52所示。

图3-52　提取出指定位置的数字

案例 3-8

图3-53是一个原始数据示例，要求提取最后一个横线后面的所有字母，例如，第2行结果是S，第3行结果是XL，第4行结果是H，第5行结果是H。

建立基本查询，如图3-54所示。

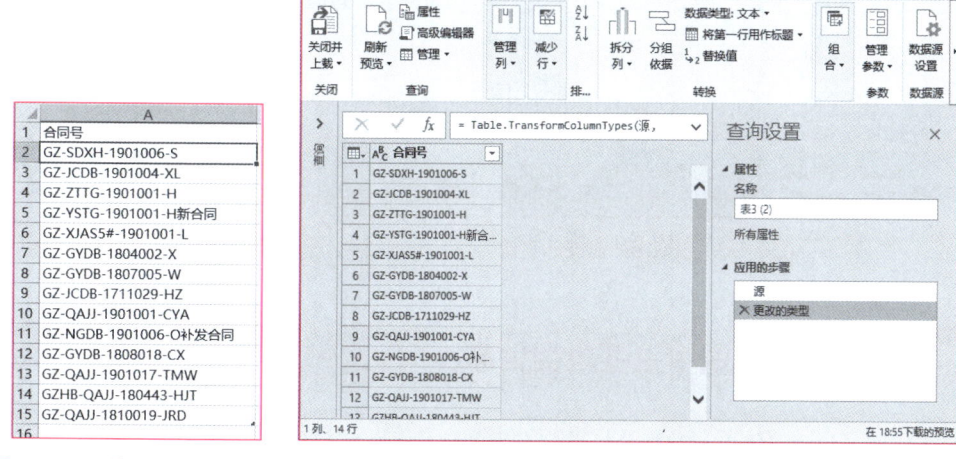

图3-53 原始数据，要求提取最后一个横线后面的所有字母

图3-54 建立基本查询

执行"添加列"→"自定义列"命令，打开"自定义列"对话框，输入"新列名"为"结果"，输入下面的自定义列公式，如图3-55所示。

```
= Text.Select(Text.AfterDelimiter([合同号], "-", 2),{"A".."Z","a".."z"})
```

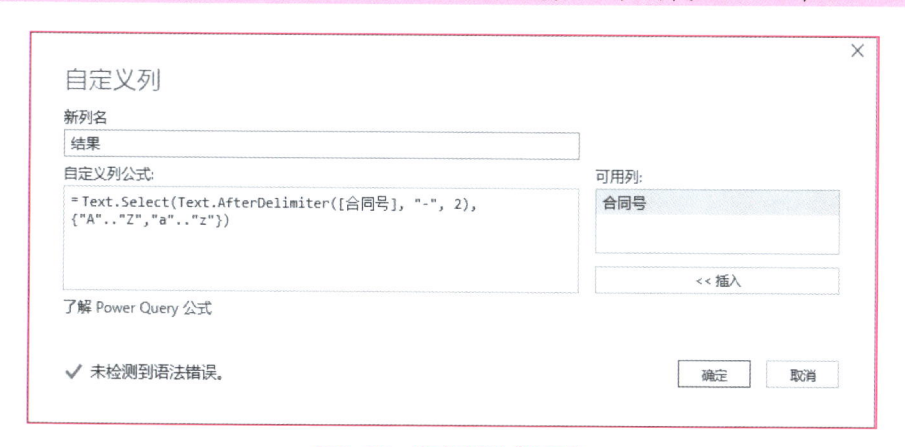

图3-55 自定义列"结果"

这样就提取出了需要的数据，如图3-56所示。

最后，将结果表导出Excel工作表，如图3-57所示。

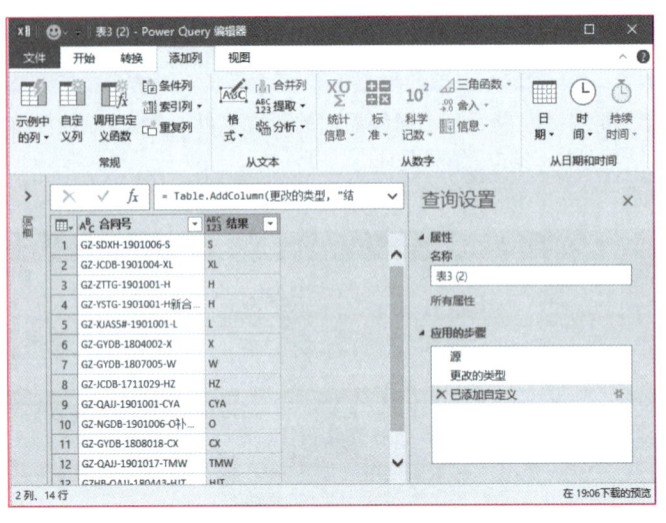

图3-56 提取出的需要的字母

图3-57 要求的工作表

3.6 从日期数据中提取重要信息

日期中包含了很多对数据分析非常有用的信息，如年份、季度、月份、周等，不论在Excel工作表中，还是在Power Query中，提取日期数据这些重要信息都是很容易的，甚至不需用M函数。

在Excel中，提取日期信息的函数有：YAER、MONTH、DAY、WEEKDAY、WEEKNUM和TEXT等。

在Power Query中，提取日期重要信息的工具是执行"转换"→"日期"下的有关命令选项，如图3-58所示，或者执行"添加列"→"日期"下的有关命令选项，如图3-59所示，前者是把原始列转换成了新数据列，后者是添加一个新列，保存提取的信息数据。

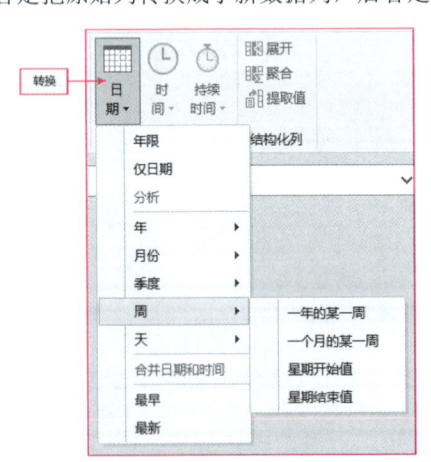

图3-58 "转换"→"日期"下的有关命令选项

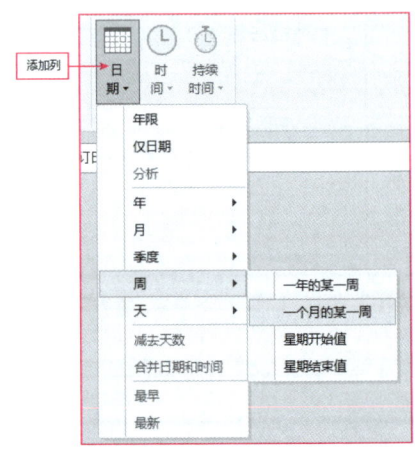

图3-59 "添加列"→"日期"下的有关命令选项

3.6.1 从日期数据中提取年

案例 3-9

在Excel中，提取日期的年份数据可以使用YEAR函数或者TEXT函数。例如，假若单元格A2保存的是日期"2019-9-25"，则提取年份的两个公式及结果分别如下。

= YEAR(A2)

或

= TEXT(A2, "yyyy年")

结果是"2019年"。

在Power Query中，提取日期中的年份数据是执行"日期"→"年"→"年"命令，如图3-60所示，就得到了一个新列"年"，保存年份数字，如图3-61所示。

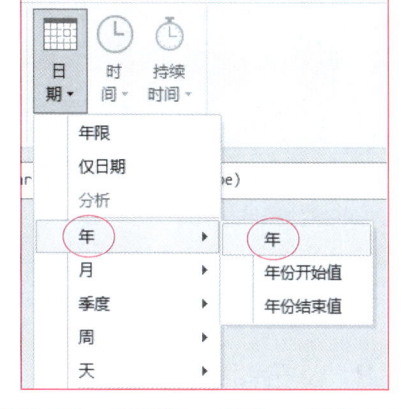

图3-60 "日期"→"年"→"年"命令

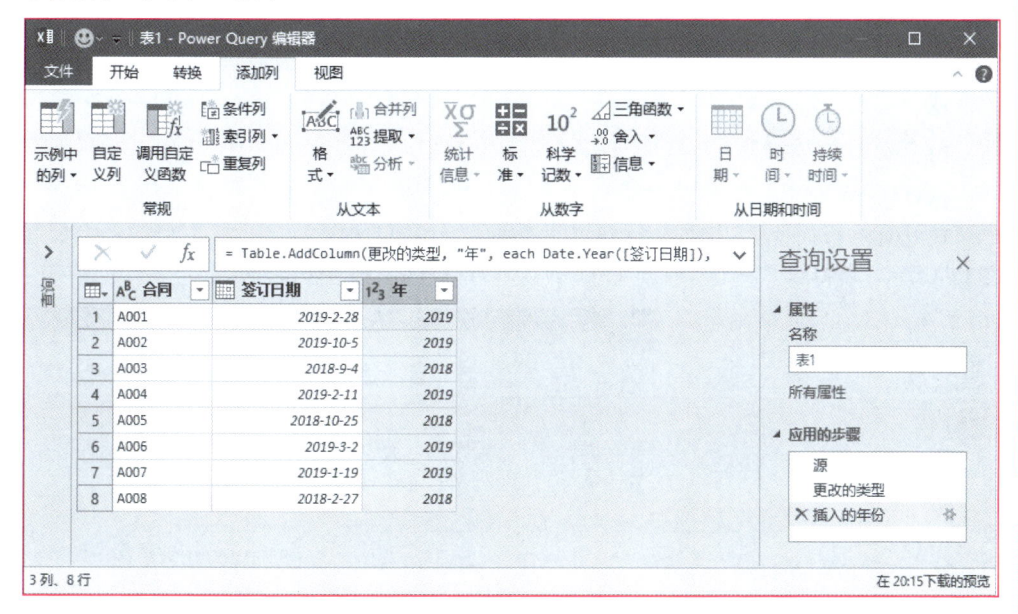

图3-61 添加新列"年"

3.6.2 从日期数据中提取季度

在Excel中，没有单独的计算季度函数，但在Power Query中，则可以快速获取季度数据，执行"添加列"→"日期"→"季度"→"一年的某一季度"命令，如图3-62所示，就得到了新列"季度"，保存季度数字，如图3-63所示。

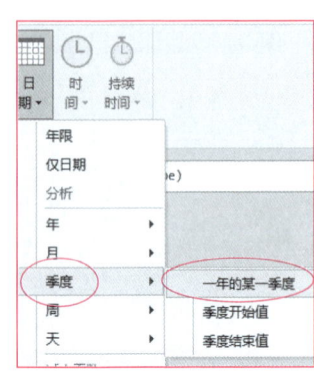

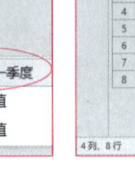

图3-62 "日期"→"季度"→
"一年的某一季度"命令

图3-63 添加新列"季度"

3.6.3 从日期数据中提取月

在Excel中，提取日期的月份数据，可以使用MONTH函数或者TEXT函数。例如，假若单元格A2保存的是日期"2019-9-25"，则两个提取月份的公式及结果分别如下。

= MONTH(A2)

或

= TEXT(A2,"m月")

结果是"9月"。

在Power Query中，提取日期中的月份数据是执行"日期"→"月"→"月"命令，如图3-64所示，就得到了一个新列"月份"，保存月份数字，如图3-65所示。

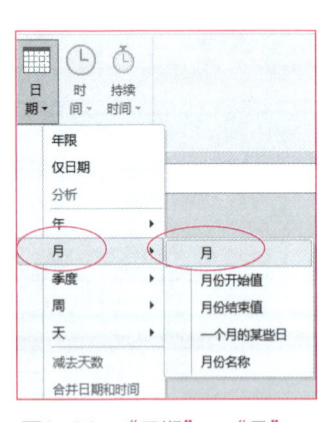

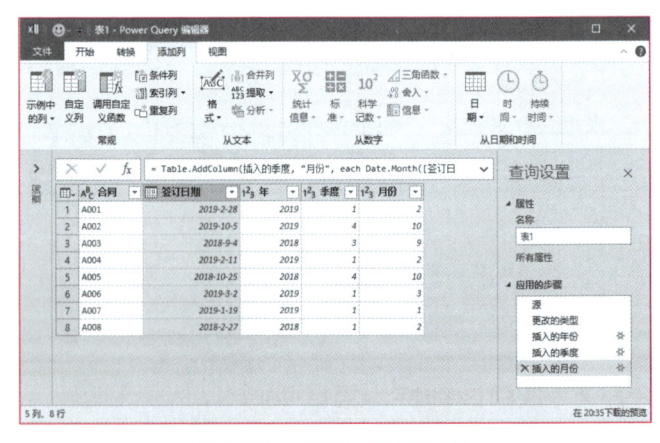

图3-64 "日期"→"月"→
"月"命令

图3-65 添加新列"月份"

如果执行"日期"→"月"→"月份名称"命令，如图3-66所示，那么就得到了一个新列"月份名称"，保存月份名称，如图3-67所示。

124

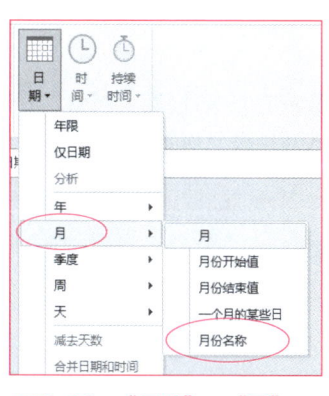

图3-66 "日期"→"月"→
"月份名称"命令

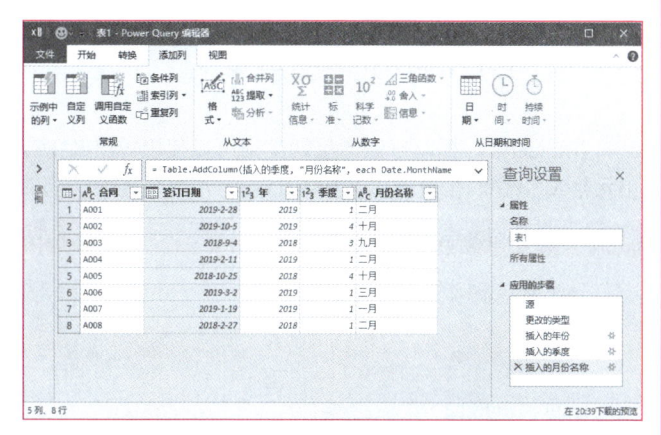

图3-67 添加新列"月份名称"

3.6.4 从日期数据中提取周

在Excel中，提取日期的周数据可以使用WEEKNUM函数。例如，假若单元格A2保存的是日期"2019-9-25"，则提取周的公式及结果如下。

```
=WEEKNUM(A2)
```

结果是"39"。

在Power Query中，提取日期中的周数据是执行"日期"→"周"→"一年的某一周"命令，如图3-68所示，就得到一个新列"一年的某一周"，保存周数字，如图3-69所示。

图3-68 "日期"→"周"→
"一年的某一周"命令

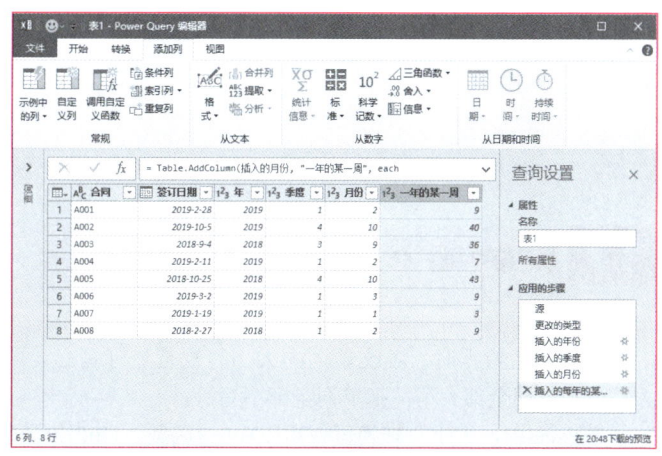

图3-69 添加新列"一年的某一周"

3.6.5 从日期数据中提取星期

在Excel中，提取日期的星期数据可以使用WEEKDAY函数或者TEXT函数。例如，假若单元格A2保存的是日期"2019-9-25"，则两个提取星期的公式及结果分别如下。

```
= WEEKDAY(A2)
```

结果是"4"。

```
= TEXT(A2, "aaaa")
```

结果是"星期三"。

在Power Query中，提取日期中的星期数据是执行"日期"→"天"→"星期几"命令，如图3-70所示，就得到一个新列"星期几"，保存星期名称，如图3-71所示。

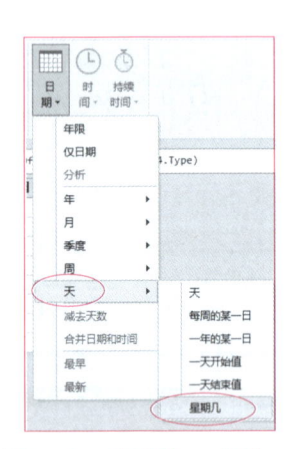

图3-70 "日期"→"天"→"星期几"命令

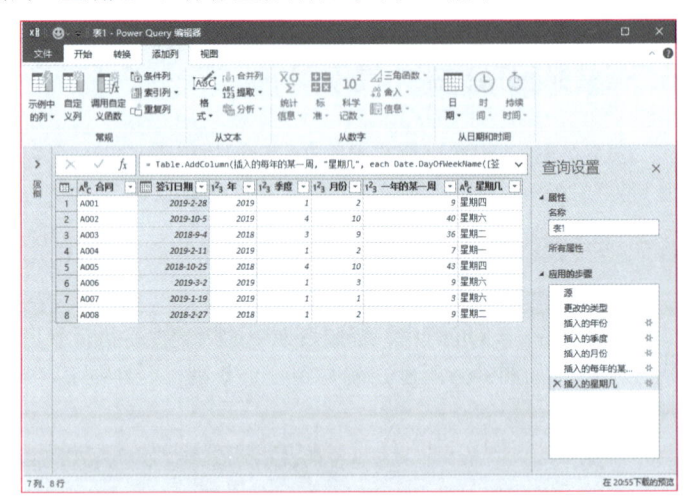

图3-71 添加新列"星期几"

3.7 转换字母大小写

处理英文数据时，英文单词的大小写规范处理是必要的。例如，把每个单词的首字母大写，把单词全部大写，把单词全部小写等。

在Excel中，大小写转换可使用LOWER函数、UPPER函数和PROPER函数。

在Power Query中，则可以执行"转换"→"格式"命令下的有关选项，或者执行"添加列"→"格式"菜单下的有关命令选项，如图3-72所示，前者将原始列进行处理，后者新添加一列，保存处理后的结果。

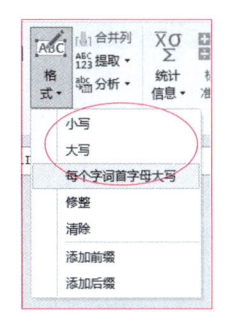

图3-72 "格式"命令下的设置大小写选项

3.7.1 每个单词首字母大写

案例 3-10

如果要把每个单词首字母大写，Excel工作表中可以使用PROPER函数，在Power Query中则可以执行"格式"→"每个字词首字母大写"命令。图3-73就是一个处理结果对比表。

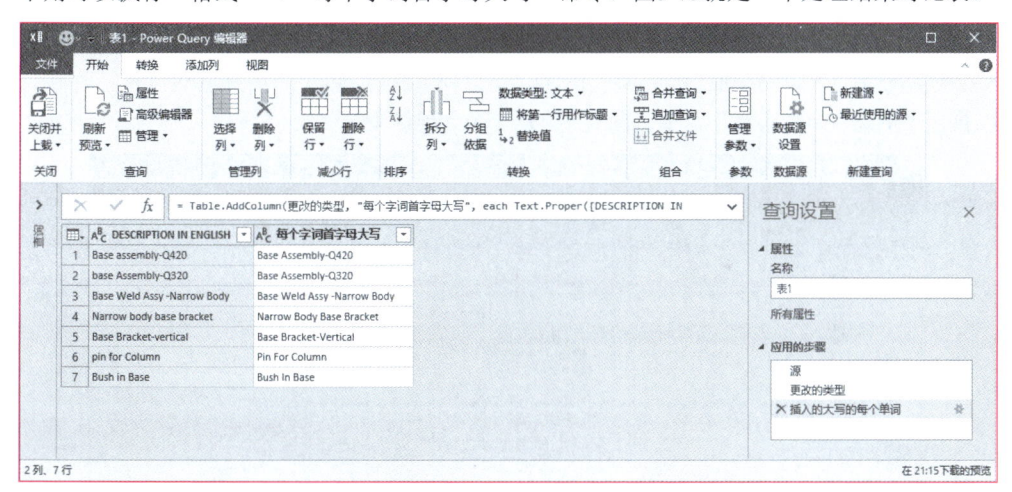

图3-73 将每个单词的首字母变为大写

3.7.2 每个单词全部字母大写

案例 3-11

如果要把每个单词全部字母大写，Excel中可以使用UPPER函数，在Power Query中则可以执行"格式"→"大写"命令。图3-74就是一个处理结果对比表。

图3-74　将每个单词的全部字母都变为大写

3.7.3　每个单词全部字母小写

案例3-12

如果要把每个单词全部字母小写，Excel中可以使用LOWER函数，在Power Query中则可以执行"格式"→"小写"命令。图3-75就是一个处理结果对比表。

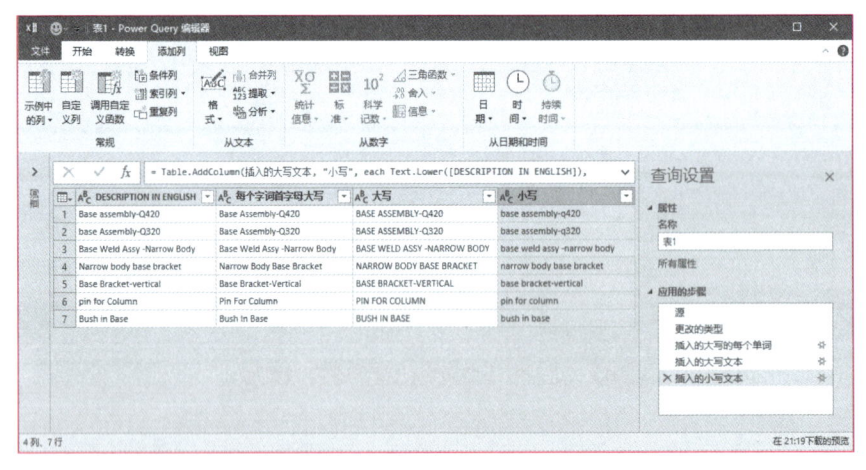

图3-75　将每个单词的全部字母都变为小写

3.8　添加前缀和后缀

添加前缀和后缀，就是在数据的前面或后面添加指定的字符。这样的数据整理也是很常见的。在Excel中，需要使用连接运算（&），而在Power Query中，这种处理就非常简单。

在Power Query中，添加前缀和后缀可执行"格式"菜单下的"添加前缀"命令和"添加后缀"命令，如图3-76所示。

"格式"命令有两处："转换"选项卡和"添加列"选项卡。前者将在原始列位置对数据进行处理，后者是添加一个新列，保存被处理后的数据。

3.8.1 仅添加前缀

图3-76 "格式"菜单下的"添加前缀"命令和"添加后缀"命令

案例 3-13

图3-77是合同号示例数据，现在要求在仅合同号前面添加前缀"2019-"，变为图3-78所示的情形。

首先建立基本查询，然后执行"转换"→"格式"→"添加前缀"命令，打开"前缀"对话框，输入前缀的"值"为"2019-"，如图3-79所示。

图3-77 原始合同号

图3-78 添加前缀后的合同号

图3-79 "前缀"对话框，输入前缀值"为"2019-

这样就得到了我们需要的结果，如图3-80所示。

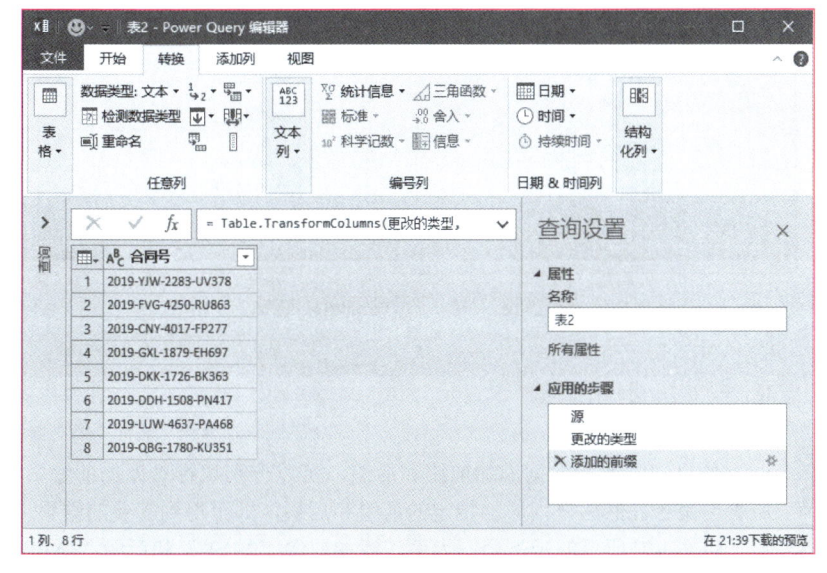

图3-80 添加了前缀后的合同号

129

3.8.2 仅添加后缀

以图3-77所示的合同号示例数据为例，现在要求仅在合同号后面添加后缀"-APP"，变为图3-81所示的情形。

首先，建立基本查询，然后执行"转换"→"格式"→"添加后缀"命令，打开"后缀"对话框，输入后缀的"值"为"-APP"，如图3-82所示。

图3-81 添加后缀后的合同号

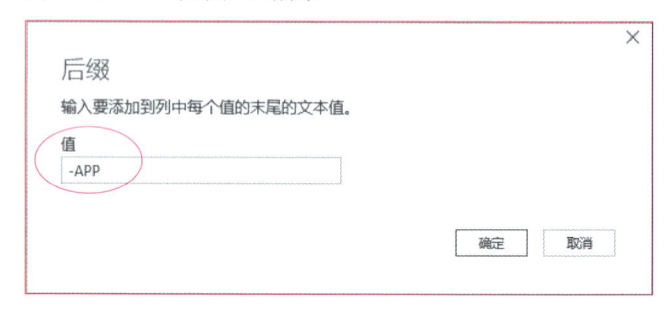

图3-82 "后缀"对话框，输入后缀值为"-APP"

这样就得到我们需要的结果，如图3-83所示。

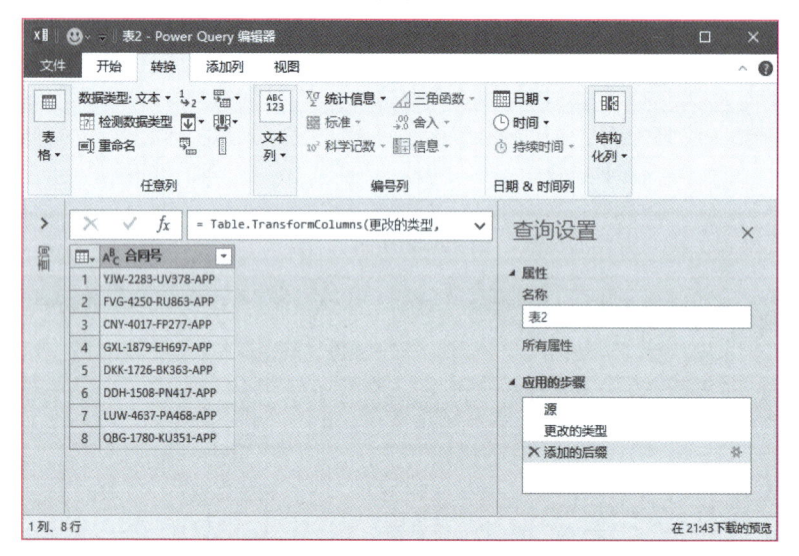

图3-83 添加了后缀后的合同号

3.8.3 同时添加前缀和后缀

如果同时要为数据添加前缀和后缀，可以分别执行"添加前缀"和"添加后缀"命令，然后分别添加指定的前缀和后缀，即可得到需要的结果。

以图3-77所示的示例数据为例，添加前缀"2019-"和后缀"-APP"后的数据如图3-84所示。

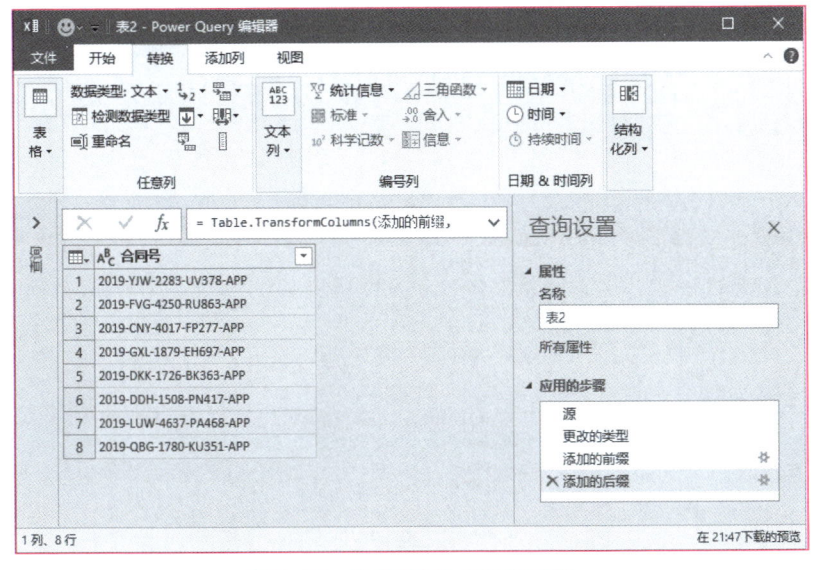

图3-84 为数据添加前缀和后缀

3.9 对数字进行舍入处理

数字的舍入包括四舍五入、向下舍入、向上舍入、取整等，处理数字时，这是经常要做的工作之一。

对数字进行舍入，可执行"转换"→"舍入"命令菜单选项，或者执行"添加列"→"舍入"命令菜单选项，如图3-85所示。

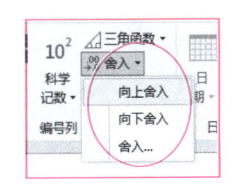

图3-85 "舍入"命令选项

3.9.1 对数字进行四舍五入

如果数字有很多位数，或者是公式计算出的很多位数的小数，可以使用"舍入"命令进行四舍五入，也就是选择要四舍五入的列，执行"舍入"命令，打开"舍入"对话框，输入小数位数，如图3-86所示。

图3-86 "舍入"对话框，输入小数位数

图3-87和图3-88就是四舍五入前后的对比表。这里单价和销售额两列均保留两位小数。

131

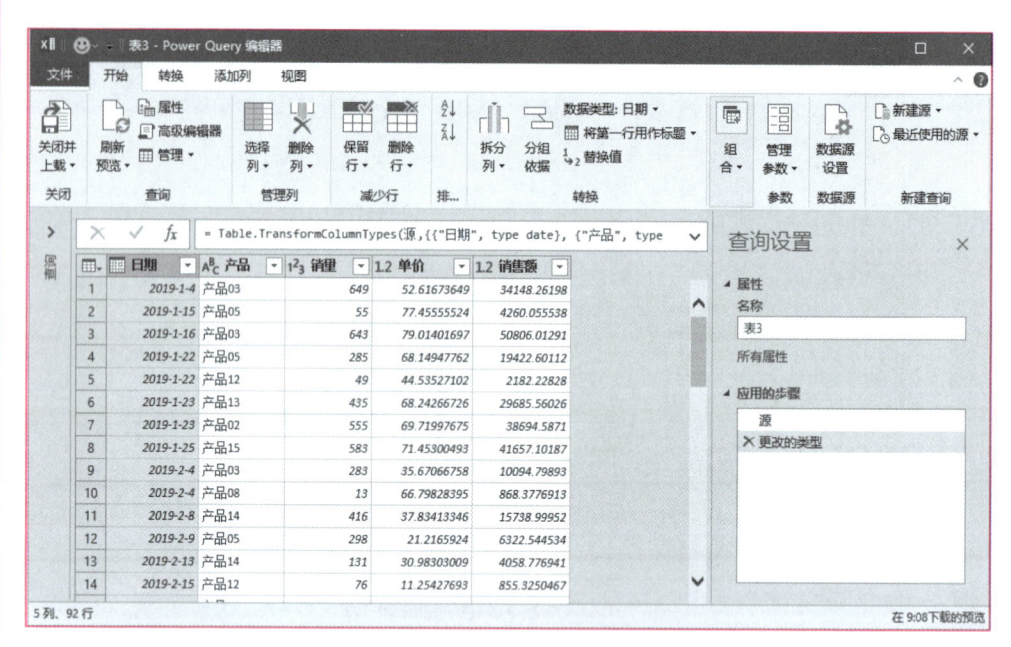

图3-87 原始数据

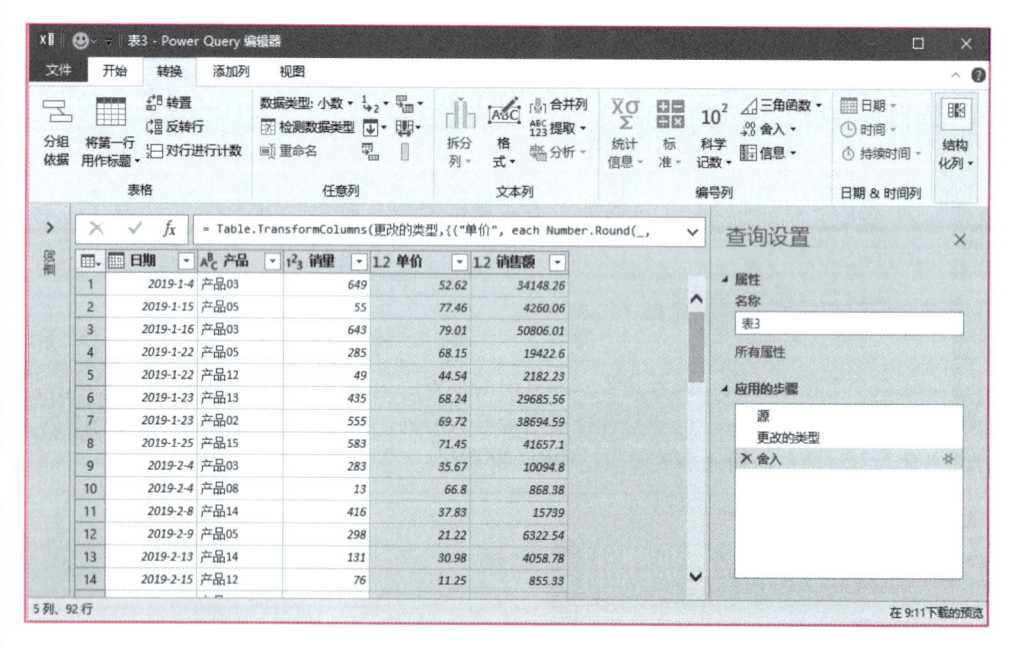

图3-88 保留两位小数

3.9.2 对数字向上舍入

向上舍入，就是对数字向上取整到下一个整数值，图3-89就是对销售额进行向上舍入的新列，请比较原始数字与向上舍入后的结果。

132

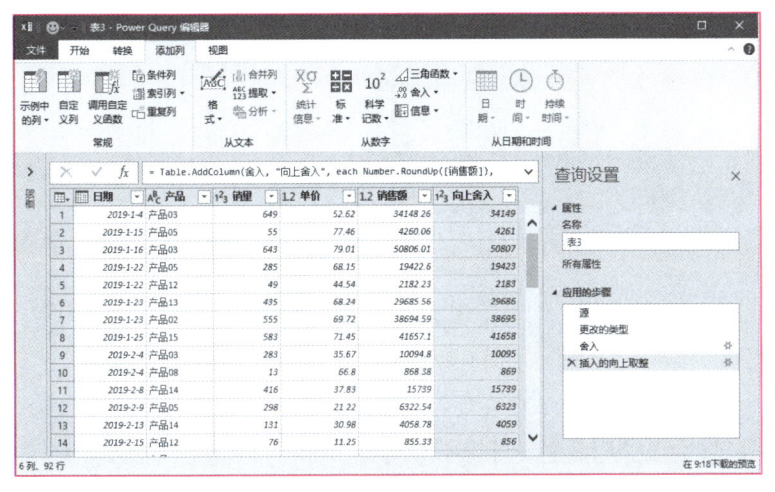

图3-89　销售额向上舍入（向上取整）

3.9.3　对数字向下舍入

向下舍入，就是对数字向上取整到前一个整数值，图3-90就是对销售额进行向下舍入的新列，请比较原始数字与向下舍入后的结果。

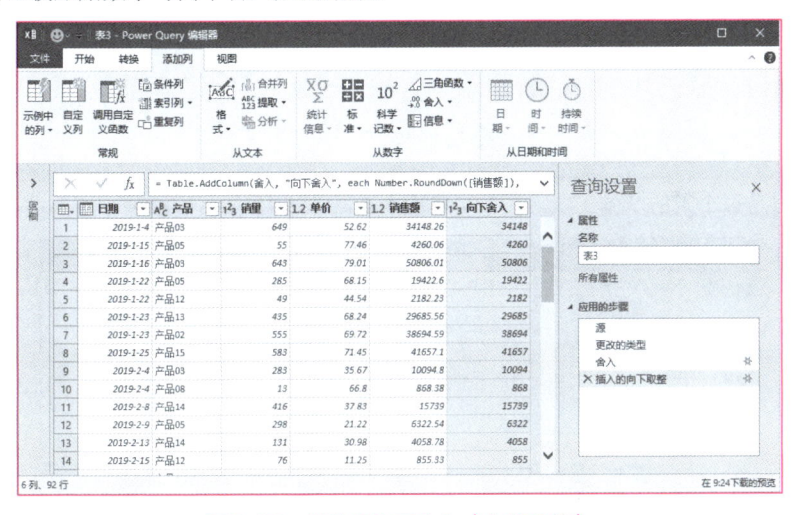

图3-90　销售额向下舍入（向前取整）

3.10　对数字进行批量计算

在数据分析中，对于大金额数字，我们希望将其都除以1万，以"万元"为单位来表示等，这就是对数字进行批量计算的问题。

数字的批量计算，可以执行"转换"→"标准"命令，或者执行"添加列"→"标准"命令，如图3-91所示。

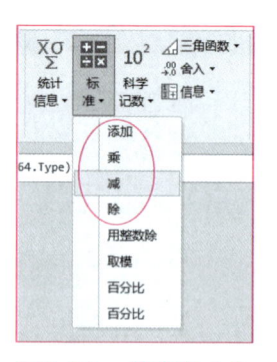

图3-91 "标准"命令

3.10.1 对数字批量加上一个相同的数

执行"标准"→"添加"命令，打开"加"对话框，输入要加的值，如图3-92所示，就对指定的列数字统一加上了指定的值。

图3-92 "加"对话框，输入要加的值

图3-93是每个人的基本工资，图3-94是基本工资都加上500后的结果。

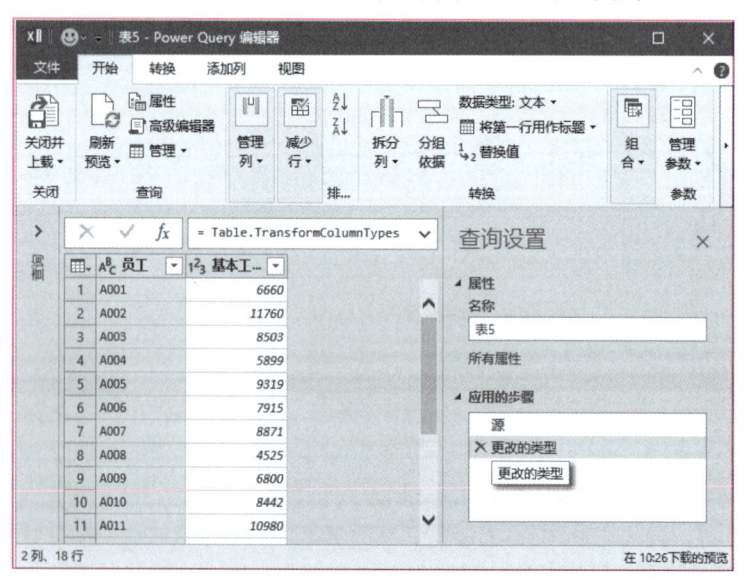

图3-93 每个人的基本工资

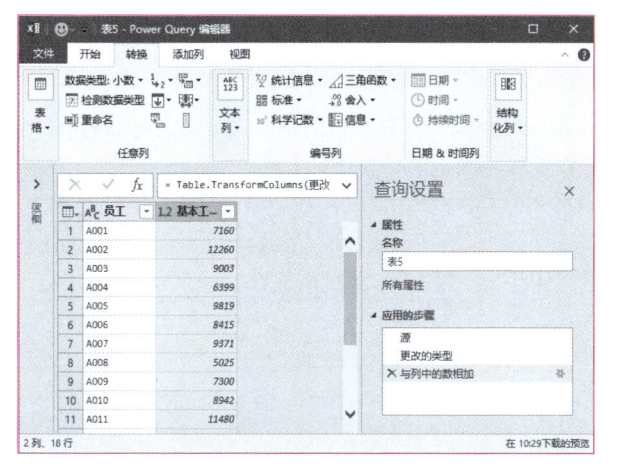

图3-94 基本工资都加上500后的结果

3.10.2 对数字批量减去一个相同的数

执行"标准"→"减"命令，打开"减"对话框，输入要减的值，如图3-95所示，就对指定的列数字统一减去了指定的值。

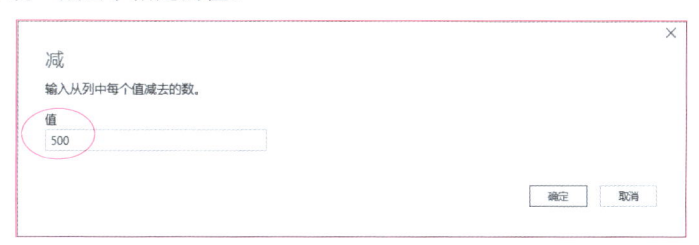

图3-95 "减"对话框，输入要减的值

图3-96是基本工资都减去500后的结果。

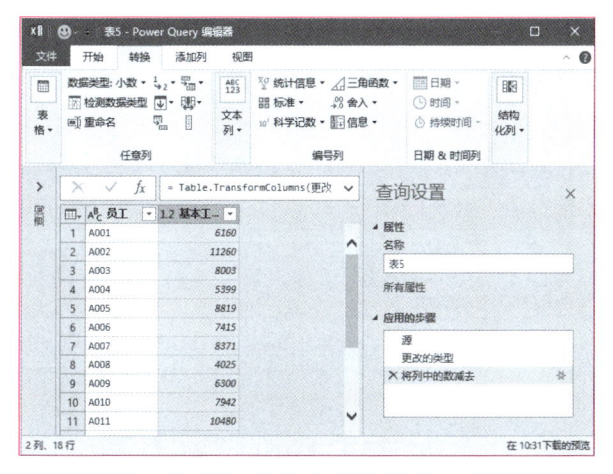

图3-96 基本工资统一减去了500

135

3.10.3 对数字批量乘上一个相同的倍数

执行"标准"→"乘"命令，打开"乘"对话框，输入要乘的值，如图3-97所示，就对指定的列数字统一乘以了一个指定的倍数值。

图3-97 "乘"对话框，输入要乘的值

图3-98是基本工资都上涨20%（也就是乘以1.2）后的结果。

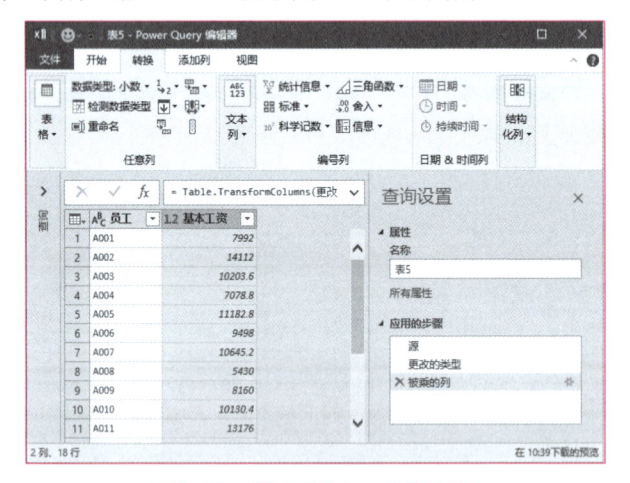

图3-98 基本工资统一上涨20%

3.10.4 对数字批量除以一个相同的倍数

执行"标准"→"除"命令，打开"除"对话框，输入要除的值，如图3-99所示，就对指定的列数字统一除以了一个指定的倍数值。

图3-99 "除"对话框，输入要除的值

图3-100是将销售额除以1000，以千元为单位，并进行了四舍五入（保留两位小数）后的结果。

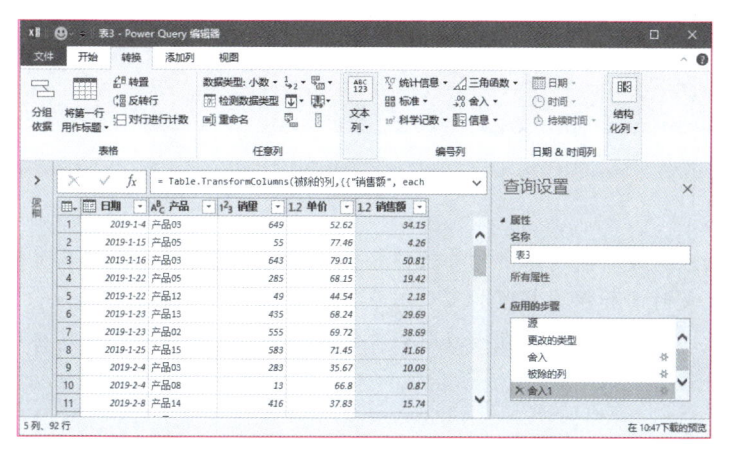

图3-100　以千元为单位表示的销售额

第4章 财务数据分析建模

财务数据分析大多数是基于财务软件导出的数据,而导出的数据又可能存在种种问题,需要花大量时间和精力整理加工。本章将介绍几个利用 Power Query 来建立财务分析模板的例子,建模的思路是直接以财务软件导出的数据为基础,构建自动化财务分析模型。

4.1 管理费用跟踪分析模板

从财务软件导出的管理费用数据大部分是所用软件的格式数据,不一定是标准规范表单,因此,对于这样的数据,首先要规范加工,然后建立数据分析模型。

4.1.1 示例数据

图4-1是从财务软件中导出的各月管理费用数据,现在要求建立一个能够分析指定部门、指定项目、指定月份费用的模板。

图4-1 从财务软件中导出的各月管理费用数据

4.1.2 整理加工,建立数据模型

首先,在当前工作簿中插入两个工作表,分别命名为"汇总表"和"分析报告"。

执行"数据"→"获取数据"→"来自文件"→"从工作簿"命令，如图4-2所示。
打开"导入数据"对话框，选择工作簿文件，如图4-3所示。
单击"导入"按钮，打开"导航器"对话框，选择顶部的工作簿名称，如图4-4所示。

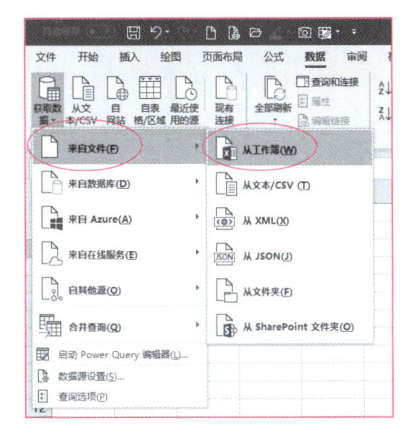

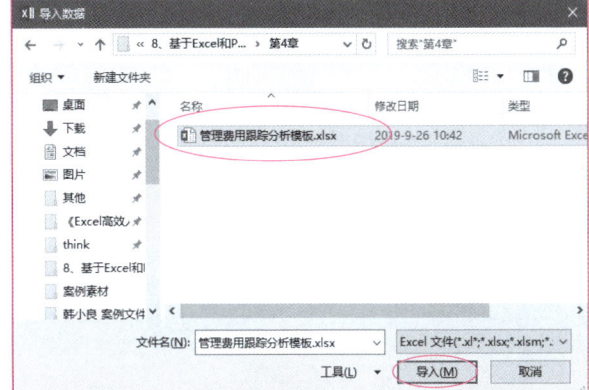

图4-2　"从工作簿"命令　　　　　　　　　图4-3　选择工作簿文件

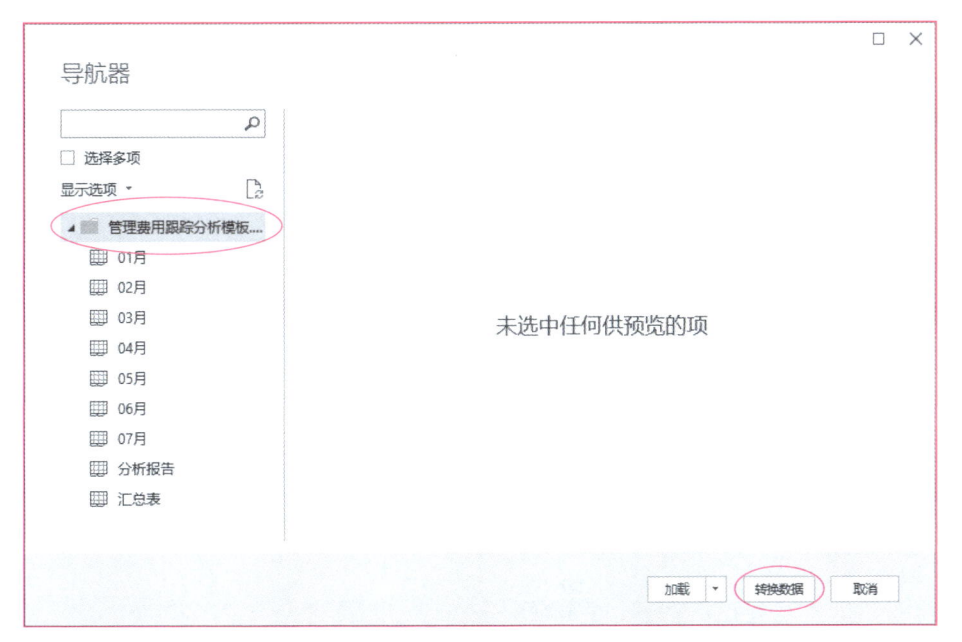

图4-4　"导航器"对话框，选择顶部的工作簿名称

单击"转换数据"按钮，打开"Power Query编辑器"窗口，如图4-5所示。

139

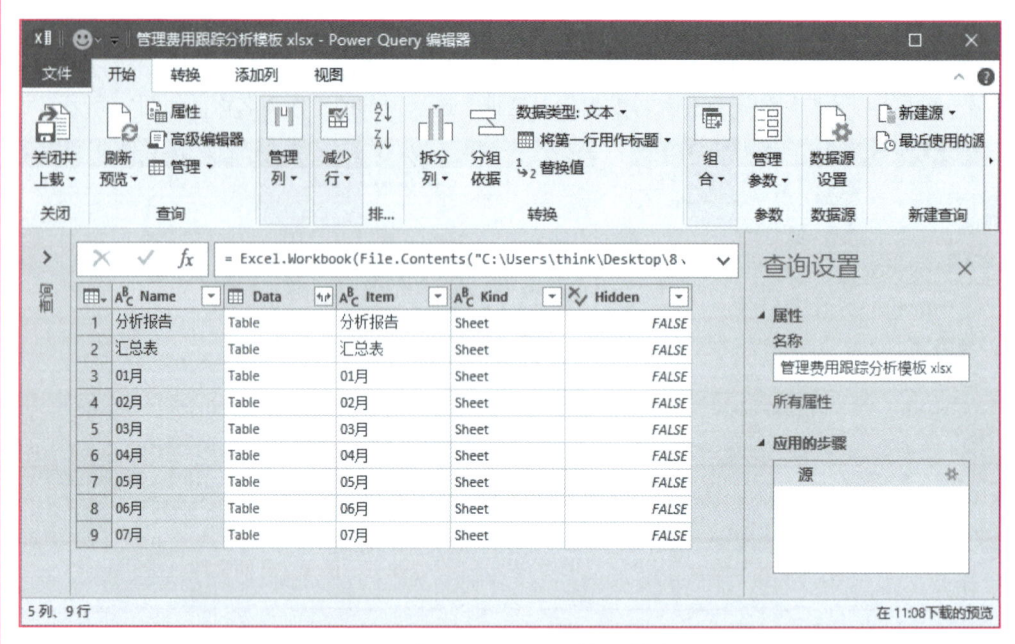

图4-5 "Power Query编辑器"窗口

从第一列"Name"中取消勾选"分析报告"和"汇总表"这两个复选框，如图4-6所示。

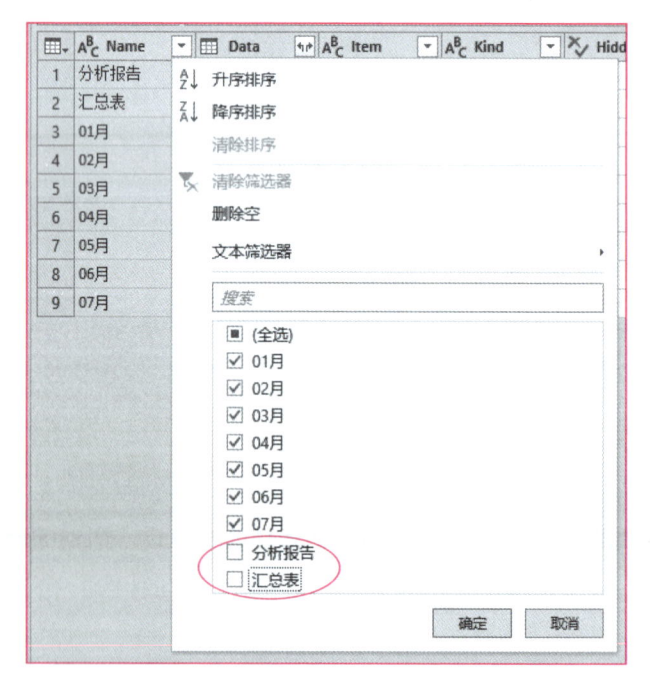

图4-6 取消勾选"分析报告"和"汇总表"复选框

单击"确定"按钮，得到只存在各个月表的数据，如图4-7所示。

140

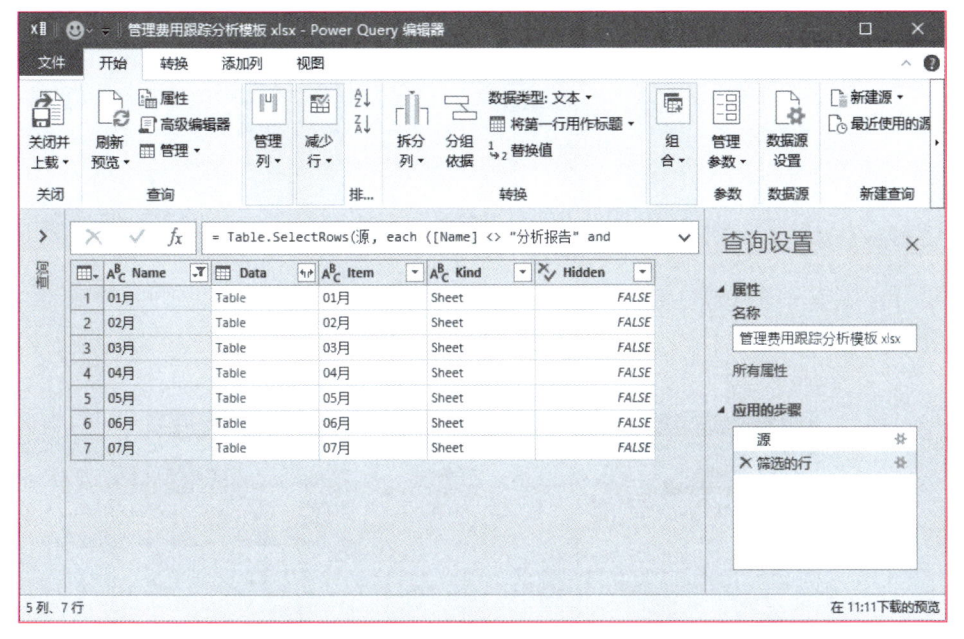

图4-7 留下需要汇总分析的各个月表

保留前两列，删除其他各列，如图4-8所示。

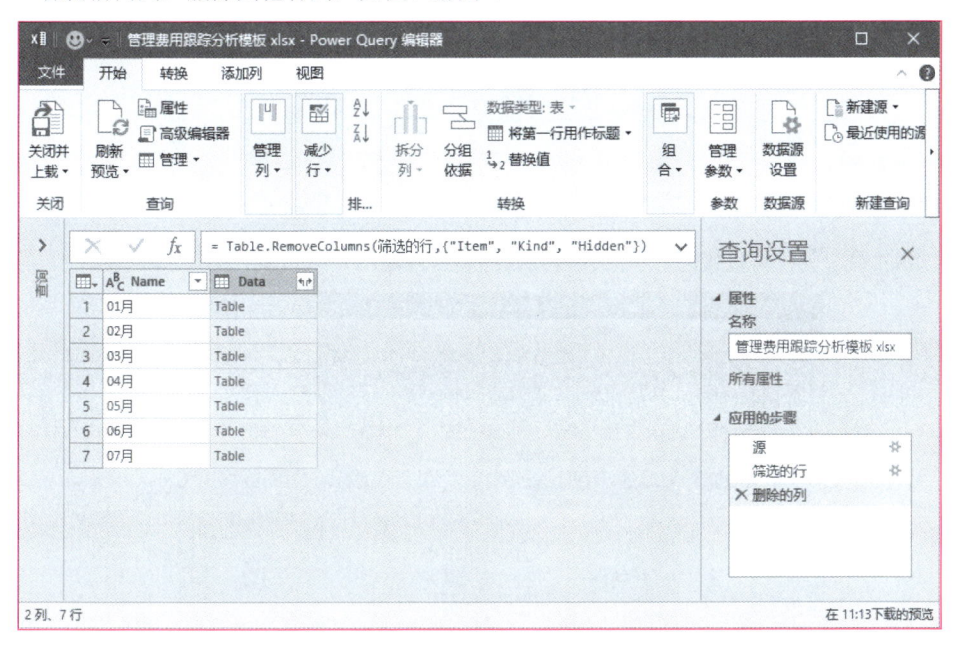

图4-8 删除不需要的列

单击"Data"标题右侧的展开按钮，打开筛选窗格，取消勾选"使用原始列名作为前缀"复选框，保留其他的默认选项，如图4-9所示。

单击"确定"按钮，就得到了图4-10所示的各月数据的汇总表。

141

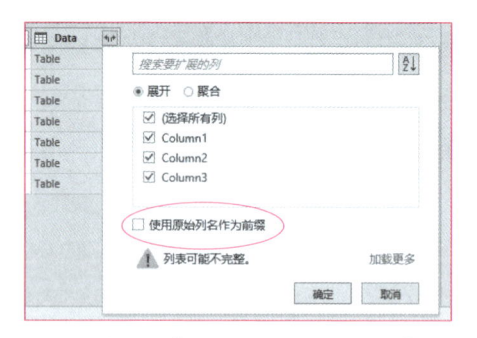

图4-9 取消勾选"使用原始列名作为前缀"复选框

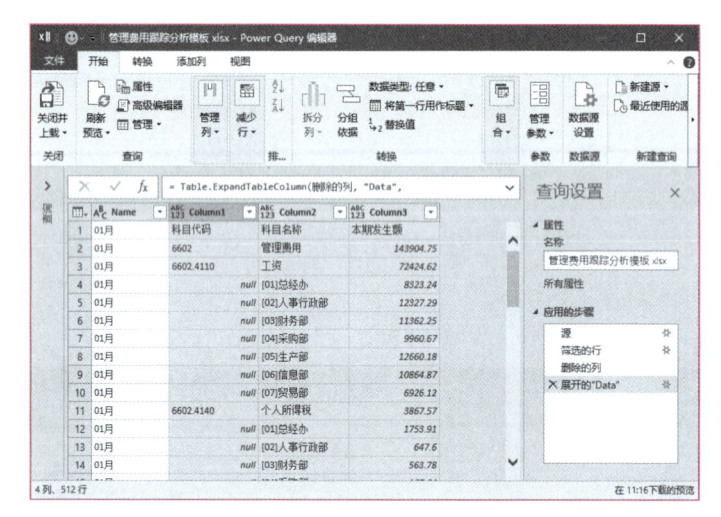

图4-10 各月数据的汇总表

删除第二列"科目代码"（此列对数据汇总分析没用），如图4-11所示。

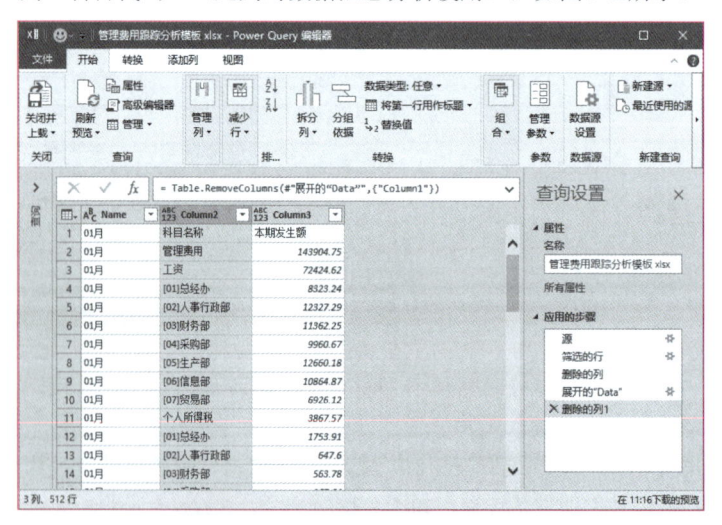

图4-11 删除"科目代码"列数据

选择第二列"Column2"（实际上就是原始数据的"科目名称"列），执行"添加列"→"提取"→"分隔符之前的文本"命令，如图4-12所示。

打开"分隔符之前的文本"对话框，输入"分隔符"为"["，准备提取费用项目名称，如图4-13所示。

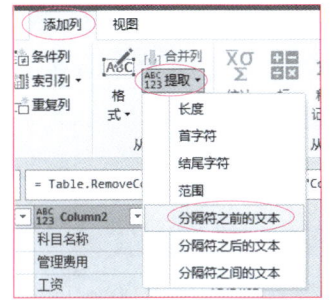

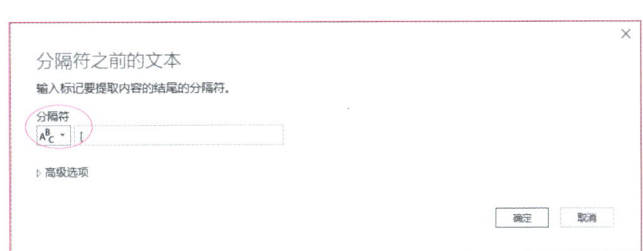

图4-12 "提取"→"分隔符之前的文本"命令

图4-13 输入分隔符为"["，准备提取费用项目名称

单击"确定"按钮，得到一个新列，保存提取出的费用项目名称，如图4-14所示。

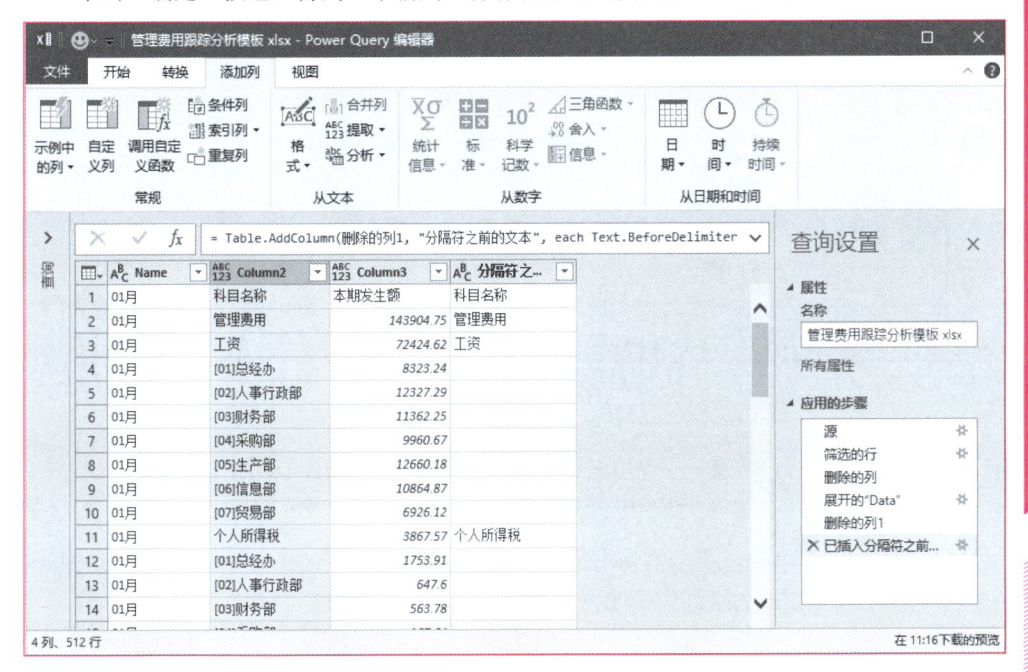

图4-14 添加的费用项目名称列

选择这个新添加的费用项目名称，执行"转换"→"替换值"命令，如图4-15所示。

打开"替换值"对话框，在"要查找的值"输入框中不输入任何内容，在"替换为"输入框中输入"null"，如图4-16所示。

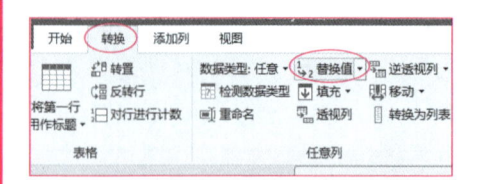

图4-15 "替换值"命令

图4-16 在"替换为"输入框中输入"null"

单击"确定"按钮,就将该列的所有空单元格填充了"null",如图4-17所示。

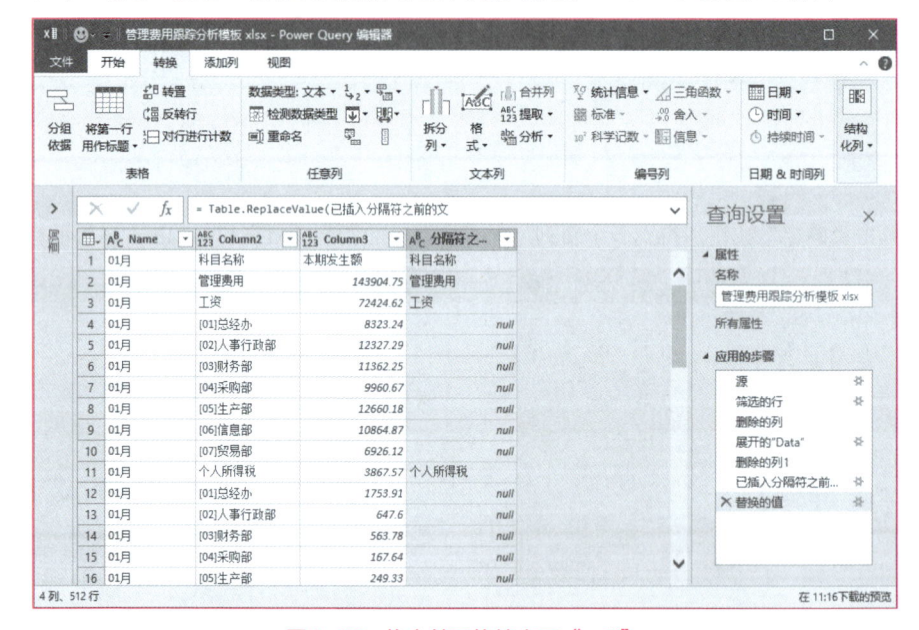

图4-17 将空单元格填充了"null"

选择这列,执行"转换"→"填充"→"向下"命令,如图4-18所示。

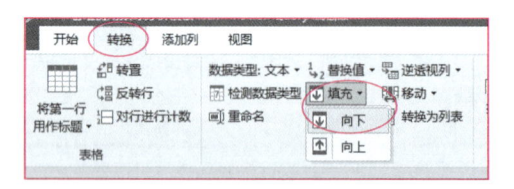

图4-18 "填充"→"向下"命令

这样该列的所有"null"单元格都填充了具体的费用项目名称,如图4-19所示。

选择第二列"Column2",执行"添加列"→"提取"→"分隔符之后的文本"命令,如图4-20所示。

打开"分隔符之后的文本"对话框,输入分隔符"]",准备提取部门名称,如图4-21所示。

144

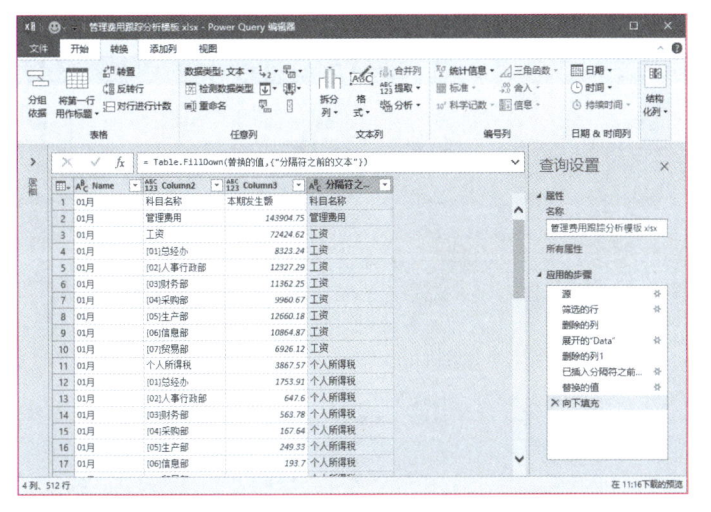

图4-19 将所有"null"单元格填充了具体的费用项目名称

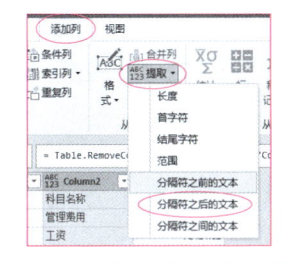

图4-20 "提取"→"分隔符之后的文本"命令

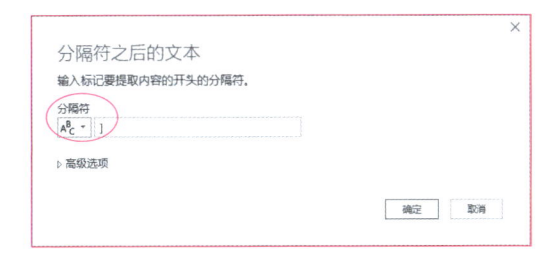

图4-21 输入分隔符"]",准备提取部门名称

单击"确定"按钮,得到一个新列,保存提取出的部门名称,如图4-22所示。
从最后一列中筛选掉"空白",如图4-23所示。

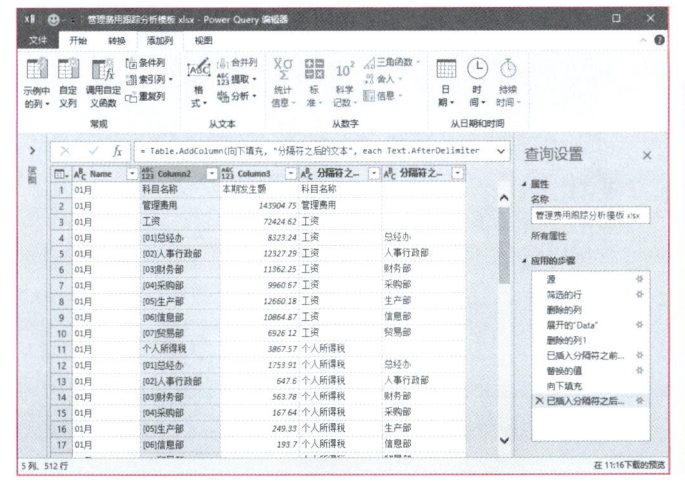

图4-22 添加的部门名称列

图4-23 准备筛选掉最后一列的空白行

第 4 章 财务数据分析建模

145

得到一个完整的数据表，如图4-24所示。

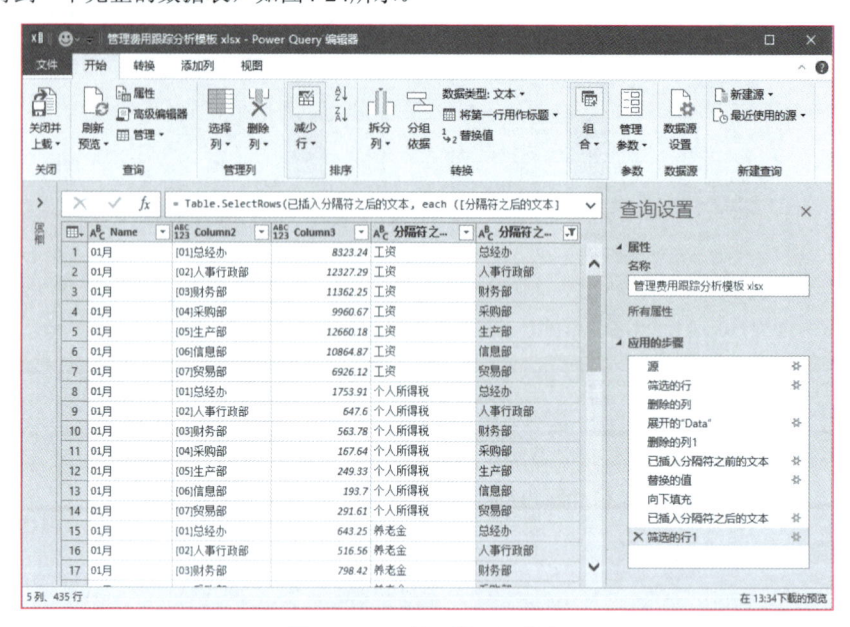

图4-24　月管理费用汇总表

将第二列"Column2"删除，并将其他各列默认的标题分别重命名为"月份""金额""项目"和"部门"，如图4-25所示。

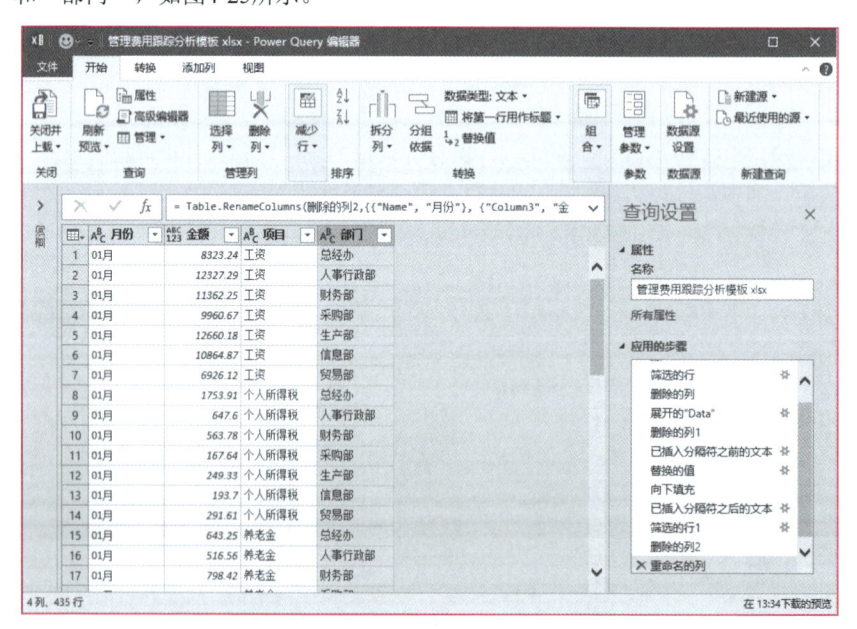

图4-25　修改默认标题名称

调整各列位置（其实也可以不用考虑这个次序），将金额的数据类型设置为"小数"，如图4-26所示。

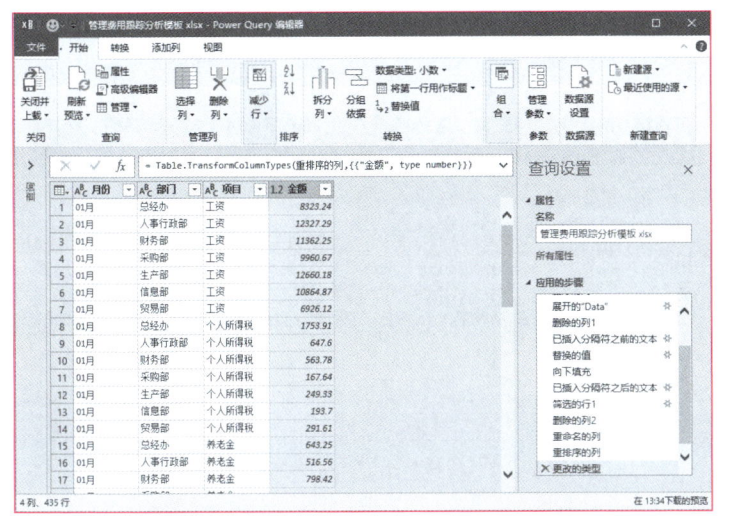

图4-26 调整列次序，设置金额数据类型

最后，执行"开始"→"关闭并上载至"命令，如图4-27所示。

打开"导入数据"对话框，选中"数据透视表"单选按钮和"现有工作表"单选按钮，指定工作表位置，如图4-28所示。

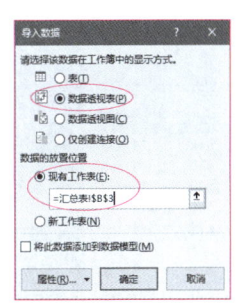

图4-27 "关闭并上载至"命令　　　　图4-28 设置数据返回形式和保存位置

单击"确定"按钮，就在工作表"汇总表"中创建了一个透视表，如图4-29所示。

图4-29 创建基于月工作表查询链接的数据透视表

对数据透视表进行布局并美化，得到图4-30所示的汇总报表。

图4-30　各月各个部门各个项目的汇总表

4.1.3　建立分析模板

在"分析报告"工作表中复制一份数据透视表，并重新布局，格式化透视表，然后插入一个数据透视图并将其美化，得到图4-31所示的报告。

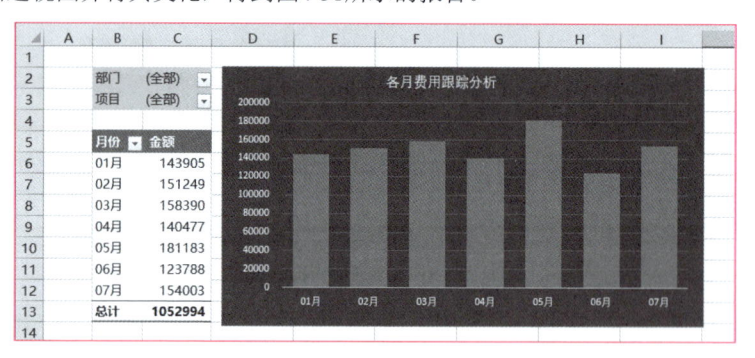

图4-31　各月费用跟踪分析报告

在单元格里筛选部门和项目非常不方便，因此可以使用切片器来筛选报表。

单击透视表内的任一单元格，然后执行"插入"→"切片器"命令，如图4-32所示，或者执行"分析"→"插入切片器"命令，如图4-33所示。

图4-32　"插入"选项卡的"切片器"命令

图4-33　"分析"选项卡的"插入切片器"命令

打开"插入切片器"对话框，勾选"部门"复选框和"项目"复选框，如图4-34所示。单击"确定"按钮，就得到了两个切片器，如图4-35所示。

148

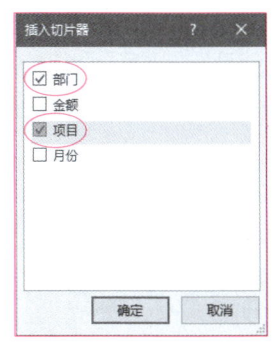

图4-34 "插入切片器"对话框

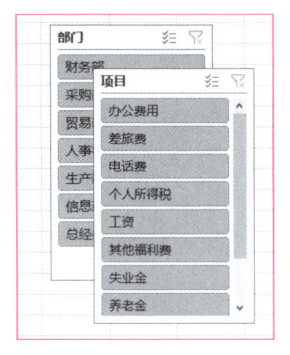

图4-35 插入的两个切片器

调整透视表和透视图位置，然后调整切片器位置，将切片器的列设置为合适的列数，就得到图4-36所示的分析报告。

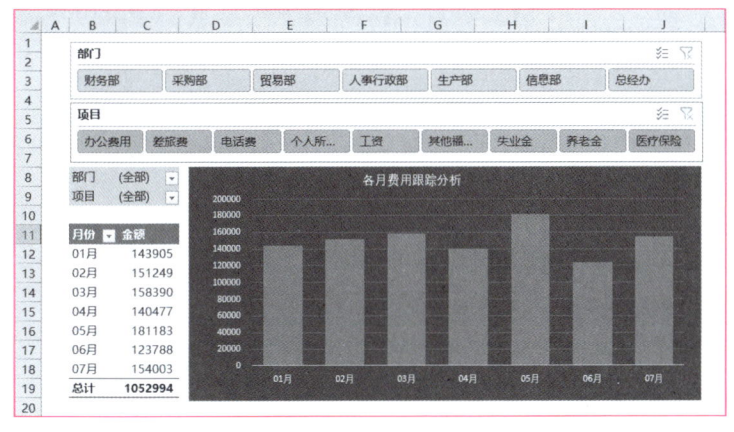

图4-36 使用切片器控制报表和图表

单击切片器的某个部门和项目，就可得到该部门该项目的各个月费用数据报表和图表，如图4-37所示。

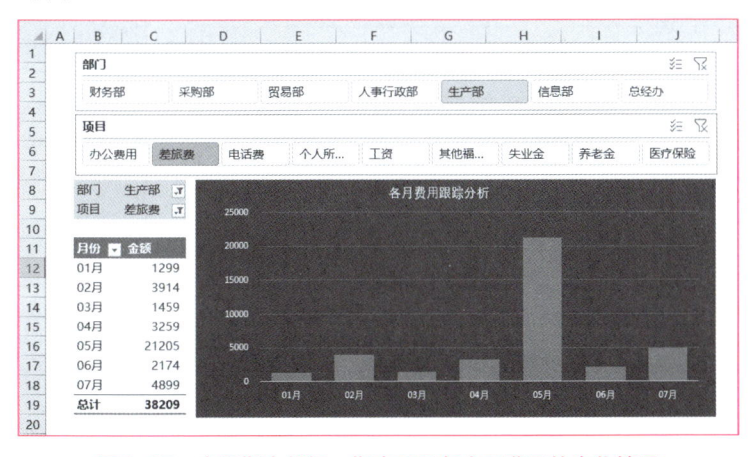

图4-37 查看指定部门、指定项目各个月费用的变化情况

149

在工作表合适的位置复制一份透视表，重新布局，插入透视图，用于分析指定月份、指定项目的各个部门费用的对比，并插入两个切片器，分别选择月份和项目，如图4-38所示。

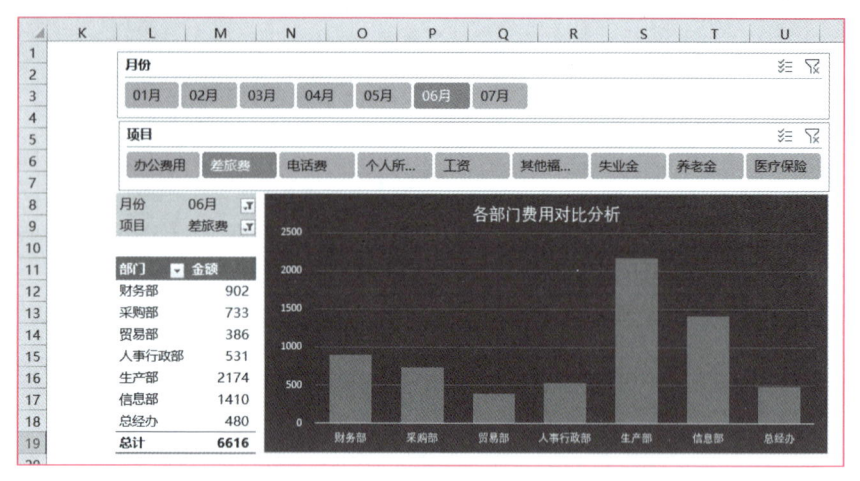

图4-38 分析指定月份、指定项目的各个部门费用对比

但是，因为透视表是复制的，这4个切片器同时控制这两个透视表，所以需要把切片器的报表连接进行重新设置。

例如，对第一个报告的两个切片器，其报表连接设置为图4-39所示的情形；对第二个报告的两个切片器，其报表连接设置为图4-40所示的情形。

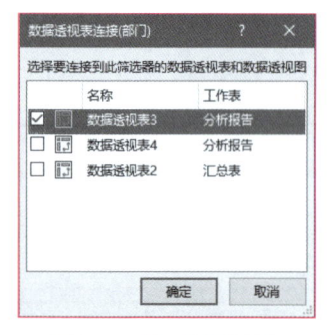

图4-39 第一个报告两个切片器的报表连接

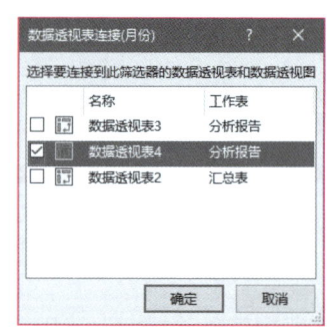

图4-40 第二个报告两个切片器的报表连接

设置切片器的报表连接，可右击切片器，执行"报表连接"命令，如图4-41所示，就打开了"数据透视表连接"对话框，然后勾选要连接的数据透视表即可。

4.1.4 报表一键刷新

当工作簿中新增加了月份数据后，如图4-42所示，现在增加了8月份和9月份数据，那么只要对准任意一个透视表或者切片器，执行"刷新"命令，如图4-43所示，就可将所有报表刷新，新的数据自动添加到报表，分别如图4-44～图4-46所示。

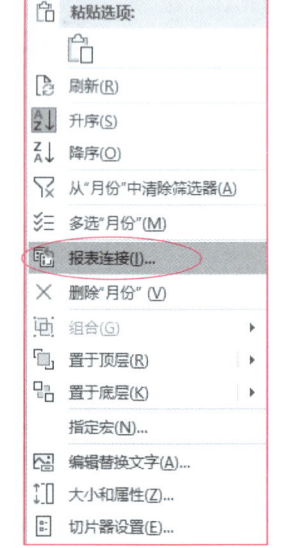

图4-41 "报表连接"命令

图4-42　增加了两个月份数据表"08月"和"09月"

图4-43　快捷菜单的"刷新"命令

图4-44　汇总表自动刷新

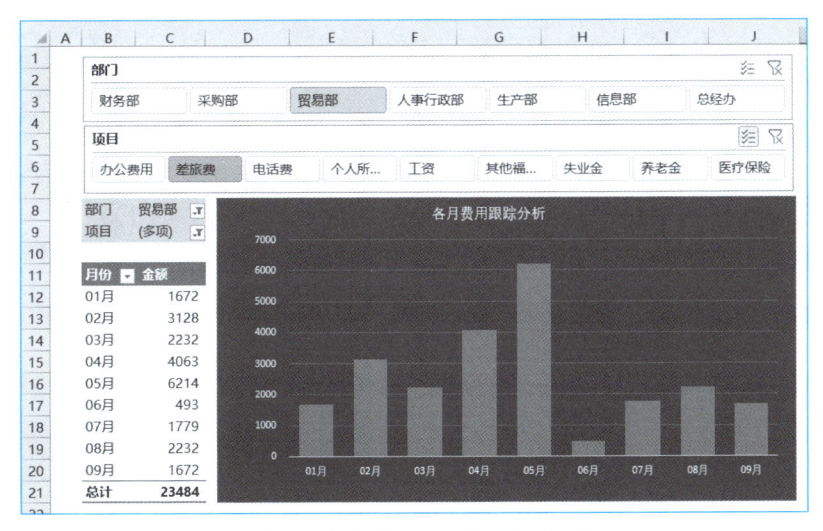

图4-45　刷新各个月份数据，月份自动增加

151

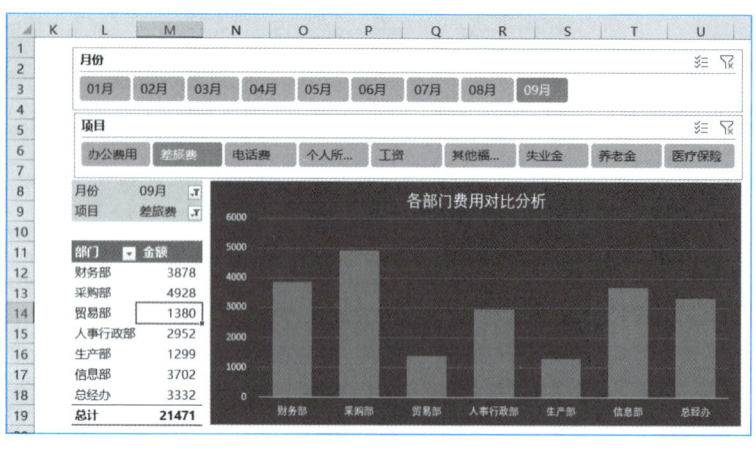

图4-46 月份自动增加，可以查看最新数据

4.2 产品成本跟踪分析模板

成本分析比较复杂，而产品成本数据也多是从系统导出，如何基于系统导出的数据，建立一个自动化产品成本跟踪分析模板？本节，我们介绍一个简单的实际应用案例。

4.2.1 示例数据

图4-47是从K3导出的各月的产品成本数据表，现在要求建立一个自动化的成本跟踪分析模板，能够查看指定产品、指定成本项目各个月的变化。

图4-47 系统导出的各月的产品成本数据

4.2.2 整理加工，建立数据模型

这个例子跟前面介绍的管理费用分析模板差不多，首先要建立一个各个月份数据的动态汇总模型，然后再利用数据透视表分析数据。

首先在当前工作簿插入一个工作表，命名为"汇总分析"。

执行"数据"→"获取数据"→"来自文件"→"从工作簿"命令，打开"导入数据"对话框，从文件夹里选择工作簿文件，如图4-48所示。

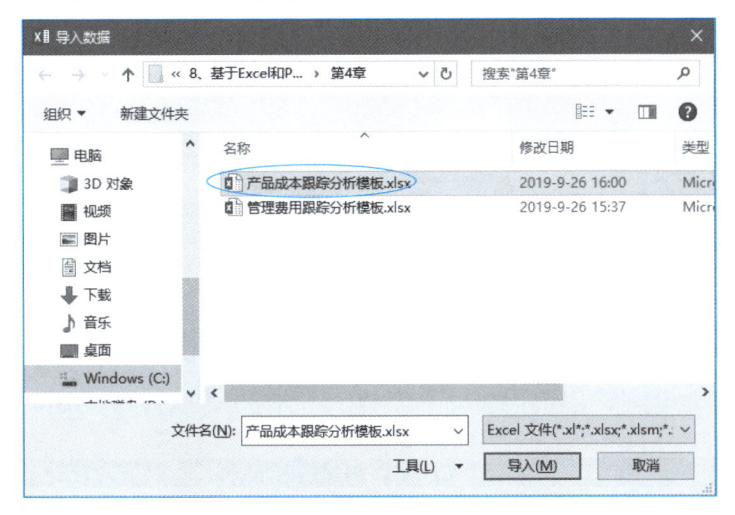

图4-48 选择工作簿

单击"导入"按钮，打开"导航器"对话框，选择顶部的工作簿名称，如图4-49所示。

图4-49 "导航器"对话框，选择顶部的工作簿名称

单击"转换数据"按钮，打开"Power Query编辑器"窗口，如图4-50所示。

从第一列"Name"中筛选掉"汇总分析"行，得到只存在各个月表的数据，如图4-51所示。

保留前两列，删除其他各列，如图4-52所示。

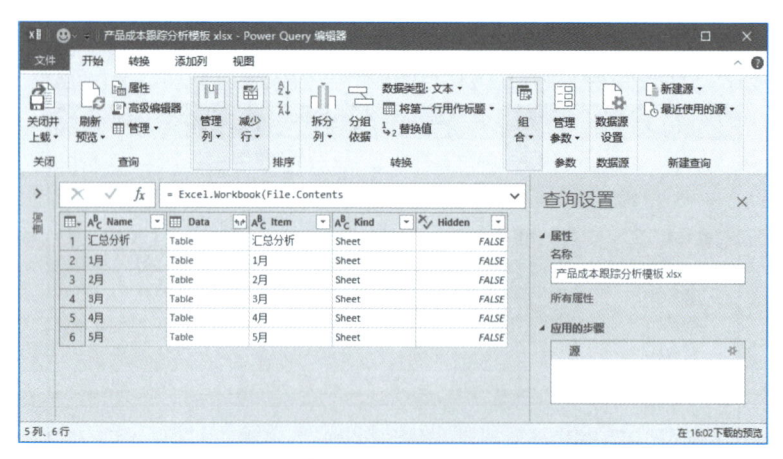

图4-50 "Power Query编辑器"窗口

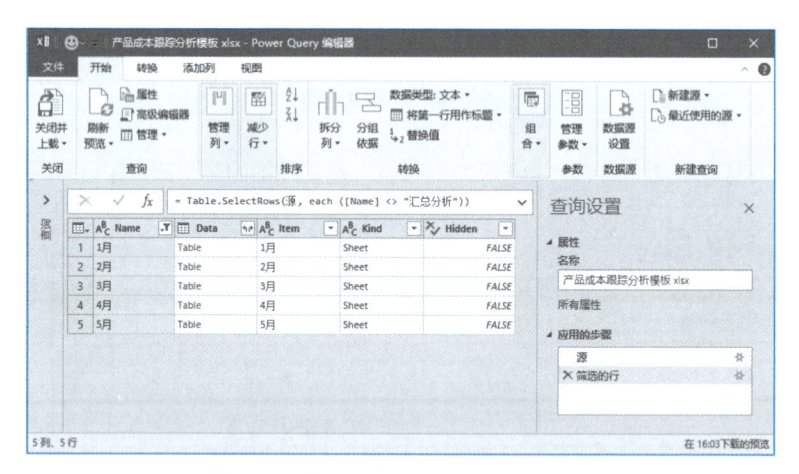

图4-51 留下需要汇总分析的各个月表

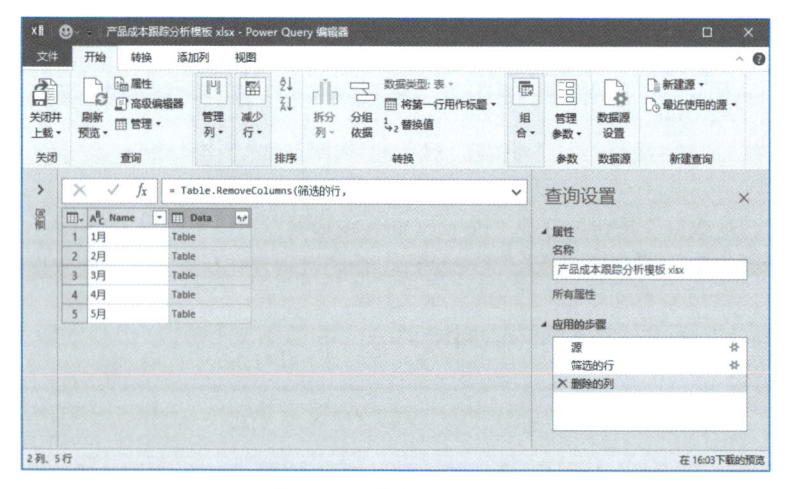

图4-52 删除不需要的列

154

单击"Data"标题右侧的展开按钮，打开筛选窗格，取消勾选"使用原始列名作为前缀"复选框，保留其他的默认选择，如图4-53所示。

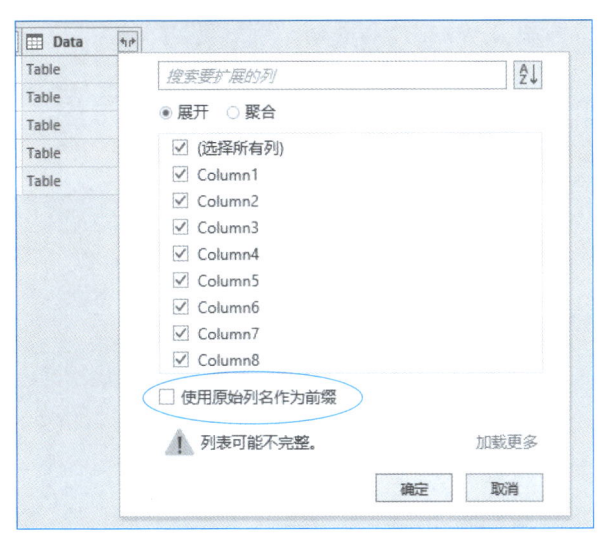

图4-53 取消勾选"使用原始列名作为前缀"复选框

单击"确定"按钮，就得到了图4-54所示的各月数据的汇总表。

仅保留"月份""成本对象名称""成本项目名称""实际成本""单位实际成本"这几列，其他的列全部删除，如图4-55所示。

选择第二列"Column2"（原始数据的"成本对象名称"列），执行"转换"→"填充"→"向下"命令，将所有"null"填充为产品名称，如图4-56所示。

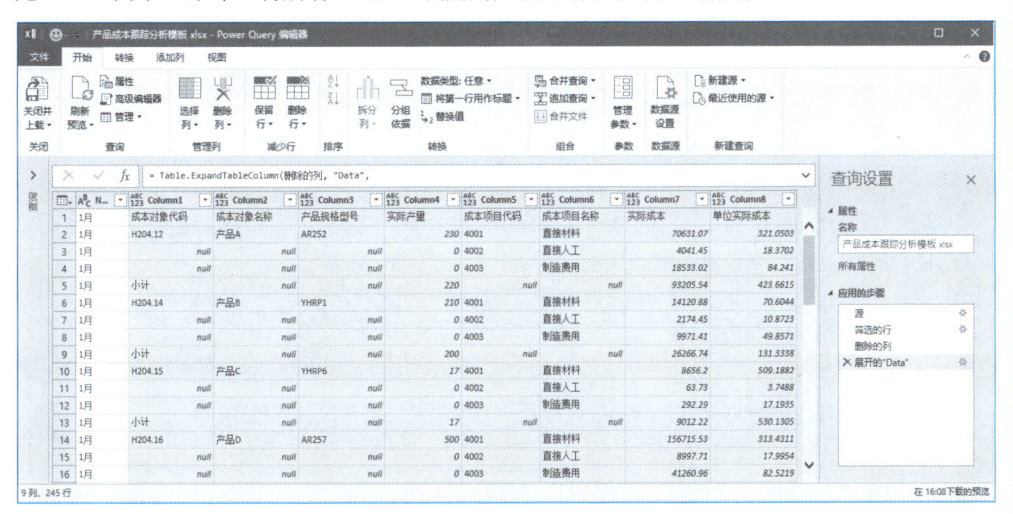

图4-54 各月数据的汇总表

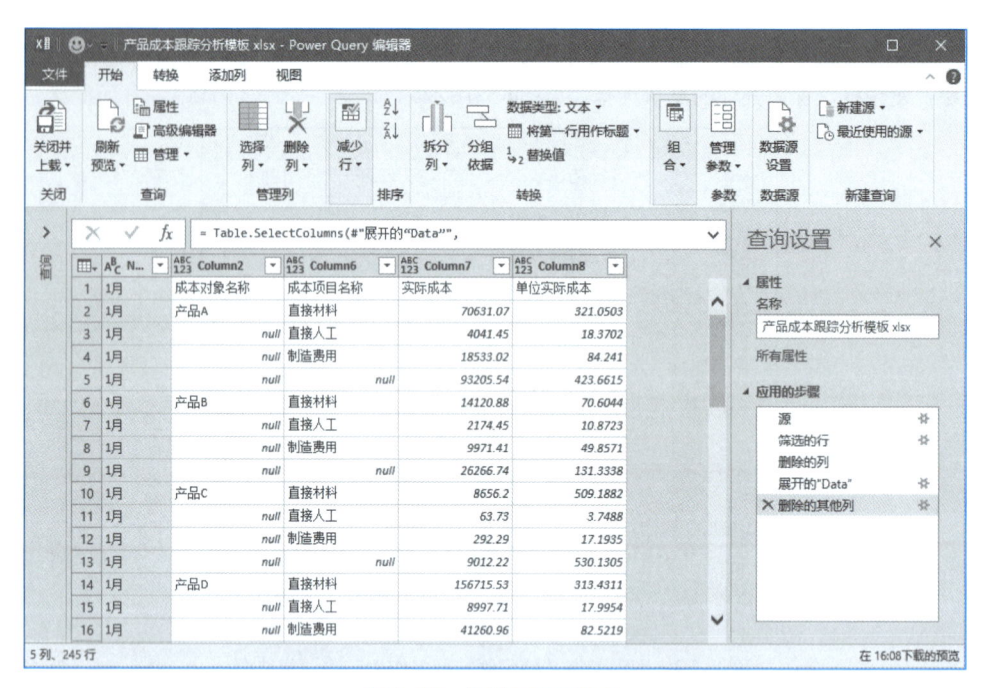

图4-55 删除不需要的列

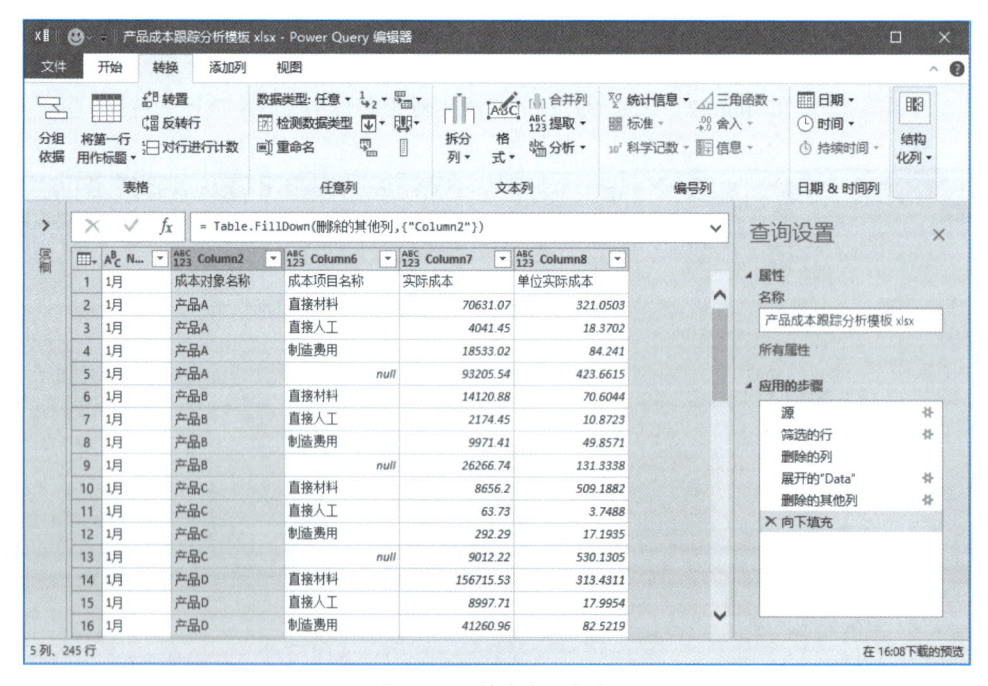

图4-56 填充产品名称

选择第三列"Column6"（原始数据的"成本项目名称"列），执行"转换"→"替换值"命令，将所有"null"替换为"成本合计"，如图4-57所示。

156

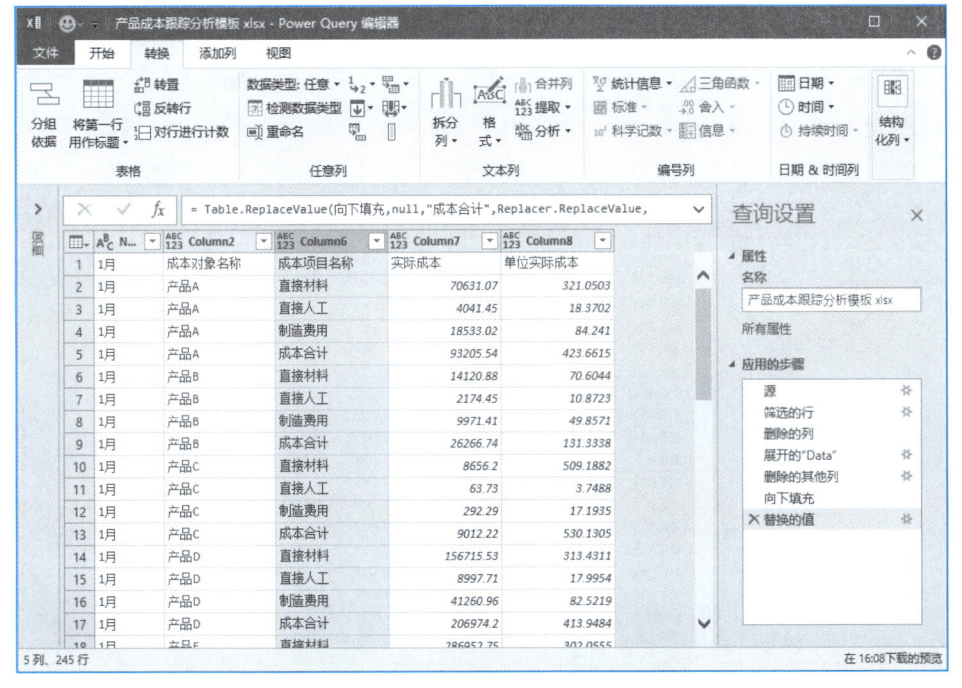

图4-57 将"null"替换为"成本合计"

从某列中筛选删除每个原始月表的标题，如图4-58所示。

图4-58 准备筛选掉每个原始表中的标题

得到了图4-59所示的数据表。

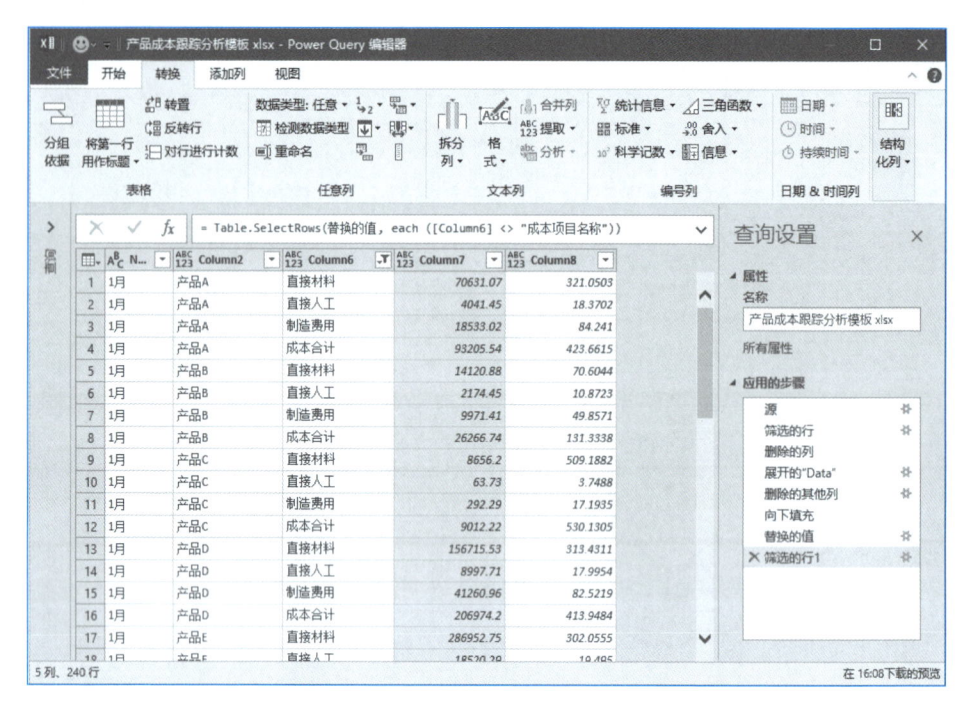

图4-59 各月的产品成本汇总表

将各列默认的标题分别重命名为"月份""产品""成本项目""实际成本"和"单位实际成本",然后将两列金额数据类型设置为"小数",如图4-60所示。

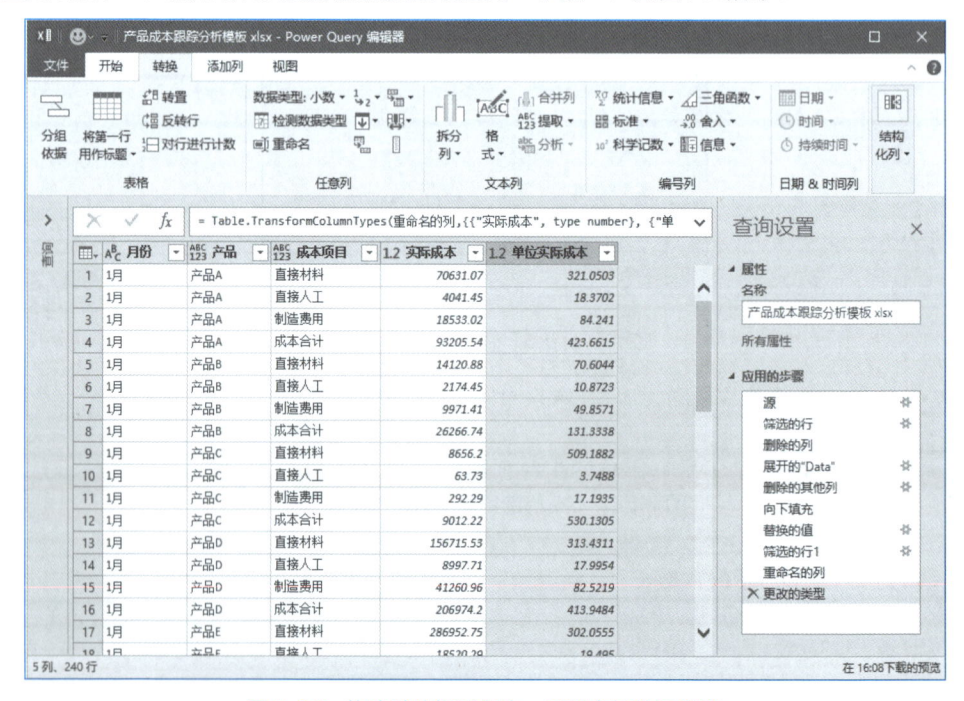

图4-60 修改默认标题名称,设置金额数据类型

最后，执行"开始"→"关闭并上载至"命令，打开"导入数据"对话框，选中"数据透视表"单选按钮和"现有工作表"单选按钮，指定工作表位置，如图4-61所示。

单击"确定"按钮，就在"汇总分析"工作表中创建了一个透视表，如图4-62所示。

对数据透视表进行布局并美化，得到图4-63所示的汇总报表。

也可以复制一份这个透视表，分别来汇总各个产品、各个月的实际成本和单位成本，如图4-64和图4-65所示。

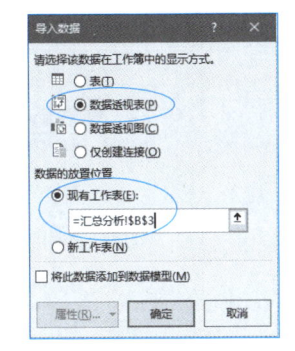

图4-61　设置数据返回形式和保存位置

图4-62　创建基于几个月成本工作表查询链接的数据透视表

图4-63　各个产品、各个月的成本汇总表

159

	A	B	C	D	E	F	G	H
1								
2								
3		实际成本		月份				
4		产品	成本项目	1月	2月	3月	4月	5月
5		⊟产品A	直接材料	70631.07	70631.07	70631.07	60631.07	70631.07
6			直接人工	4041.45	5644	6644	6644	5644
7			制造费用	18533.02	19533.02	18533.02	19533.02	19533.02
8			成本合计	93205.54	95808.09	95808.09	86808.09	95808.09
9		⊟产品B	直接材料	14120.88	14120.88	12120.88	15120.88	14120.88
10			直接人工	2174.45	2974.45	2174.45	3174.45	2974.45
11			制造费用	9971.41	10971.41	9971.41	8971.41	10971.41
12			成本合计	26266.74	28066.74	24266.74	27266.74	28066.74
13		⊟产品C	直接材料	8656.2	9656.2	8656.2	6656.2	9656.2
14			直接人工	63.73	63.73	63.73	63.73	63.73
15			制造费用	292.29	392.29	292.29	292.29	392.29
16			成本合计	9012.22	10112.22	9012.22	7012.22	10112.22
17		⊟产品D	直接材料	156715.53	176715.53	156715.53	166715.53	176715.53
18			直接人工	8997.71	8997.71	8997.71	9997.71	8997.71
19			制造费用	41260.96	39260.96	41260.96	40260.96	39260.96
20			成本合计	206974.2	224974.2	206974.2	216974.2	224974.2
21		⊟产品E	直接材料	286952.75	316952.75	286952.75	276952.75	316952.75
22			直接人工	18520.29	17520.29	18520.29	17520.29	17520.29

汇总分析 1月 2月 3月 4月 5月

图4-64　各个产品、各个月的实际成本汇总表

	A	B	C	D	E	F	G	H
57								
58		单位成本		月份				
59		产品	成本项目	1月	2月	3月	4月	5月
60		⊟产品A	直接材料	321.0503	307.0916087	207.7384412	183.7305152	307.0916087
61			直接人工	18.3702	24.53913043	19.54117647	20.13333333	24.53913043
62			制造费用	84.241	84.92617391	54.50888235	59.1909697	84.92617391
63			成本合计	423.6615	416.556913	281.7885	263.0548182	416.556913
64		⊟产品B	直接材料	70.6044	64.18581818	101.0073333	94.5055	64.18581818
65			直接人工	10.8723	13.52022727	18.12041667	19.8403125	13.52022727
66			制造费用	49.8571	49.87004545	83.09508333	56.0713125	49.87004545
67			成本合计	131.3338	127.5760909	202.2228333	170.417125	127.5760909
68		⊟产品C	直接材料	509.1882	419.8347826	298.4896552	229.5241379	419.8347826
69			直接人工	3.7488	2.770869565	2.197586207	2.197586207	2.770869565
70			制造费用	17.1935	17.05608696	10.07896552	10.07896552	17.05608696
71			成本合计	530.1305	439.6617391	310.7662069	241.8006897	439.6617391
72		⊟产品D	直接材料	313.4311	339.8375577	279.8491607	297.7063036	339.8375577
73			直接人工	17.9954	17.30328846	16.06733929	17.85305357	17.30328846
74			制造费用	82.5219	75.50184615	73.68028571	71.89457143	75.50184615
75			成本合计	413.9484	432.6426923	369.5967857	387.4539286	432.6426923
76		⊟产品E	直接材料	302.0555	344.5138587	345.7262048	333.678012	344.5138587
77			直接人工	19.495	19.04379348	22.31360241	21.10878313	19.04379348
78			制造费用	89.3988	96.66183696	102.3239639	99.9143253	96.66183696

汇总分析 1月 2月 3月 4月 5月

图4-65　各个产品、各个月的单位成本汇总表

4.2.3 建立分析模板

下面我们仅分析各个产品在各个月单位成本的变化情况，建立一个能够分析任意产品在某个月的成本结构，以及该产品在各个月的单位成本变化的模型。

将透视表进行重新布局，插入切片器用于选择产品和月份，绘制饼图，得到可以查看指定月份、指定产品的成本结构分析报告，如图4-66所示。

对于成本的月度跟踪，可以复制一份数据透视表，重新布局，然后插入两个切片器，用于选择产品和成本项目，插入一个数据透视图，布局报告，就得到图4-67所示的分析指定产品、指定成本项目的各月变化情况。

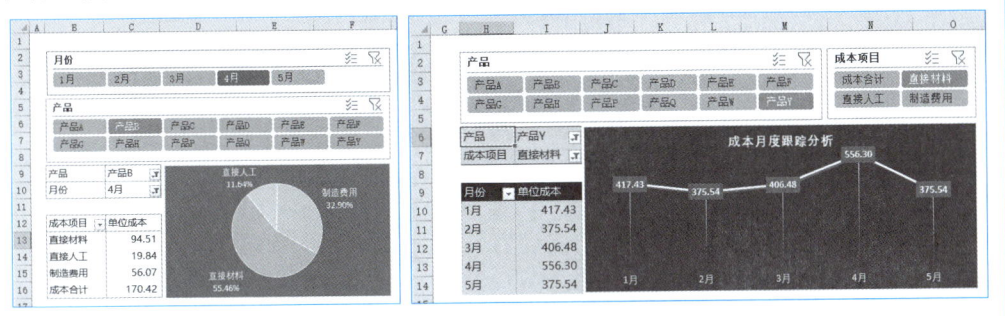

图4-66　分析指定产品在指定月份的成本结构

图4-67　分析指定产品、指定成本项目的各月变化情况

4.2.4　模型刷新

这是一个自动化汇总与分析模型，增加了月份成本数据表后，只要刷新任一数据透视表或切片器，即可得到最新的分析报告。图4-68是增加了6月和7月成本数据表的情况，图4-69是刷新的分析报告。

图4-68　增加了6月和7月成本数据表的情况

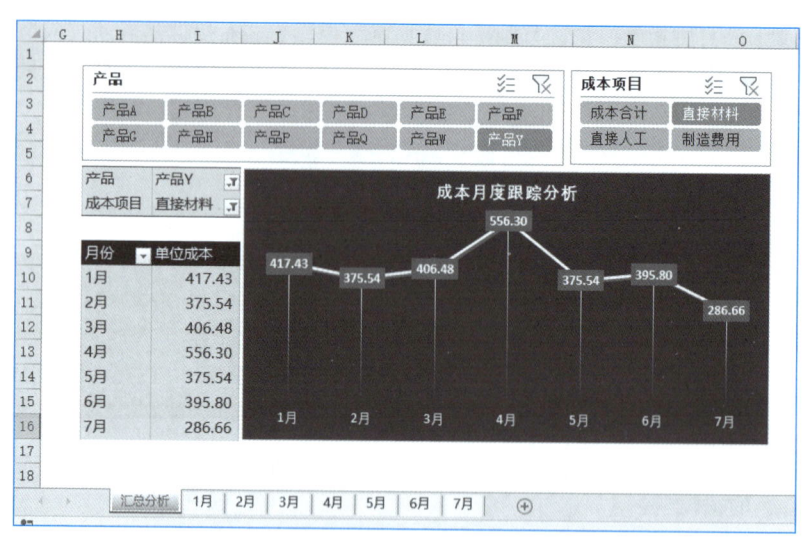

图4-69 增加了6月和7月成本数据表后的最新分析报告

4.3 店铺经营分析模板

店铺分析是比较烦琐的，因为每个店铺的经营数据会有很多工作表数据，需要先解决这些店铺数据的快速汇总问题，然后进行数据分析。

4.3.1 示例数据

图4-70是保存各月店铺月报数据的工作簿文件（目前只有5个月的数据），每个工作簿保存有数十家店铺的当月经营数据，如图4-71所示。

现在要求建立一个自动化汇总分析模型，能够从各个方面来分析店铺的经营情况。

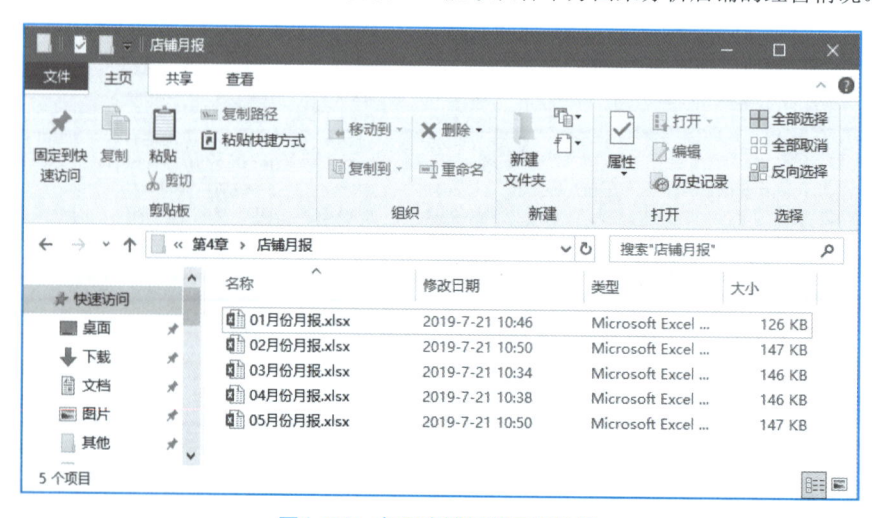

图4-70 各月店铺经营月报数据

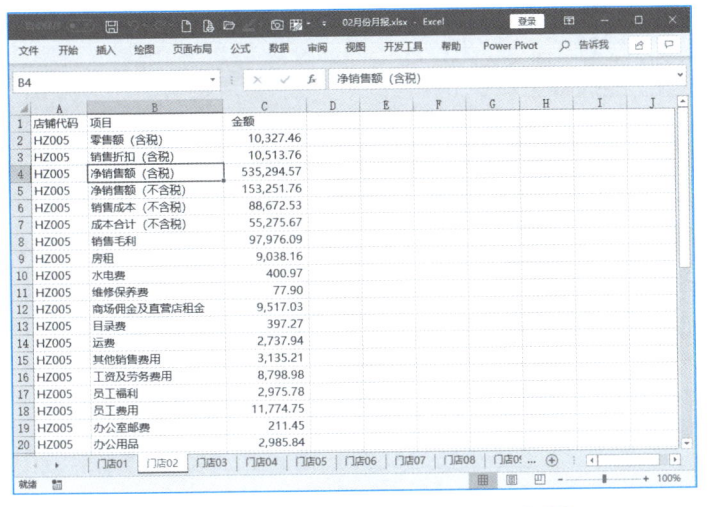

图4-71 每个月工作簿中各个店铺的经营数据

4.3.2 建立自动化汇总模型

因为文件夹内会不断增加后续月份工作簿文件，所以使用Power Query汇总。为简化数据汇总，每月店铺数据工作簿保存在文件夹"店铺月报"中，此文件夹仅仅保存每月店铺数据工作簿，没有其他文件。

新建一个工作簿，另存为"店铺经营分析.xlsx"。

执行"数据"→"获取数据"→"来自文件"→"从文件夹"命令，如图4-72所示。

打开"文件夹"对话框，如图4-73所示。

图4-72 "来自文件"→"从文件夹"命令　　　图4-73 "文件夹"对话框

单击"浏览"按钮，打开"浏览文件夹"对话框，选择要汇总数据的文件夹，如图4-74所示。

选择文件夹，单击"确定"按钮，返回到"文件夹"对话框，如图4-75所示。

163

图4-74　浏览文件夹

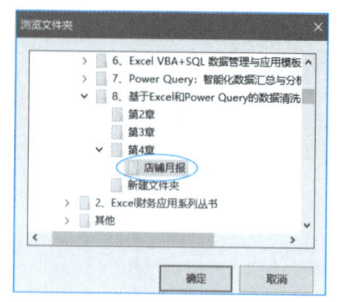

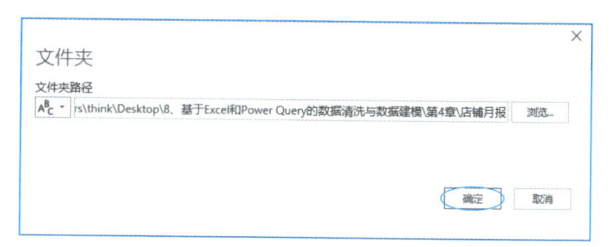

图4-75　选择了要汇总的文件夹

单击"确定"按钮，打开一个文件预览对话框，列示出要汇总的工作簿及其相关信息，如图4-76所示。

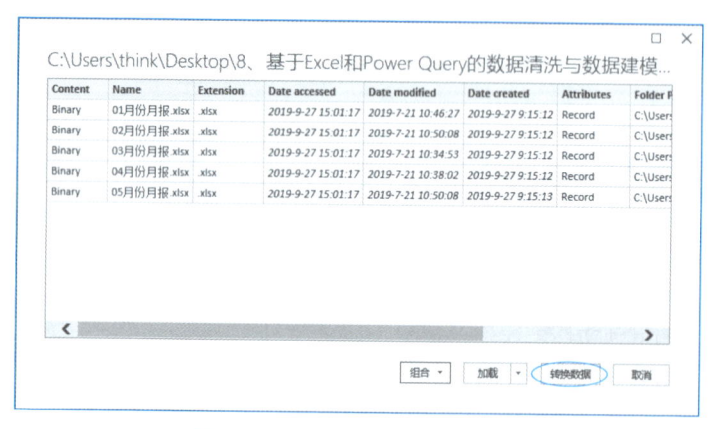

图4-76　列示出要汇总的工作簿

单击"转换数据"按钮，打开"Power Query编辑器"窗口，如图4-77所示。

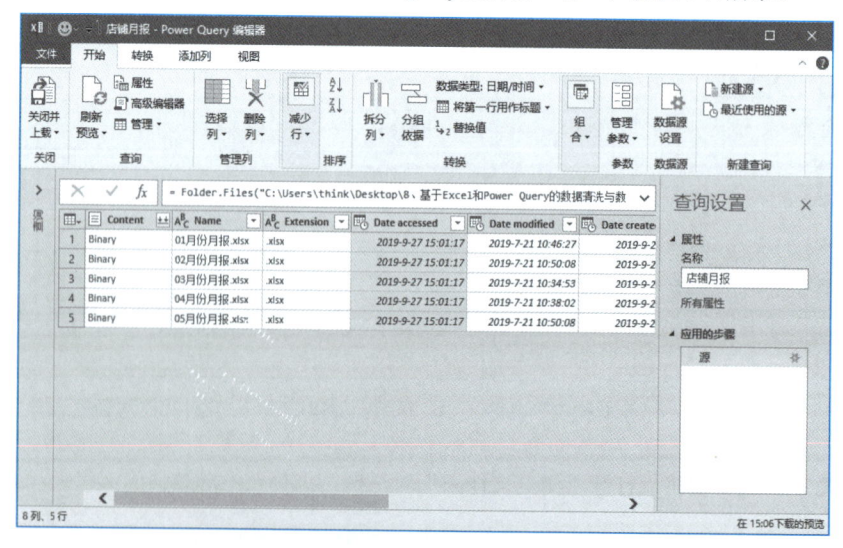

图4-77　列示要汇总的工作簿及其有关属性

保留前两列"Content"和"Name",删除其他的所有列,如图4-78所示。
执行"添加列"→"自定义列"命令,如图4-79所示。

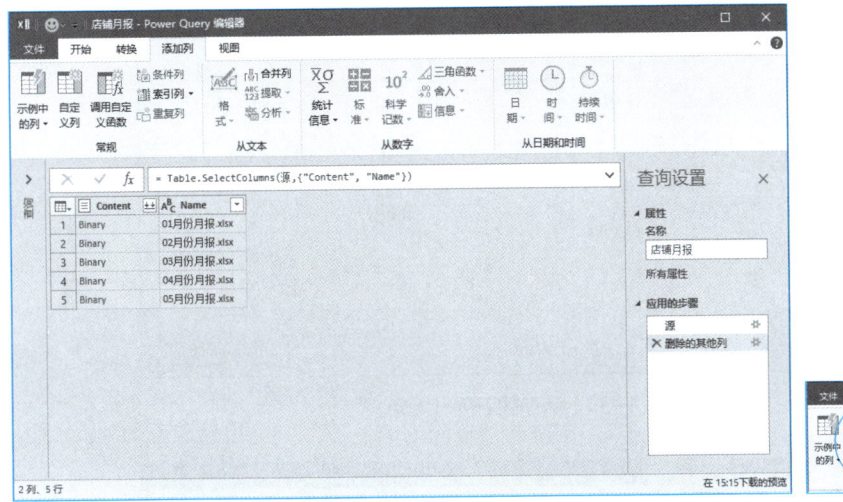

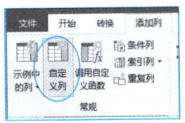

图4-78 保留前两列"Content"和"Name",删除其他的所有列

图4-79 "自定义列"命令

打开"自定义列"对话框,保持默认的列名不变,输入下面的自定义列公式,如图4-80所示。注意M函数的字母大小写,单词的第一个字母是大写。

```
= Excel.Workbook([Content])
```

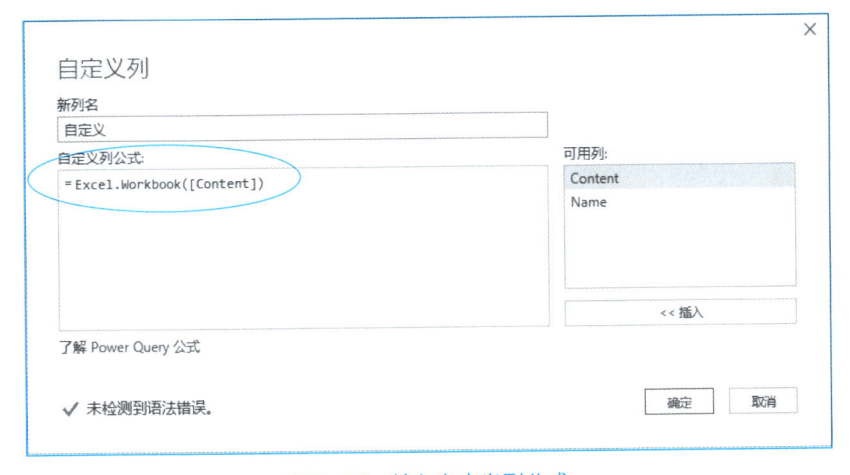

图4-80 输入自定义列公式

单击"确定"按钮,就可得到一个新列"自定义",如图4-81所示。
删除左边的"Content"列,保留"Name"列和"自定义"列,如图4-82所示。

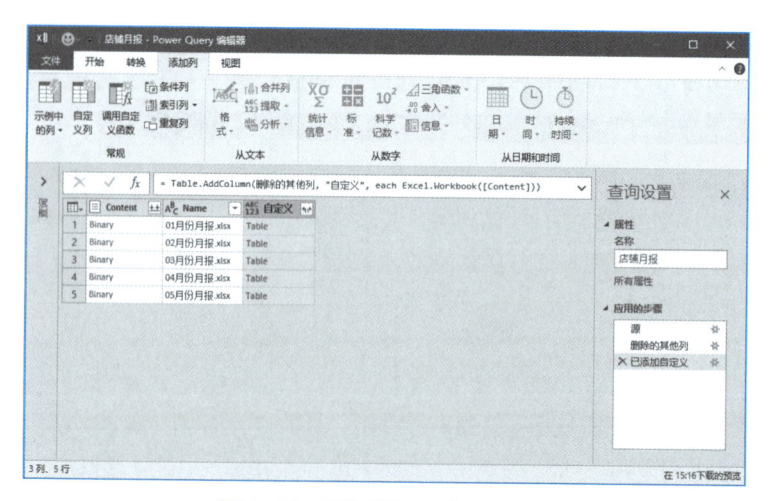

图4-81 添加的新列"自定义"

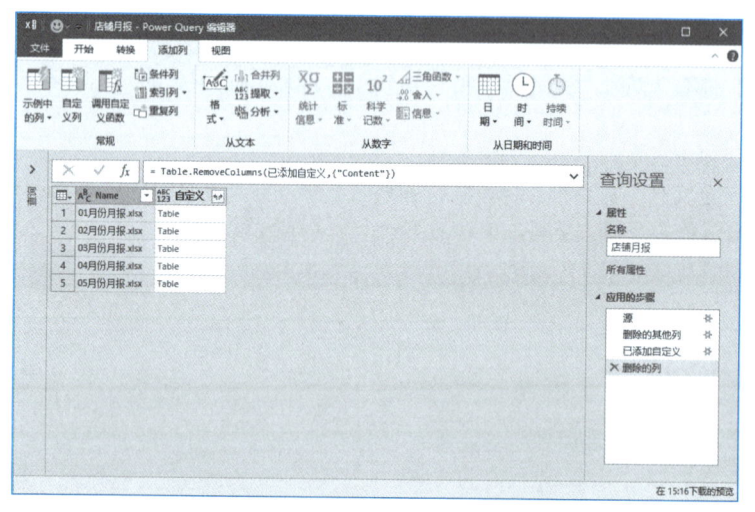

图4-82 删除"Content"列，保留"Name"和"自定义"列

单击"自定义"列标题右侧的展开按钮，展开筛选窗格，勾选"Name"复选框和"Data"复选框，取消所有其他的选择，如图4-83所示。"Name"表示工作簿内每个工作表的名称，也就是店铺名称；"Data"是每个工作表的数据。

单击"确定"按钮，得到展开的每个工作簿下的工作表，如图4-84所示。

再单击"Data"列标题右侧的展开按钮，展开筛选窗格，选择所有列，取消勾选"使用原始列名作为前缀"复选框，如图4-85所示。这里的每个Column就是每个工作表的数据列。

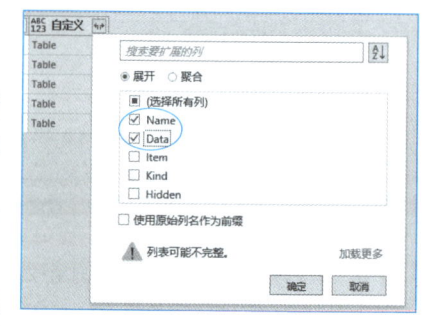

图4-83 勾选"Name"复选框和"Data"复选框

166

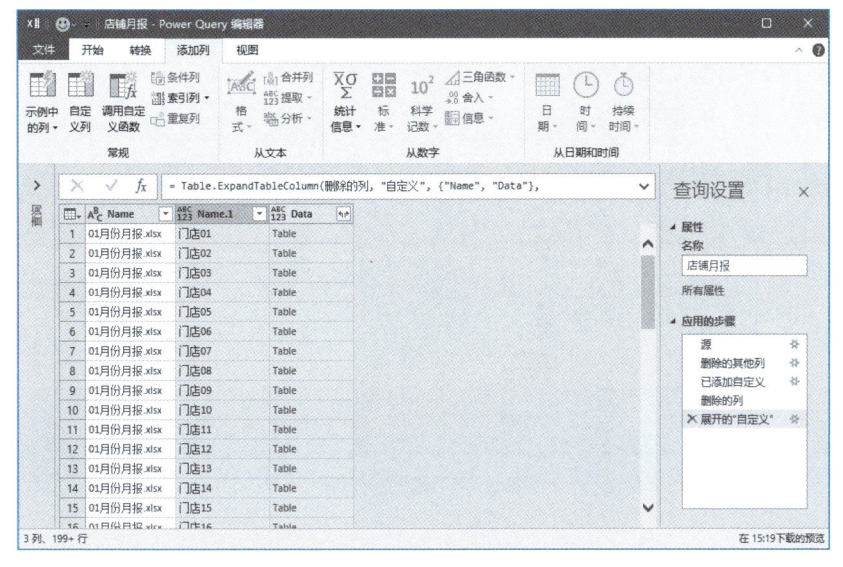

图4-84 展开的每个工作簿下的工作表

单击"确定"按钮，就得到了每个工作簿中每个工作表的数据，如图4-86所示。

删除第三列店铺代码，然后将其他列名分别修改为"月份""店铺""项目"和"金额"，如图4-87所示。

从某列中筛选掉每个工作表的原始标题名称。例如，图4-88是从金额列中取消选择原始工作表的标题。

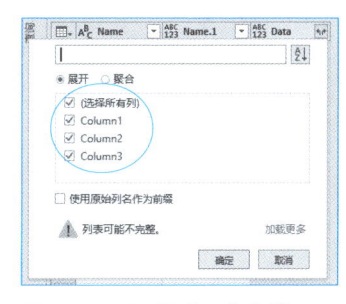

图4-85 展开每个工作表的Data

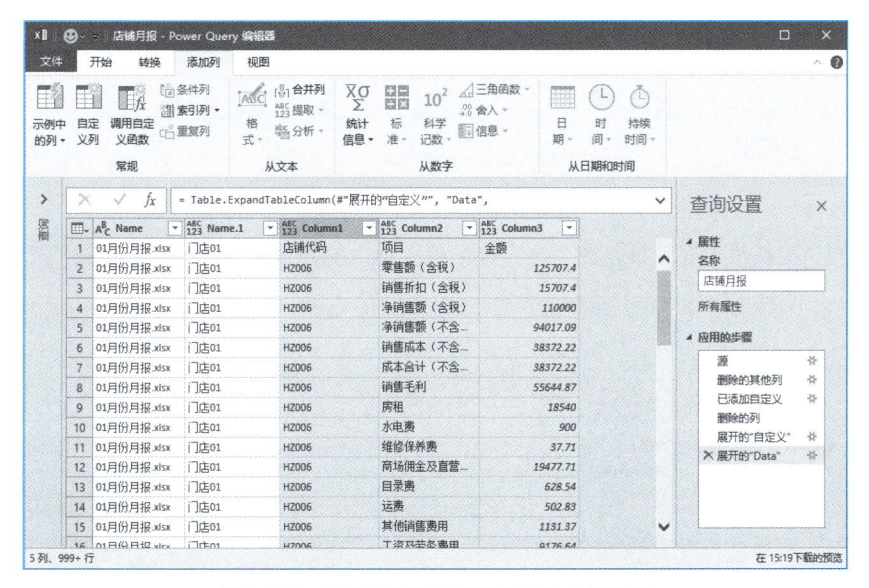

图4-86 每个工作簿中的每个工作表的数据

167

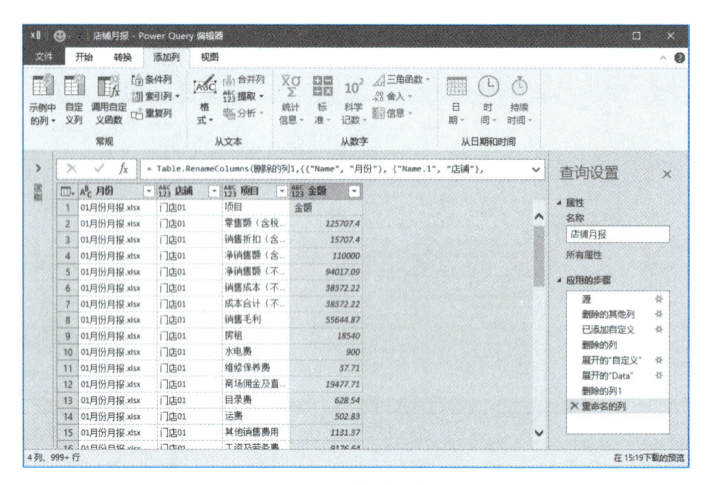

图4-87　修改列标题

单击"确定"按钮，就得到了图4-89所示的表。

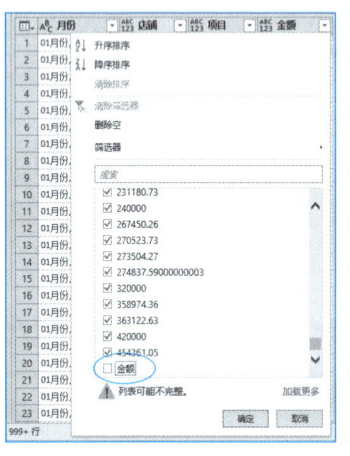

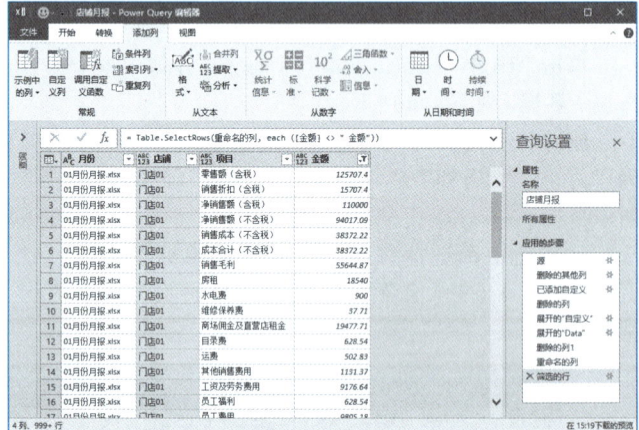

图4-88　取消选择原始工作表的标题

图4-89　筛选掉原始工作表的标题

选择第一列，执行"转换"→"替换值"命令，如图4-90所示。

打开"替换值"对话框，在"要查找的值"框中输入"份月报.xlsx"，在"替换为"框中留空，准备获取月份名称，如图4-91所示。

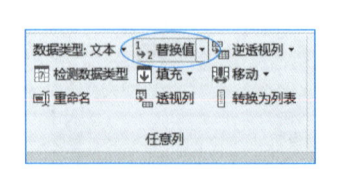

图4-90　"替换值"命令

图4-91　准备把第一列数据中的"份月报.xlsx"替换掉，获取月份名称

168

单击"确定"按钮，就得到了月份名称，如图4-92所示。

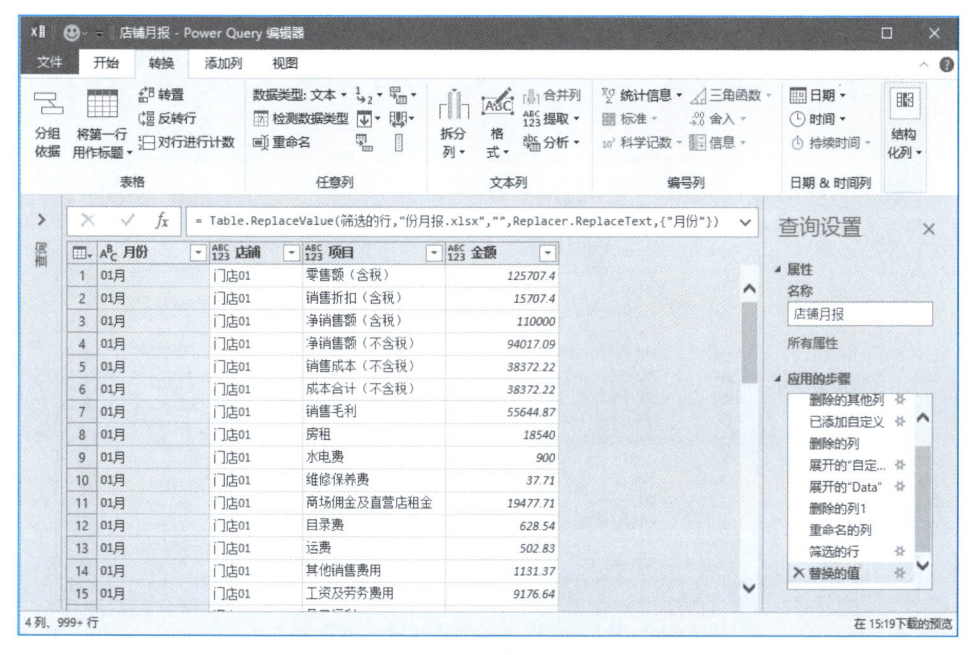

图4-92 得到月份名称

选择"金额"列，将其数据类型设置为"小数"，如图4-93所示。

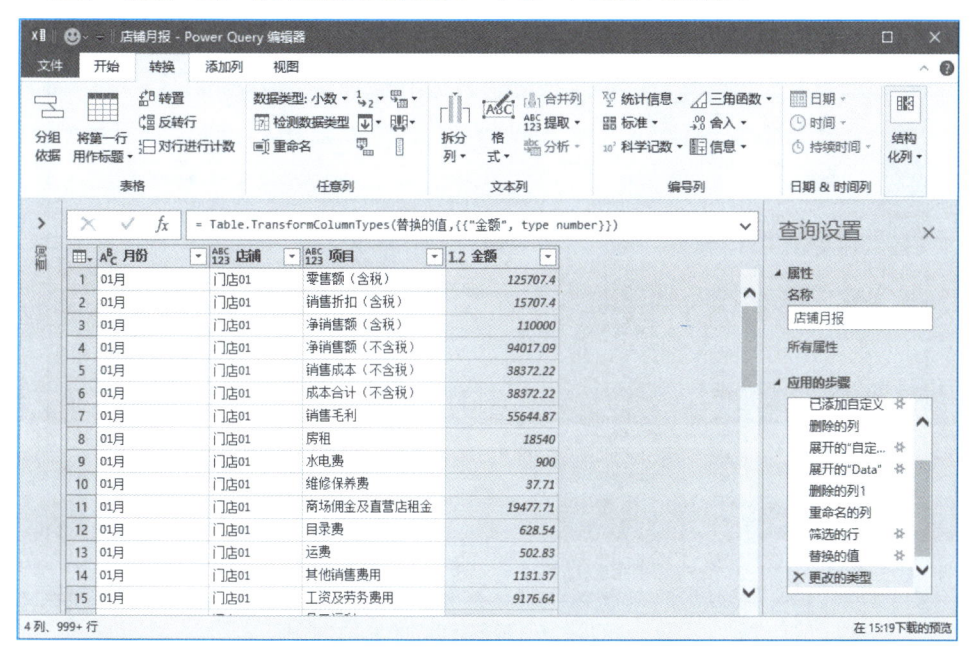

图4-93 将"金额"列数据类型设置为"小数"

由于我们只是分析大项数据，因此从第三列中筛选出要分析的大项目，如图4-94所示。

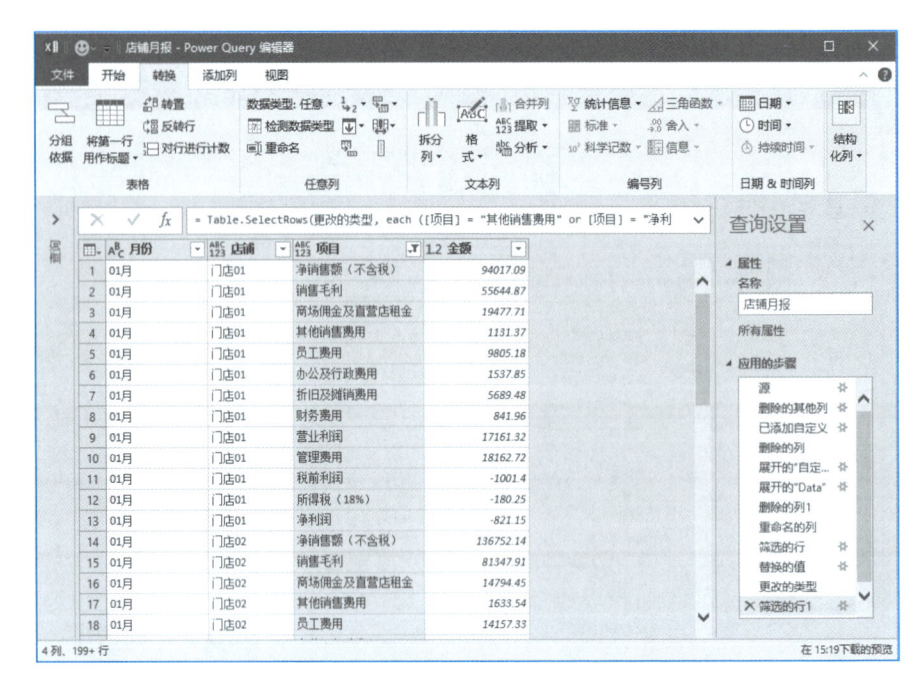

图4-94　从"项目"列中筛选出要分析的大项目

选择"项目"列，执行"替换值"命令，将各个项目名称进行规范（批量查找替换），如图4-95所示。

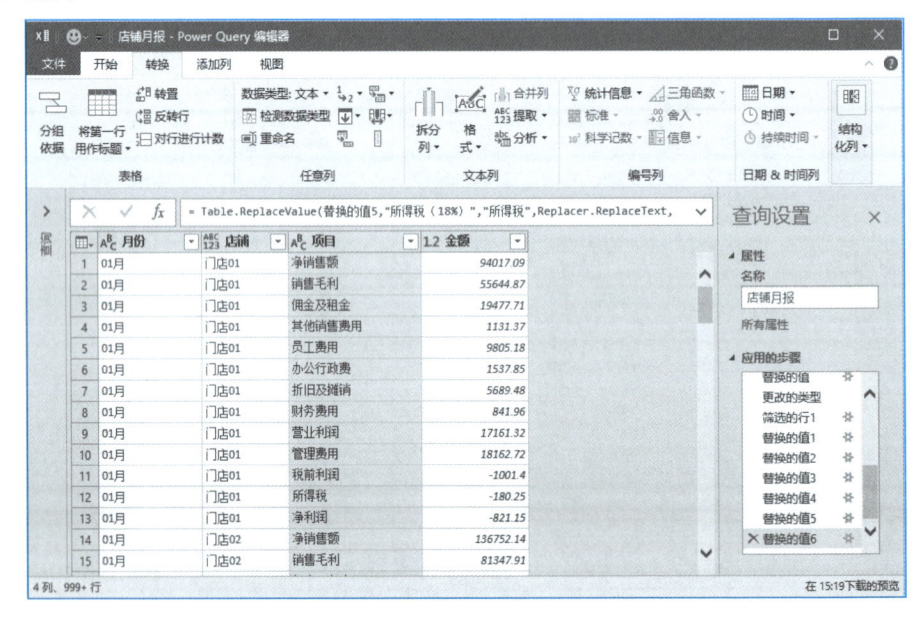

图4-95　规范项目的名称

选择"金额"列，执行"转换"→"标准"→"除"命令，如图4-96所示。

打开"除"对话框，输入"值"为1000，如图4-97所示，准备将金额数字都除以1000。

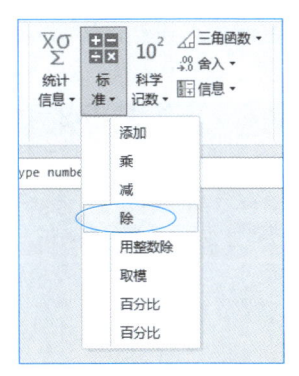

图4-96 "标准"→"除"命令　　图4-97 输入"值"为1000，准备将金额数字都除以1000

单击"确定"按钮，得到以千元为单位的金额数字，如图4-98所示。

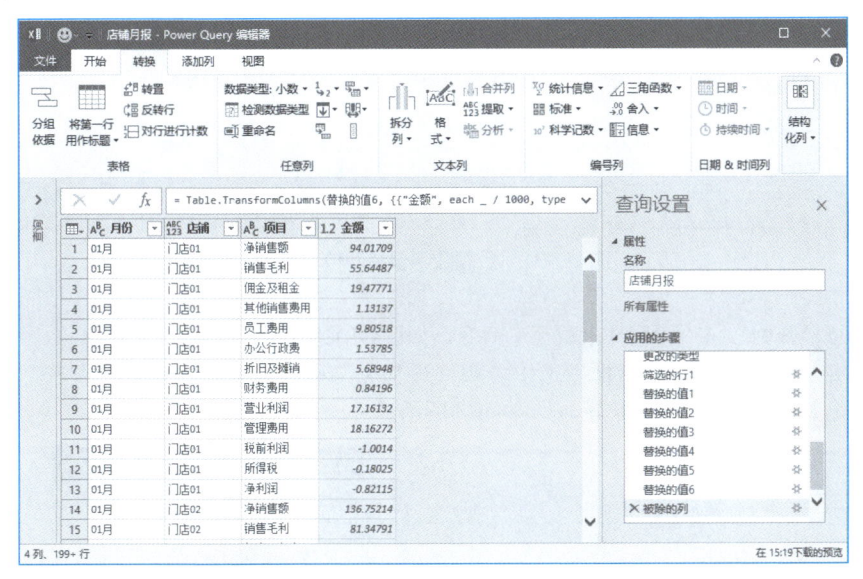

图4-98 金额数字以千元为单位

选择"金额"列，执行"转换"→"舍入"命令，如图4-99所示。

打开"舍入"对话框，输入"小数位数"为2，如图4-100所示。

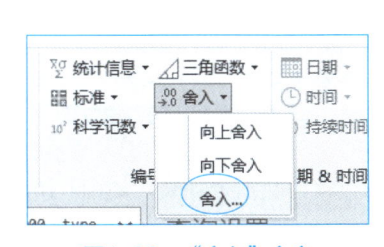

图4-99 "舍入"命令　　图4-100 "舍入"对话框，输入"小数位数"为2

171

单击"确定"按钮，就将金额数字进行了四舍五入，保留两位小数点，如图4-101所示。

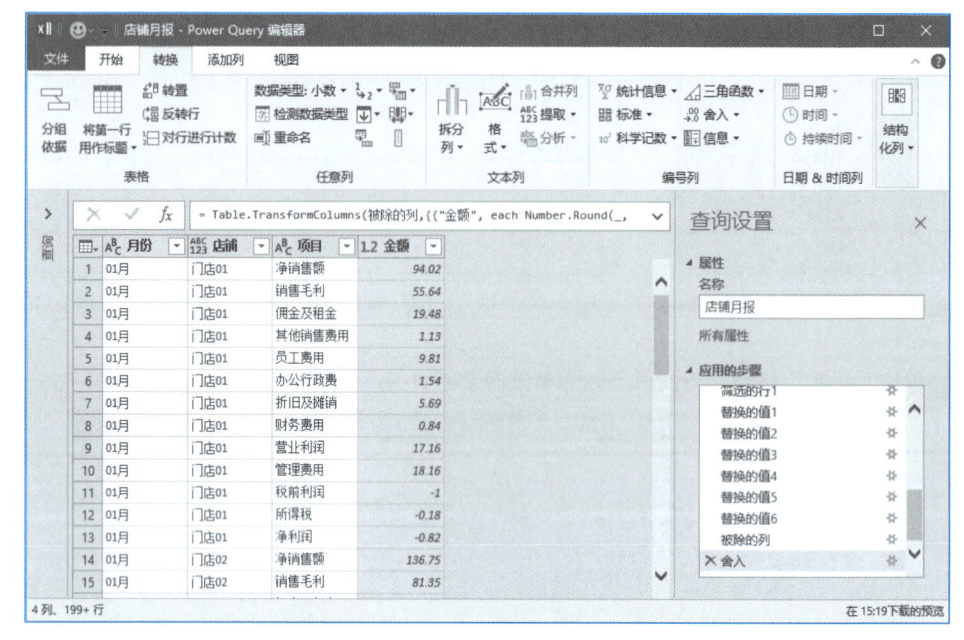

图4-101　金额数字保留两位小数点

执行"开始"→"关闭并上载至"命令，如图4-102所示。

打开"导入数据"对话框，选中"数据透视表"单选按钮和"现有工作表"单选按钮，指定数据透视表的存放位置，如图4-103所示。

图4-102　"关闭并上载至"命令

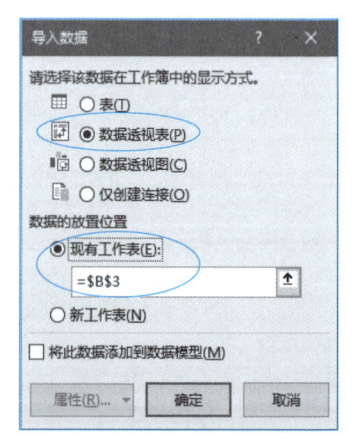

图4-103　选中"数据透视表"单选按钮和"现有工作表"单选按钮，指定数据透视表的存放位置

单击"确定"按钮，得到一个基于文件夹所有工作簿数据的数据透视表，如图4-104所示。

下面将以这个数据透视表（和查询表）为基础，进行店铺经营分析，制作各种分析报告。

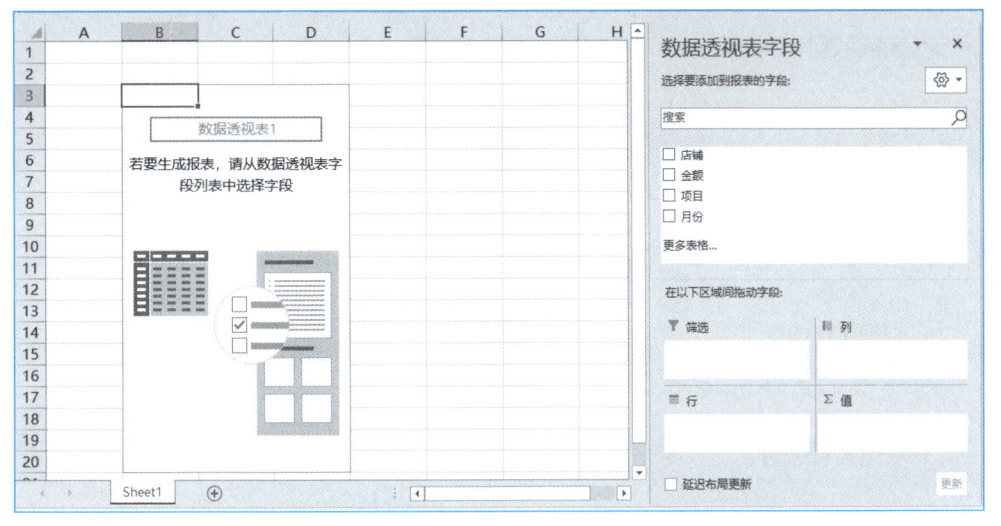

图4-104 创建的基于文件夹所有工作簿数据的数据透视表

4.3.3 店铺盈亏分布分析

将透视表移动到适当位置，布局透视表，以"店铺"为行字段，汇总净销售额和净利润，如图4-105所示。

设计报表如图4-106所示，以了解所有店铺的整体经营情况，这里使用切片器选择要分析的月份，使用普通的XY散点图来分析各个店铺销售和净利润的分布（净销售额为X轴，净利润为Y轴）。

切片器下方是使用Excel函数公式设计的统计表，各个单元格公式如下。

1. 店铺数目统计

单元格C12：

`=COUNTIF(V:V,">=0")`

单元格D12：

`=COUNTIF(V:V,"<0")`

单元格E12：

`=SUM(C12:D12)`

图4-105 各个店铺的净销售额和净利润

2. 店铺数目占比统计

单元格C13：
=C12/$E$12

单元格D13：
=D12/$E$12

单元格E13：
=E12/$E$12

3. 净销售额统计

单元格C14：
=SUMIF(V:V,">=0",U:U)

单元格D14：
=SUMIF(V:V,"<0",U:U)

单元格E14：
=SUM(C14:D14)

4. 净利润统计

单元格C15：
=SUMIF(V:V,">=0",V:V)

单元格D15：
=SUMIF(V:V,"<0",V:V)

单元格E15：
=SUM(C15:D15)

5. 净利润率统计

单元格C16：
=C15/C14

单元格D16：
=D15/D14

单元格E16：
=E15/E14

这样，我们就可以通过切片器查看某个月的盈亏分布，如图4-106所示，也可以查看某几个月累计值的分布，如图4-107所示。

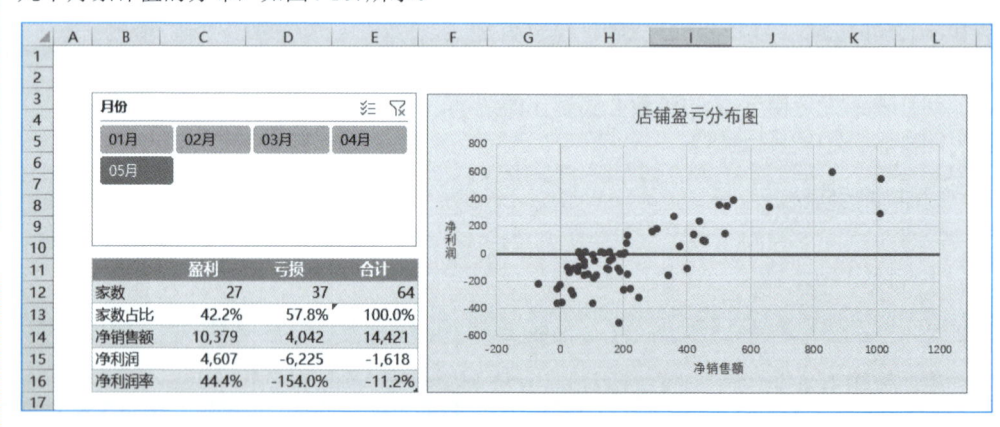

图4-106　5月份店铺盈亏分布分析报告

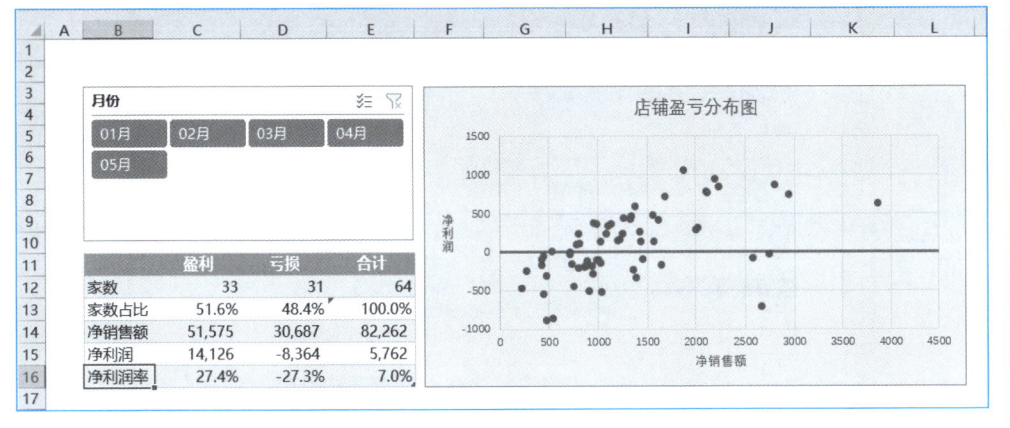

图4-107　1~5月份店铺累计销售额和净利润分析

4.3.4　指定店铺的各月经营跟踪分析

在新的工作表中复制一份透视表，以"月份"作为行字段，如图4-108所示。

插入两个切片器用于分析指定店铺和指定项目，绘制柱形图，将切片器和图表置透视表上方，得到各月数据的跟踪报告，如图4-109所示。

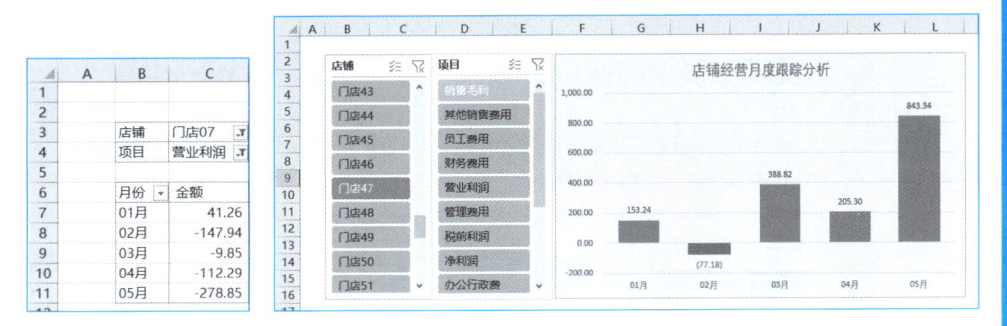

图4-108　重新布局透视表　　　　图4-109　指定店铺、指定项目各个月的数据跟踪

4.3.5　店铺排名分析

众多店铺中，哪个店铺营业利润最好？哪个亏损最多？我们可以建立一个店铺排名分析模板。

将透视表复制一份到新的工作表中重新布局，然后对金额进行降序排序，并对店铺筛选前10大项目，得到指定月份、指定项目的金额最大的前10家店铺，并绘制条形图，设置图表格式，得到排名图表，如图4-110所示。

175

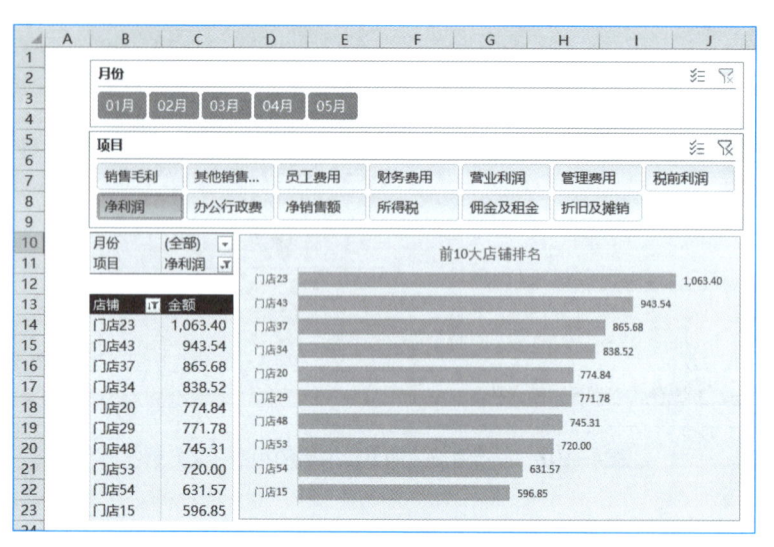

图4-110　指定月份、指定项目的前10大店铺

复制一份这个透视表，对金额做升序排序，筛选金额最小的10家店铺，布局报告，就得到最差的后10大店铺排名分析报告，如图4-111所示。

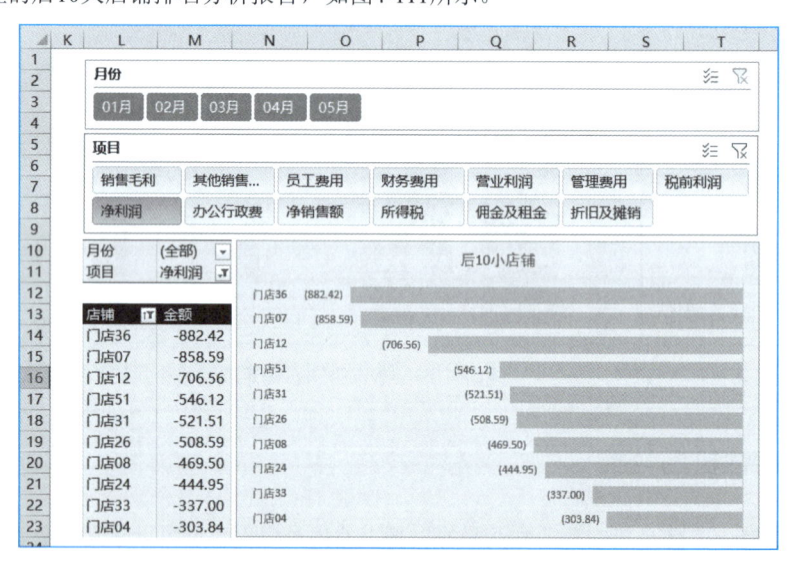

图4-111　指定月份、指定项目的后10大店铺

4.3.6　指定店铺的净利润影响因素分析

某个店铺为什么净销售额较高，净利润却为负数？分析净利润的因素可以帮助我们解释这个问题。

在新的工作表复制一份透视表，重新布局，选择影响净利润的大项，如图4-112所示。

设计辅助区域，所有的成本费用等支出类项目成为负值，如图4-113所示。

图4-112 布局透视表　　　　　　　图4-113 设计辅助区域

以B列的项目名称作为分类轴，以E列的辅助区域作为数值，绘制瀑布图，得到图4-114所示的净利润因素分析图。

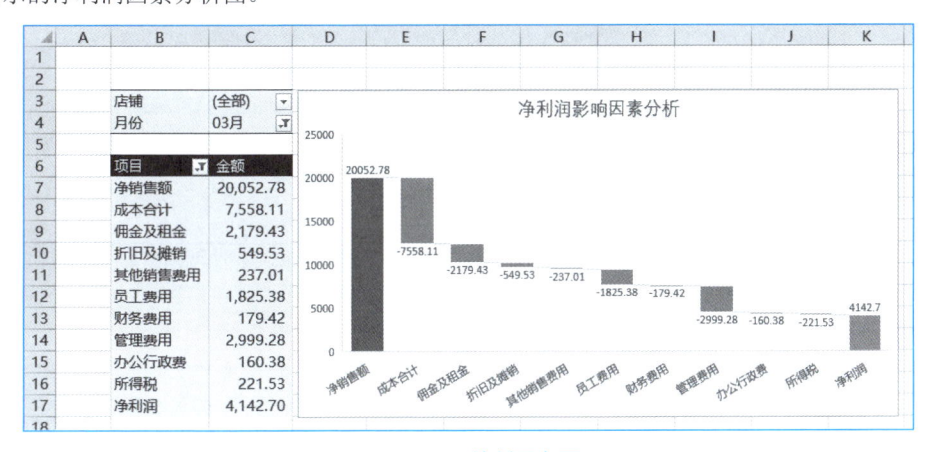

图4-114 绘制瀑布图

插入两个切片器，用于选择月份和店铺，并重新布局分析报告，可得到图4-115所示的指定月份、指定店铺的净利润分析报告。

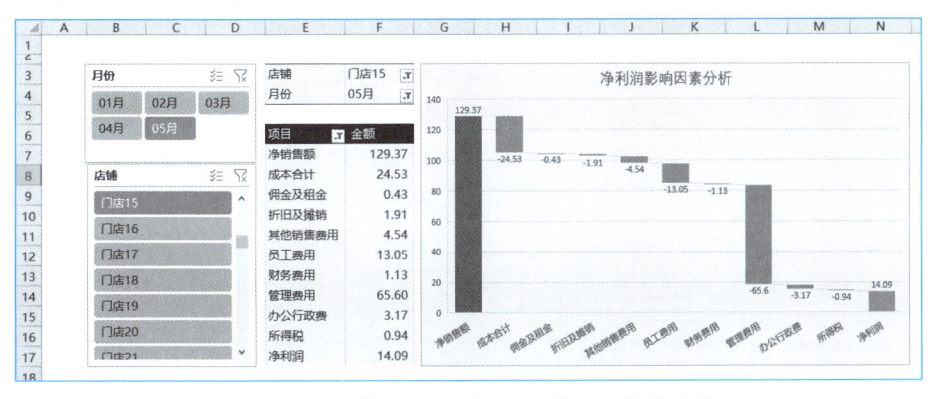

图4-115 分析指定月份、指定店铺的净利润影响因素

177

4.3.7　模型刷新

如果源数据文件夹增加了新的月份数据，如图4-116所示，则只要刷新任意一个数据透视表或者切片器，即可得到最新的分析报告，如图4-117所示。

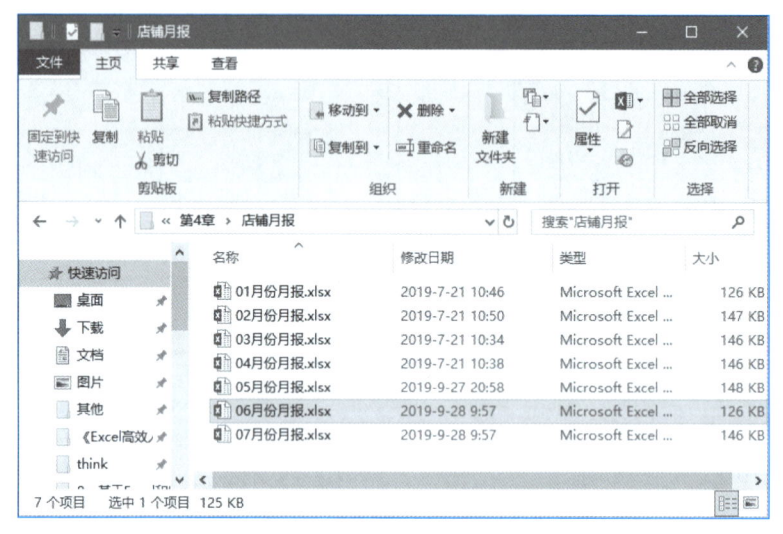

图4-116　文件夹增加了月份数据工作簿

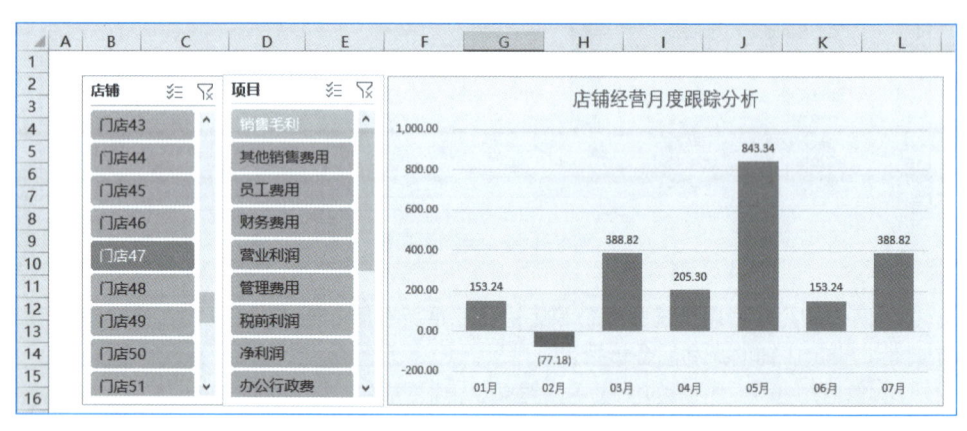

图4-117　分析报告自动更新

第 5 章
销售数据分析建模

销售数据分析是企业重要的数据分析，不仅数据量大，而且维度多。本章将介绍如何联合使用 Power Query 工具和 Excel 函数构建一个简单的销售数据分析模型。

基础数据为两个表：今年销售数据明细和去年销售数据明细，如图5-1所示。今年明细表数据仅仅截止到当前导出数据的月份。

图5-1　两年的销售数据明细表

5.1 构建数据分析模型

两年数据不仅要做本年度分析，还要考虑同比分析，因此可以构建两个基本数据模型：本年度模型和同比模型。

5.1.1 建立各年基本查询表

执行"数据"→"获取数据"→"来自文件"→"从工作簿"命令，如图5-2所示，打开"导入数据"对话框，从文件夹里选择工作簿，如图5-3所示。

单击"导入"按钮，打开"导航器"对话框，勾选"选择多项"复选框，分别勾选两个表"今年"和"去年"，如图5-4所示。

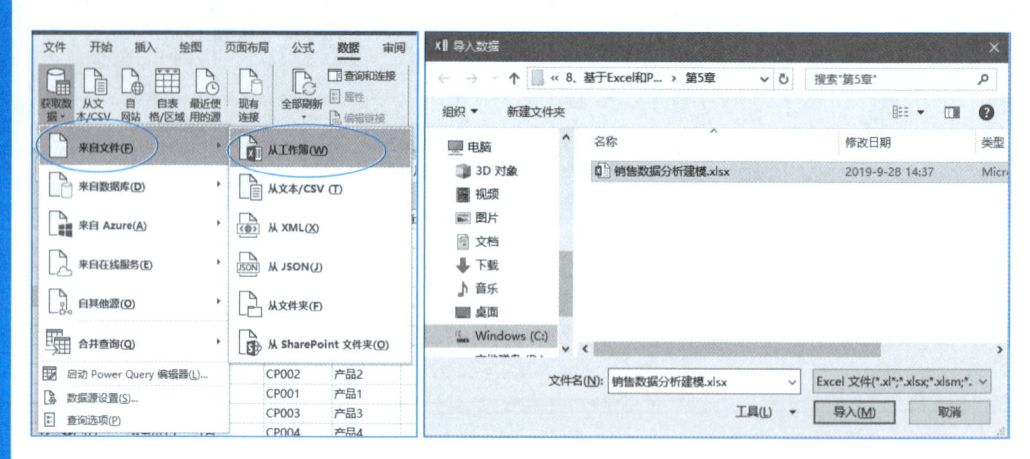

图5-2 执行"来自文件"→"从工作簿"命令

图5-3 选择工作簿文件

图5-4 "导航器"对话框，勾选"选择多项""今年"和"去年"复选框

单击"转换数据"按钮，打开"Power Query编辑器"窗口，如图5-5所示。

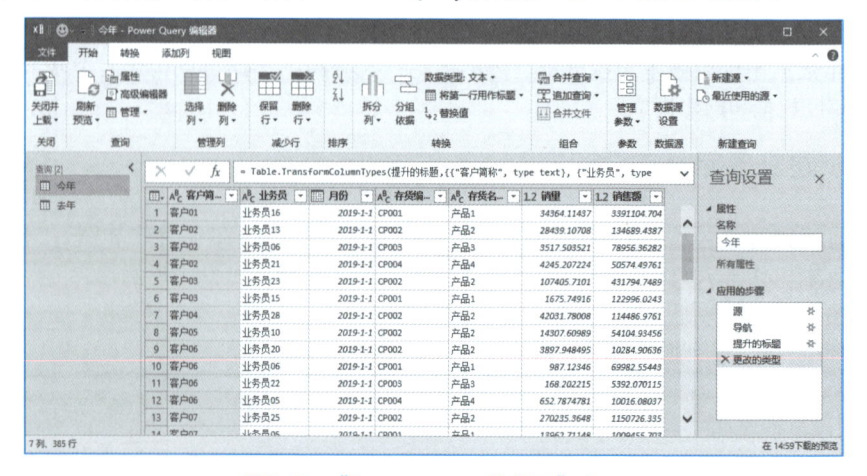

图5-5 "Power Query编辑器"窗口

在编辑器左侧先选择"今年",将"月份"的数据类型重新更改为"文本",得到图5-6所示的结果。

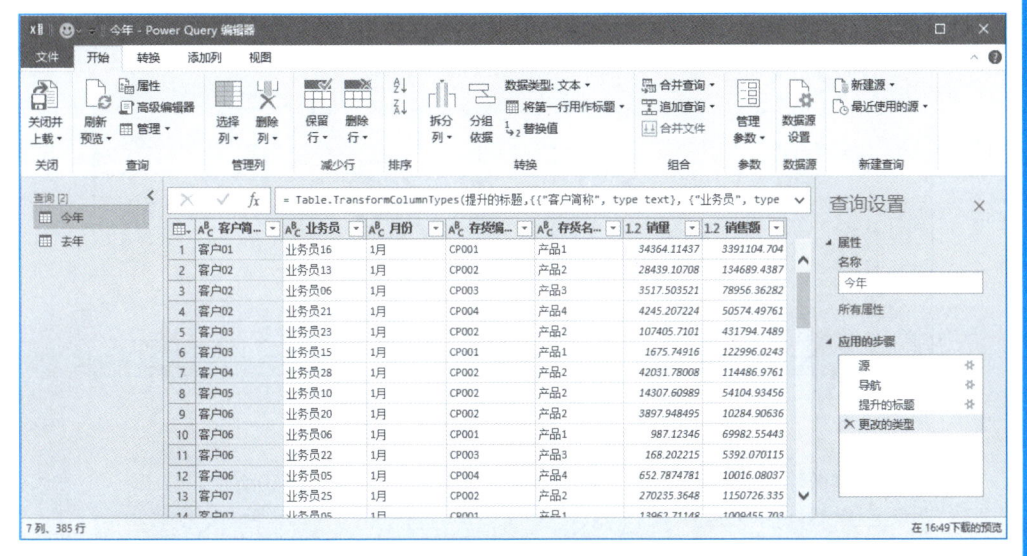

图5-6 整理今年表格

选择"销量"列,执行"转换"→"标准"→"除"命令,如图5-7所示。

打开"除"对话框,输入"值"为1000,准备将销量除以1000,以千件表示,如图5-8所示。

图5-7 "标准"→"除"命令

图5-8 输入"值"为1000,准备将销量除以1000,以千件表示

单击"确定"按钮,得到以千件为单位的销量,如图5-9所示。

181

图5-9 销量除以1000，以千件表示

对销售额也做除法处理，都除以10000，以万元为单位，如图5-10所示。

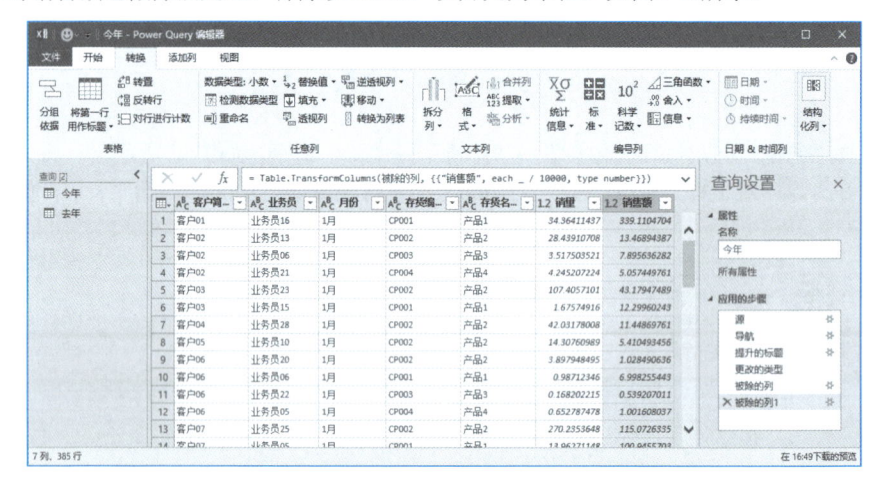

图5-10 销售额除以10000，以万元表示

选择"销量"和"销售额"两列，执行"转换"→"舍入"命令，如图5-11所示。打开"舍入"对话框，输入"小数位数"为2，如图5-12所示。

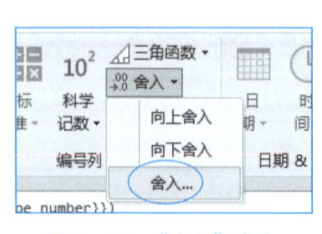

图5-11 "舍入"命令

图5-12 输入"小数位数"为2保留2位小数点

单击"确定"按钮,就得到图5-13所示的表。

执行"添加列"→"自定义列"命令,打开"自定义列"对话框,输入"新列名"为"年份",输入"自定义列公式"为"="今年"",如图5-14所示。

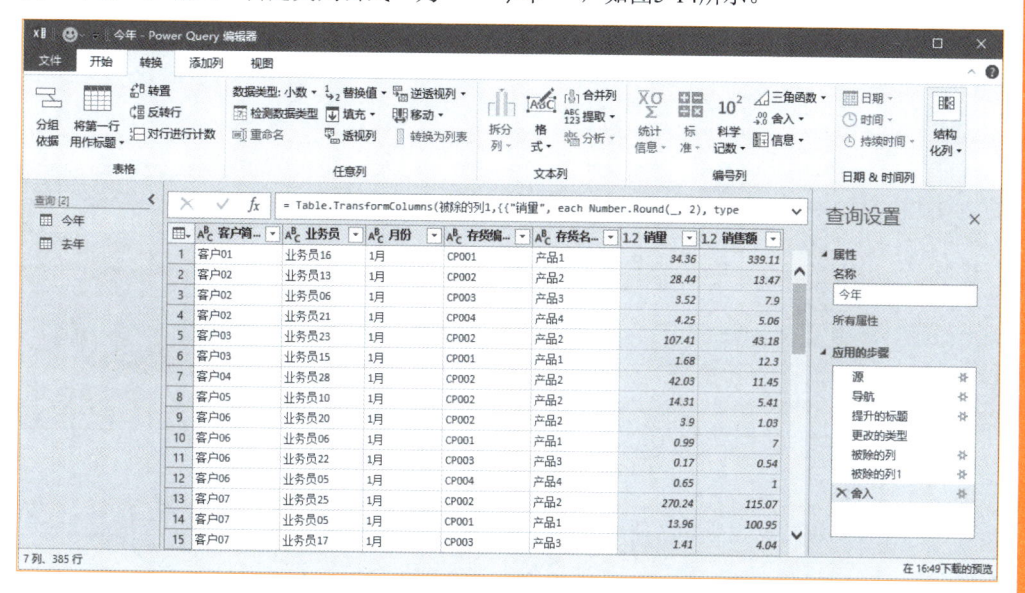

图5-13 销量和销售额四舍五入为2位小数点

图5-14 添加自定义列"年份"

单击"确定"按钮,就为"今年"表添加了自定义列"年份",如图5-15所示。

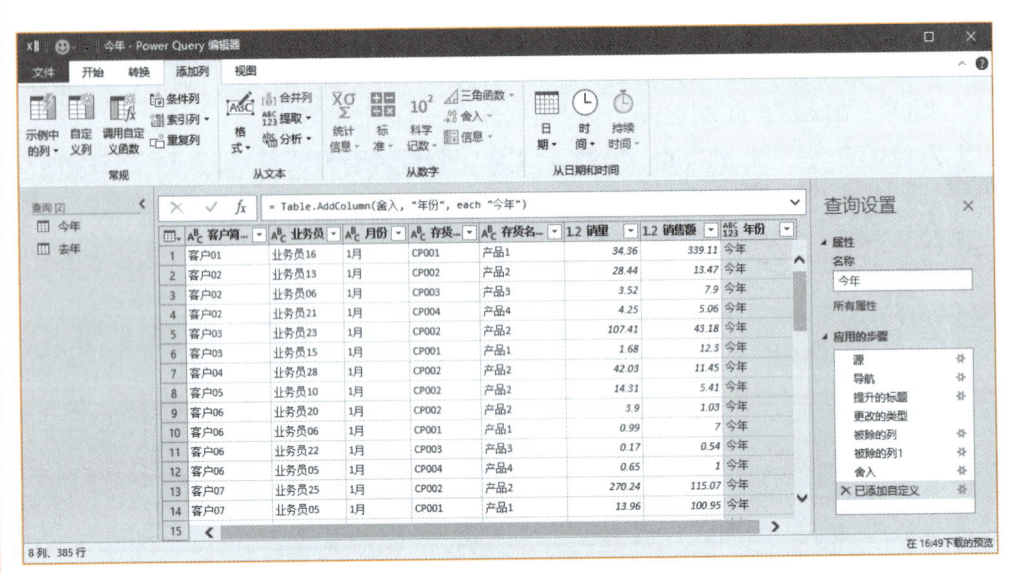

图5-15　今年销售分析底稿

对"去年"表也做相同的数据处理，结果如图5-16所示。

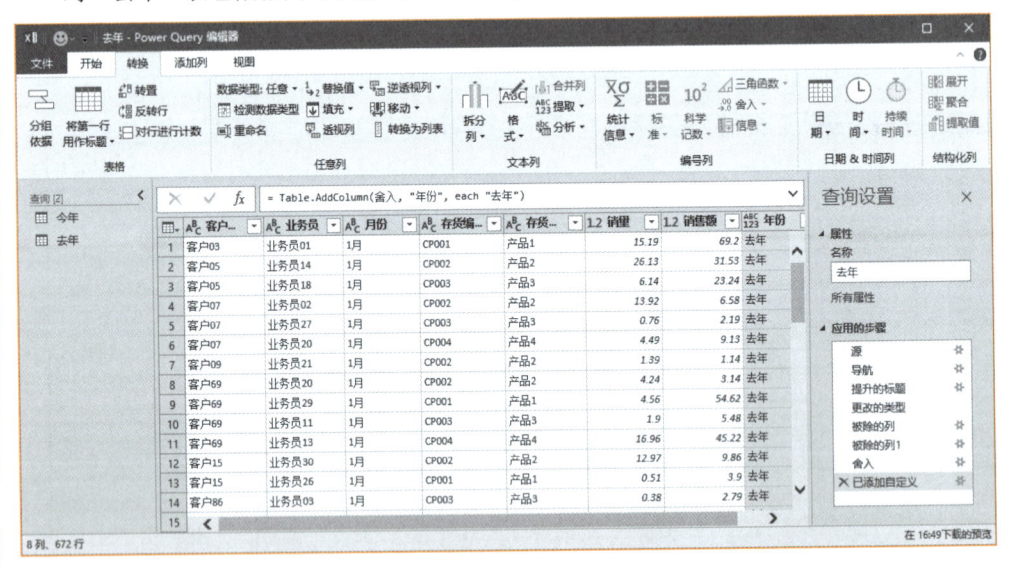

图5-16　去年销售分析底稿

5.1.2　合并两年数据，建立同比分析模型

在"Power Query编辑器"窗口左侧选择"今年"或"去年"，执行"开始"→"将查询追加为新查询"命令，如图5-17所示。

打开"追加"对话框，默认"两个表"的选择状态，目前"主表"是"今年"，那么就在"要追加到主表的表"中选择"去年"，如图5-18所示。

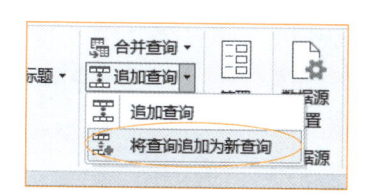

图5-17 "将查询追加为新查询"命令

图5-18 选择要追加的表

单击"确定"按钮，就将"今年"和"去年"两个表数据合并为一个新查询"Append1"，如图5-19所示。

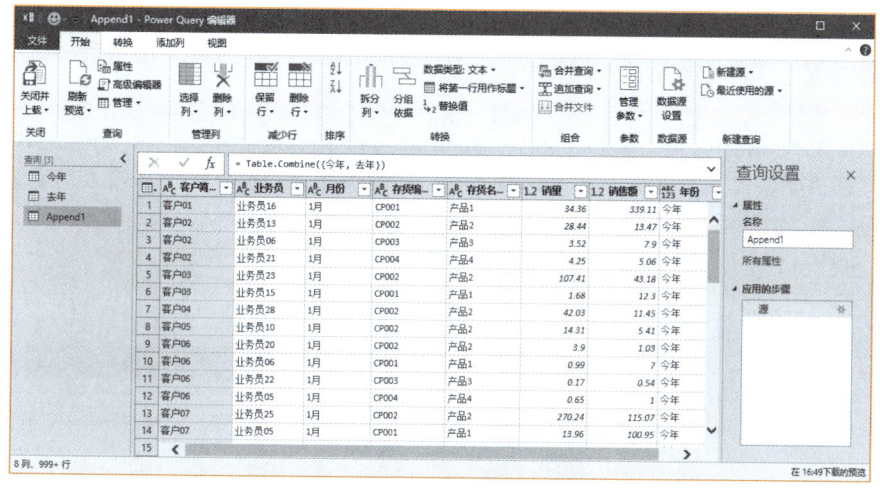

图5-19 两个表数据合并为一个新查询"Append1"

将默认的查询名"Append1"重命名为"同比分析"，如图5-20所示。

最后，执行"开始"→"关闭并上载至"命令，如图5-21所示，打开"导入数据"对话框，选中"仅创建连接"单选按钮，并勾选"将此数据添加到数据模型"复选框，如图5-22所示。

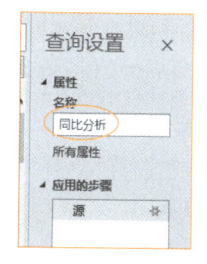

图5-20 修改默认的查询名"Append1"为"同比分析"

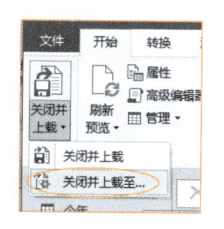

图5-21 "关闭并上载至"命令

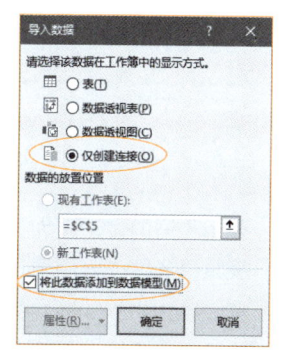

图5-22 选择数据保存方式

185

单击"确定"按钮，就创建了三个查询，如图5-23所示。

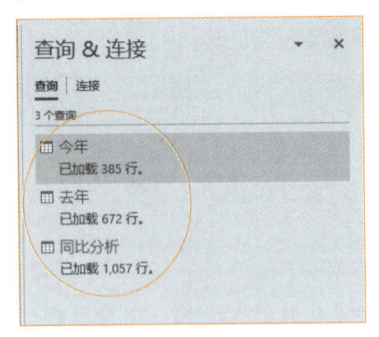

图5-23 建立的三个查询

5.1.3 建立同比分析度量值

切换到"Power Pivot"选项卡，执行"度量值"→"新建度量值"命令，如图5-24所示。

打开"度量值"对话框，从顶部的"表名"中选择"同比分析"，输入"度量值名称"为"今年销售额"，输入下面的度量值公式，如图5-25所示。

=CALCULATE(sum('同比分析'[销售额]),'同比分析'[年份]="今年")

单击"确定"按钮，就为查询"同比分析"插入了一个度量值"今年销售额"。

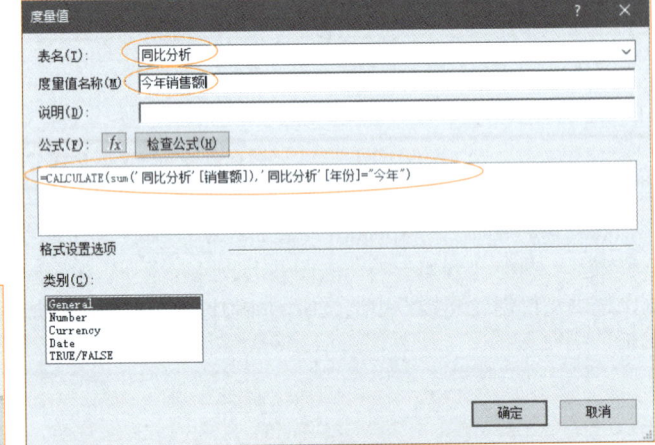

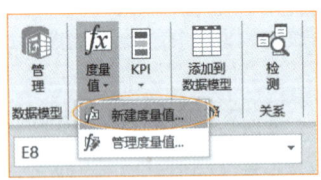

图5-24 "度量值"→"新建度量值"命令

图5-25 为查询模型"同比分析"插入一个度量值"今年销售额"

使用相同的方法，为数据模型添加以下几个度量值，如图5-26所示。

度量值名称"去年销售额"，计算公式为

=CALCULATE(sum('同比分析'[销售额]),'同比分析'[年份]="去年")

度量值名称"销售额同比增减"，计算公式为

=[今年销售额]-[去年销售额]

度量值名称"销售额同比增长",计算公式为

=[今年销售额]/[去年销售额]-1

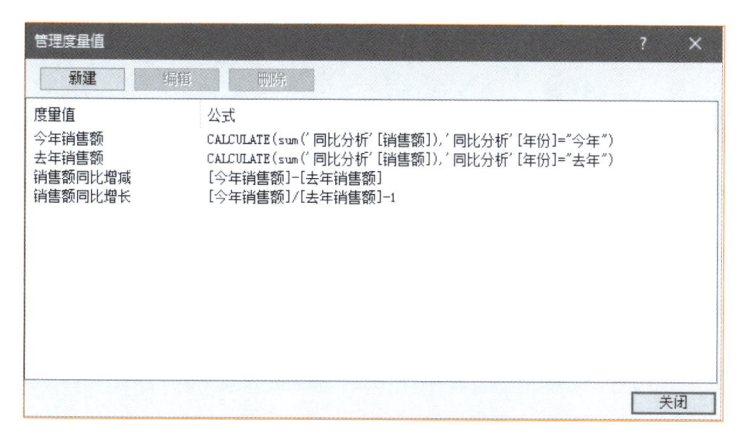

图5-26 为数据模型添加的4个度量值

使用相同的方法,再新建4个度量值,分别计算销量的同比数据,如图5-27所示。

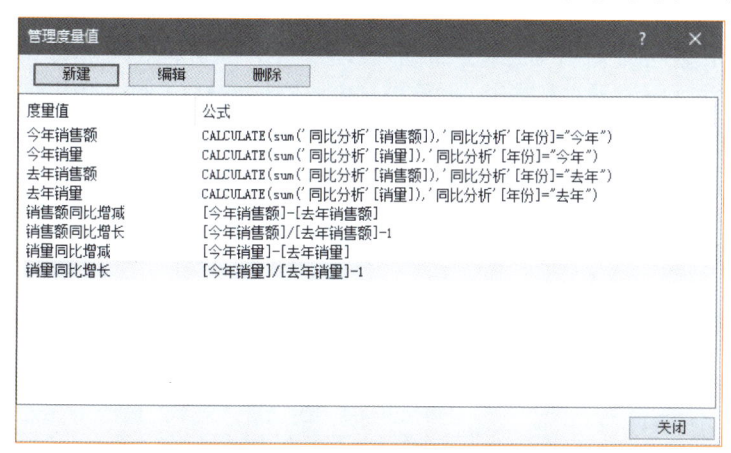

图5-27 添加同比分析4个度量值

5.2 当年销售分析

当年销售分析以"今年"为基础,创建基于这个查询的数据透视表,就可以对今年销售做各种分析。

5.2.1 销售整体分析

在工作表右侧的"查询 & 连接"窗格中,右击选择"今年",执行"加载到"命令,如图5-28所示。

打开"导入数据"对话框,选择"数据透视表",在新工作表中创建一个数据透视

表，进行布局，插入一个切片器，用于选择分析产品，绘制数据透视图，得到一个表可以查看指定产品在各个月的销售情况，如图5-29所示。

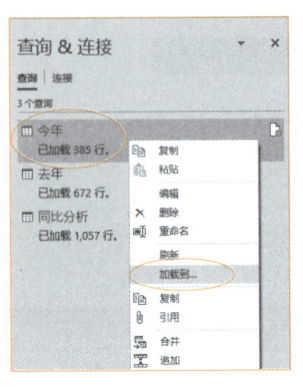

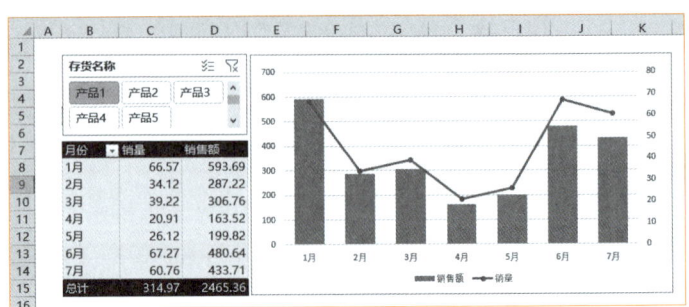

图5-28　选择"加载到"命令

图5-29　分析指定产品各个月的销售情况

5.2.2　前10大客户分析

复制两份透视表，断开与选择产品切片器的连接，分别汇总各个客户的销量和销售额，然后对销量和销售额进行排序，筛选出前10大客户，最后绘制柱形图，得到销量前10大客户排名和图5-31所示的销售额前10大客户排名，如图5-30所示。

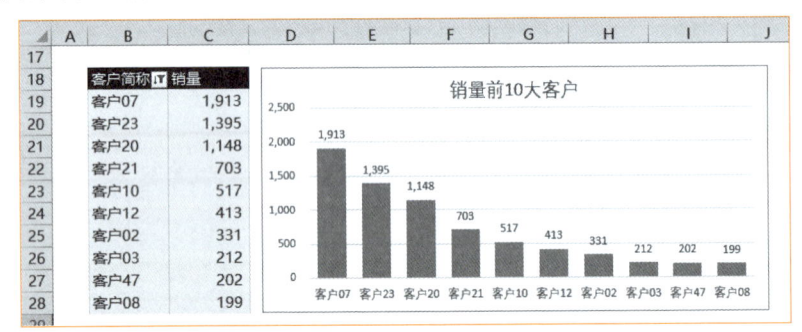

图5-30　销量前10大客户

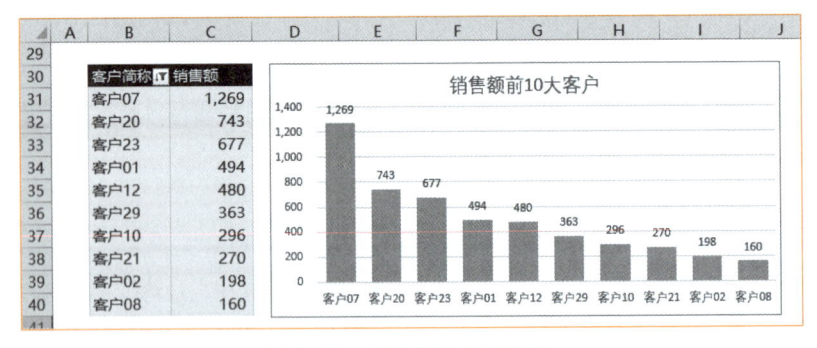

图5-31　销售额前10大客户

了解某个客户的产品销售情况，需要再复制一个透视表，分别汇总各个产品的销量和销售额，以及它们的占比，如图5-32所示。

客户简称

客户01 客户02 客户03 客户04 客户05
客户06 客户07 客户08 客户09 客户10
客户11 客户12 客户13 客户14 客户15

存货名称	销量	销量占比	销售额	销售额占比
产品2	1,816.06	94.91%	702.58	55.38%
产品1	71.50	3.74%	520.83	41.05%
产品4	18.83	0.98%	26.74	2.11%
产品3	6.97	0.36%	17.67	1.39%
产品5	0.05	0.00%	0.94	0.07%

图5-32　分析客户的销售产品结构

5.2.3　业务员销售排名分析

复制一份数据透视表并重新布局，以业务员做分类，汇总销量和销售额，计算占比，按照销售额进行排序，得到图5-33所示的报表。

存货名称

产品1 产品2 产品3 产品4 产品5

业务员	排名	销量	销量占比	销售额	销售额占比
业务员16	1	351	4.22%	473.26	7.44%
业务员12	2	1,010	12.14%	402.25	6.32%
业务员33	3	356	4.28%	399.39	6.28%
业务员05	4	344	4.14%	368.3	5.79%
业务员34	5	308	3.71%	352.84	5.55%
业务员28	6	573	6.89%	286.52	4.50%
业务员32	7	685	8.24%	282.34	4.44%
业务员25	8	583	7.01%	276.41	4.34%
业务员17	9	74	0.89%	268.02	4.21%
业务员11	10	242	2.91%	240.85	3.79%
业务员01	11	243	2.92%	230.54	3.62%
业务员14	30	122	1.47%	66.3	1.04%
业务员29	31	77	0.92%	48.16	0.76%
业务员08	32	66	0.79%	44.88	0.71%
业务员26	33	109	1.31%	31.32	0.49%
业务员10	34	44	0.53%	30.31	0.48%
业务员24	35	13	0.15%	24.43	0.38%
业务员20	36	20	0.24%	11.13	0.17%
总计		8,320	100.00%	6362.33	100.00%

图5-33　业务员销售分析

5.3 销售同比分析

同比分析包括产品销售的同比分析、业务员销售的同比分析、存量客户销售的同比分析等，以及同比销售增长的原因分析，这些分析可以通过使用前面创建的数据模型制作数据透视表来完成。

5.3.1 产品销售同比分析

在工作表右侧的"查询 & 连接"窗格中，右击"同比分析"，执行"加载到"命令，如图5-34所示。

打开"导入数据"对话框，选中"数据透视表"单选按钮和"新工作表"单选按钮，勾选"将此数据添加到数据模型"复选框，如图5-35所示。

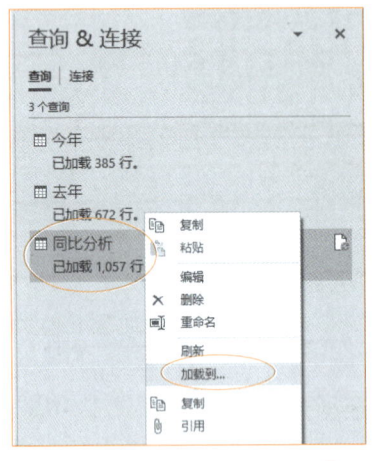

图5-34 准备重新加载"同比分析"数据　　图5-35 设置导入数据选项

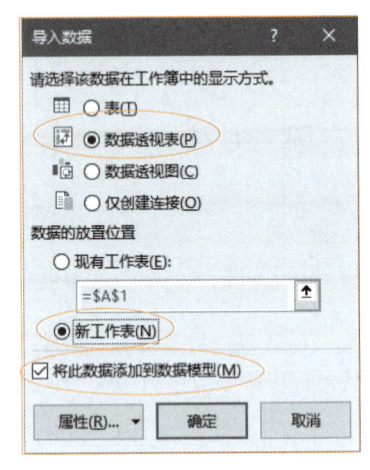

单击"确定"按钮，就在一个新工作表中创建了一个数据透视表，如图5-36所示。

对数据透视表进行布局，插入一个切片器，选择要分析的月份，得到图5-37所示的产品销售同比分析报告。

这里，我们已经使用自定义格式分别对销量和销售额同比增减情况进行了标识。

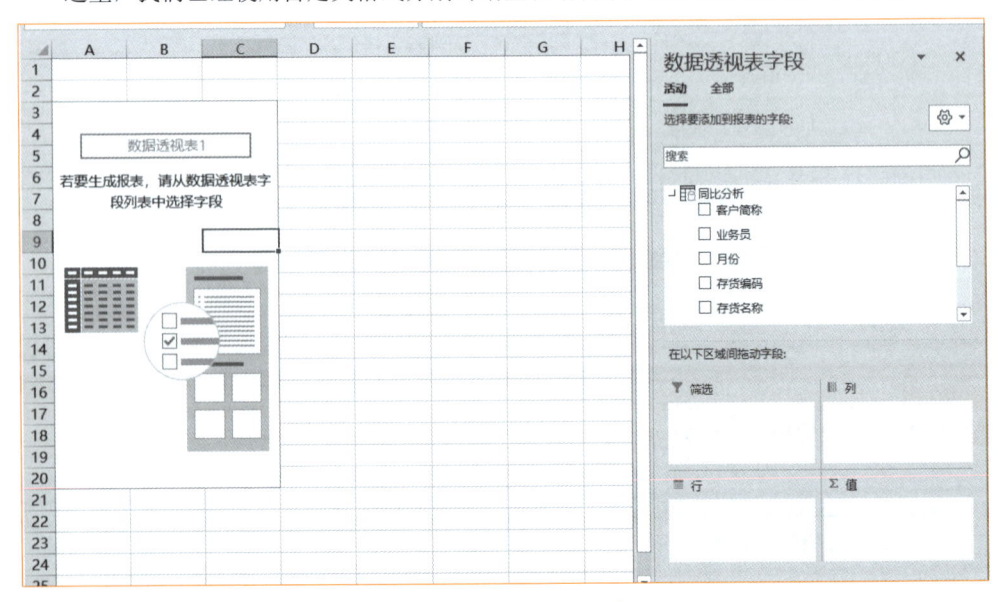

图5-36 创建数据透视表

存货名称	去年销量	今年销量	销量同比增减	销量同比增长	今年销售额	去年销售额	销售额同比增减	销售额同比增长
产品1	262.58	314.97	▲52.39	▲19.95%	2,465.36	1,744.38	▲720.98	▲41.33%
产品2	4,093.31	7,698.38	▲3,605.07	▲88.07%	3,144.63	2,180.25	▲964.38	▲44.23%
产品3	48.20	86.24	▲38.04	▲78.92%	299.66	172.41	▲127.25	▲73.81%
产品4	250.12	216.05	▼34.07	▼13.62%	326.16	542.36	▼216.20	▼39.86%
产品5	3.73	4.05	▲0.32	▲8.58%	126.52	96.48	▲30.04	▲31.14%
总计	4,657.94	8,319.69	▲3,661.75	▲78.61%	6,362.33	4,735.88	▲1,626.45	▲34.34%

图5-37　各个产品截止到目前月份销售同比分析报告

接下来，每个产品对整体销量和整体销售额的影响程度如何？我们可以分别绘制销量和销售额的瀑布图，如图5-38所示。这个瀑布图需要使用辅助区域来制作，如图5-39所示。

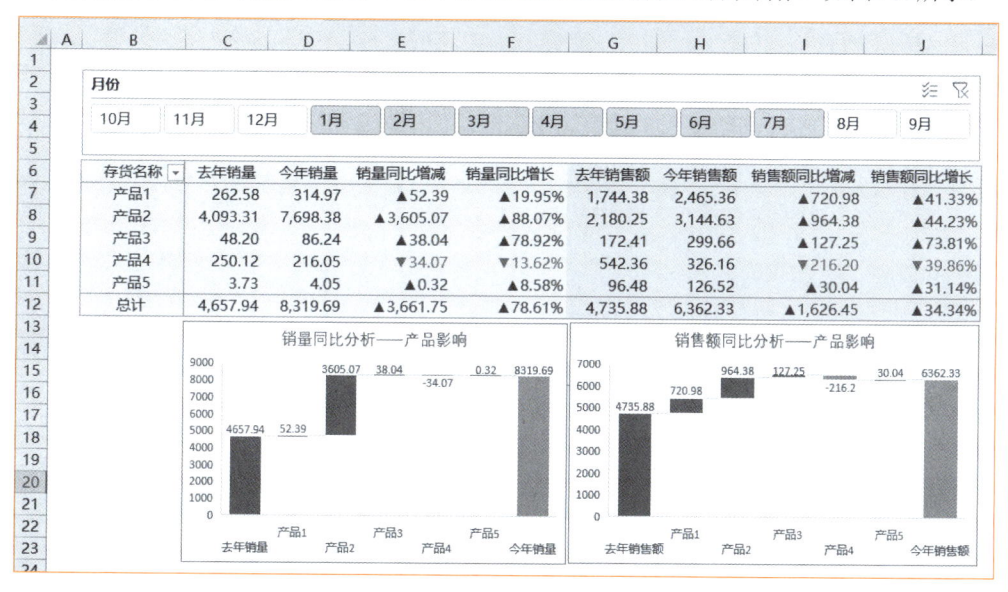

图5-38　两年销量和销售额同比增长分析——产品影响

		数值			数值
	去年销量	4657.94		去年销售额	4735.88
	产品1	▲52.39		产品1	▲720.98
	产品2	▲3,605.07		产品2	▲964.38
	产品3	▲38.04		产品3	▲127.25
	产品4	▼34.07		产品4	▼216.20
	产品5	▲0.32		产品5	▲30.04
	今年销量	8319.69		今年销售额	6362.33

图5-39　瀑布图的辅助区域

5.3.2 客户销售同比分析

复制一份数据透视表，用客户名称作为分类字段，即可立即得到客户两年销售同比分析报告，如图5-40所示。这里，我们已经对客户的今年销售额做了降序排序。

客户简称	去年销量	今年销量	销量同比增减	销量同比增长	去年销售额	今年销售额	销售额同比增减	销售额同比增长
客户07	208.86	1,913.41	▲1,704.55	▲816.12%	98.82	1,268.76	▲1,169.94	▲1183.91%
客户20	112.68	1,148.04	▲1,035.36	▲918.85%	75.18	743.02	▲667.84	▲888.32%
客户23	0.89	1,394.87	▲1,393.98	▲156626.97%	6.09	676.57	▲670.48	▲11009.52%
客户01	179.31	69.18	▼110.13	▼61.42%	121.00	494.04	▲373.04	▲308.30%
客户12		412.68	▲412.68			479.66	▲479.66	
客户29	67.11	91.53	▲24.42	▲36.39%	69.51	363.17	▲293.66	▲422.47%
客户10	67.45	517.08	▲449.63	▲666.61%	66.78	296.00	▲229.22	▲343.25%
客户21	59.54	703.28	▲643.74	▲1081.19%	30.37	269.72	▲239.35	▲788.11%
客户02		330.53	▲330.53			197.86	▲197.86	
客户08		199.35	▲199.35			160.12	▲160.12	
客户11		196.66	▲196.66			141.31	▲141.31	
客户81	0.51		▼0.51	▼100.00%	4.17		▼4.17	▼100.00%
客户37	1.77		▼1.77	▼100.00%	1.95		▼1.95	▼100.00%
客户85	15.44		▼15.44	▼100.00%	35.05		▼35.05	▼100.00%
客户64	371.80		▼371.80	▼100.00%	221.08		▼221.08	▼100.00%
客户87	0.31		▼0.31	▼100.00%	2.65		▼2.65	▼100.00%
客户65	0.51		▼0.51	▼100.00%	4.51		▼4.51	▼100.00%
客户90	14.05		▼14.05	▼100.00%	28.69		▼28.69	▼100.00%
客户29	149.66		▼149.66	▼100.00%	126.00		▼126.00	▼100.00%
客户67	90.27		▼90.27	▼100.00%	91.62		▼91.62	▼100.00%
客户36	4.43		▼4.43	▼100.00%	3.45		▼3.45	▼100.00%
总计	4,657.94	8,319.69	▲3,661.75	▲78.61%	4,735.88	6,362.33	▲1,626.45	▲34.34%

图5-40　客户两年销售同比分析

5.3.3 业务员销售同比分析

复制一份数据透视表，用业务员作为分类字段即可立即得到业务员两年销售同比分析报告，如图5-41所示。这里，我们已经对业务员的今年销售额做了降序排序。

业务员	去年销量	今年销量	销量同比增减	销量同比增长	去年销售额	今年销售额	销售额同比增减	销售额同比增长
业务员16	534.92	350.84	▼184.08	▼34.41%	327.51	473.26	▲145.75	▲44.50%
业务员12	5.76	1,009.64	▲1,003.88	▲17428.47%	40.88	402.25	▲361.37	▲883.98%
业务员33	94.85	356.25	▲261.40	▲275.59%	83.42	399.39	▲315.97	▲378.77%
业务员05	29.42	344.44	▲315.02	▲1070.77%	21.82	368.30	▲346.48	▲1587.90%
业务员34	174.95	308.44	▲133.49	▲76.30%	110.73	352.84	▲242.11	▲218.65%
业务员28	46.26	573.36	▲527.10	▲1139.43%	69.40	286.52	▲217.12	▲312.85%
业务员32	358.45	685.42	▲326.97	▲91.22%	358.47	282.34	▼76.13	▼21.24%
业务员25	276.49	583.22	▲306.73	▲110.94%	186.31	276.41	▲90.10	▲48.36%
业务员17	85.17	74.26	▼10.91	▼12.81%	146.48	268.02	▲121.54	▲82.97%
业务员11	24.54	241.81	▲217.27	▲885.37%	49.75	240.85	▲191.10	▲384.12%
业务员01	226.55	242.72	▲16.17	▲7.14%	208.06	230.54	▲22.48	▲10.80%
业务员02	181.42	73.34	▼108.08	▼59.57%	199.76	78.34	▼121.42	▼60.78%
业务员22	60.23	37.62	▼22.61	▼37.54%	163.60	70.55	▼93.05	▼56.88%
业务员06	12.02	31.89	▲19.87	▲165.31%	55.64	69.40	▲13.76	▲24.73%
业务员14	34.55	122.28	▲87.73	▲253.92%	48.68	66.30	▲17.62	▲36.20%
业务员29	390.19	76.81	▼313.38	▼80.31%	342.61	48.16	▼294.45	▼85.94%
业务员08	143.07	66.09	▼76.98	▼53.81%	122.04	44.88	▼77.16	▼63.23%
业务员26	22.39	109.16	▲86.77	▲387.54%	39.41	31.32	▼8.09	▼20.53%
业务员10	19.11	44.03	▲24.92	▲130.40%	124.45	30.31	▼94.14	▼75.64%
业务员24	187.99	12.89	▼175.10	▼93.14%	199.22	24.43	▼174.79	▼87.74%
业务员20	89.14	19.67	▼69.47	▼77.93%	109.50	11.13	▼98.37	▼89.84%
总计	4,657.94	8,319.69	▲3,661.75	▲78.61%	4,735.88	6,362.33	▲1,626.45	▲34.34%

图5-41　业务员两年销售同比分析

第 6 章
人力资源数据分析建模

人力资源管理中，需要经常分析几个方面的数据，如员工信息分析、人工成本分析、考勤统计分析等。这些分析几乎每个月都要进行并经过相同的计算，仅有数据发生变化而已。我们可以使用有关的工具（Excel 函数、透视表、Power Query 等）建立一键刷新自动化的数据分析模型。

6.1 员工信息分析建模

员工信息分析，主要是从各个维度来分析员工的人数，例如各个部门的人数、各个学历的人数、各个年龄段的人数、各个工龄段的人数等。此外，还需要制作人事月报，分析人员流入、流出情况。

如果员工人数不多，使用简单的COUNTIF函数和COUNTIFS函数就可以快速地制作员工信息分析报告，或者直接创建普通数据透视表来快速转换分析维度。不论是函数还是数据透视表，都需要在员工信息表单中设计保存各个维度的数据，例如计算年龄、工龄、从身份证号码中提取生日和性别，需要创建大量的计算公式，当数据量很大时，计算速度会很慢。

使用函数和透视表分析员工信息的案例，我们只介绍如何使用Power Query来建立自动化的员工信息分析模型。

6.1.1 建立数据模型

图6-1是员工基本信息表单，这里仅仅保存员工最基本的信息，而员工的出生日期、性别等信息，则可以从身份证号码中提取和计算。

执行"数据"→"获取数据"→"来自文件"→"从工作簿"命令，如图6-2所示。

打开"导入数据"对话框，选择工作簿文件，如图6-3所示。

单击"导入"按钮，打开"导航器"对话框，在左侧选择"员工信息"表，如图6-4所示。

图6-1　员工基本信息表单

图6-2　执行"来自文件"→"从工作簿"命令

图6-3　选择工作簿文件

图6-4　选择"员工信息"表

单击"转换数据"按钮,打开"Power Query编辑器"窗口,如图6-5所示。

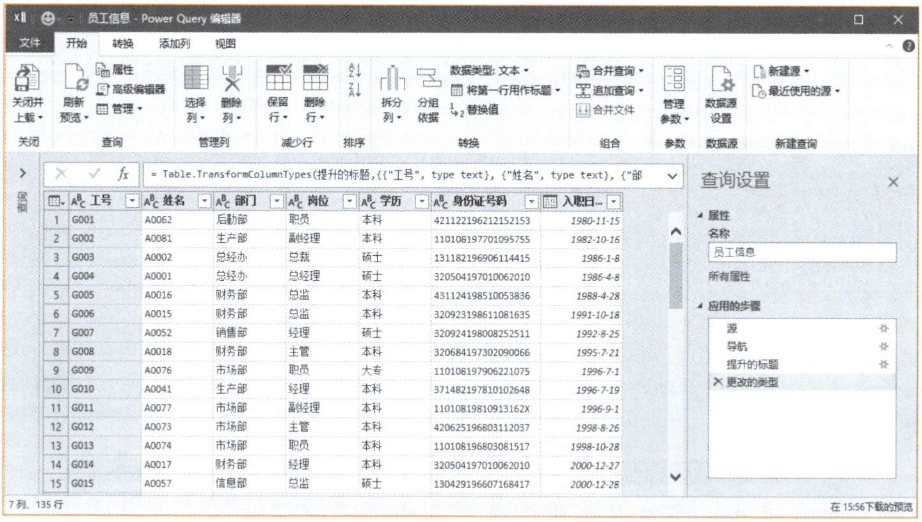

图6-5 "Power Query编辑器"窗口

删除第一列"工号"(这一列对分析无用),如图6-6所示。

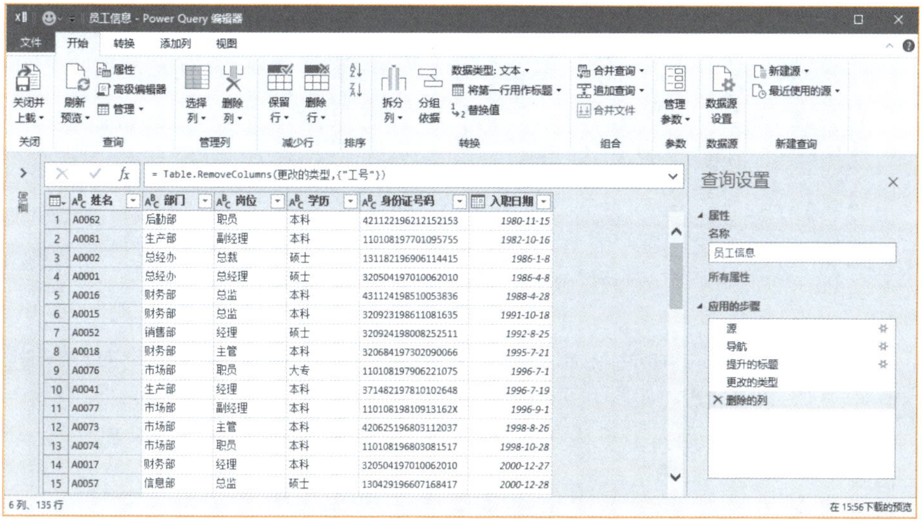

图6-6 删除第一列"工号"后

执行"添加列"→"自定义列"命令,如图6-7所示。

打开"自定义列"对话框,输入"新列名"为"出生日期",输入下面的自定义列公式,如图6-8所示。

```
= Date.FromText(Text.Range([身份证号码],6,8))
```

图6-7 "自定义列"命令 　　　　　图6-8 添加自定义列"出生日期"

单击"确定"按钮，即可得到一个新列"出生日期"，如图6-9所示，然后将该列数据类型设置为"日期"。

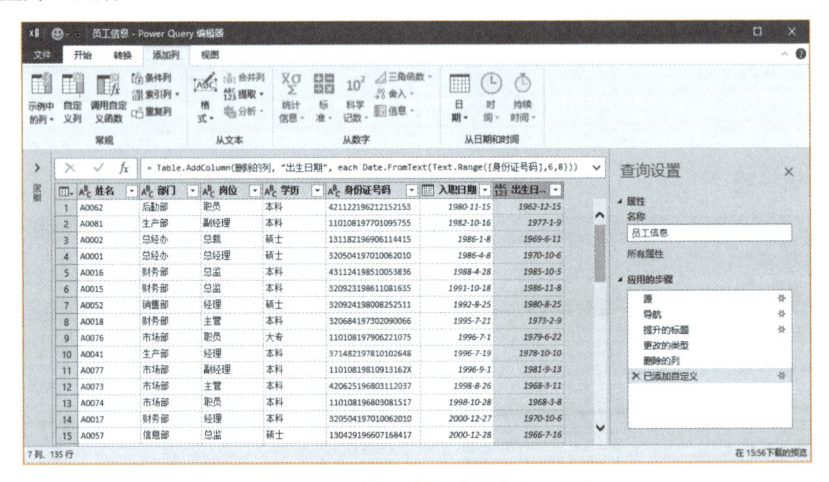

图6-9 添加的自定义列"出生日期"

再执行"自定义列"命令，打开"自定义列"对话框，输入"新列名"为"性别"，输入下面的自定义列公式，如图6-10所示。

```
= if Number.IsEven(Number.FromText(Text.Range([身份证号码],16,1)))
=true then "女"else"男"
```

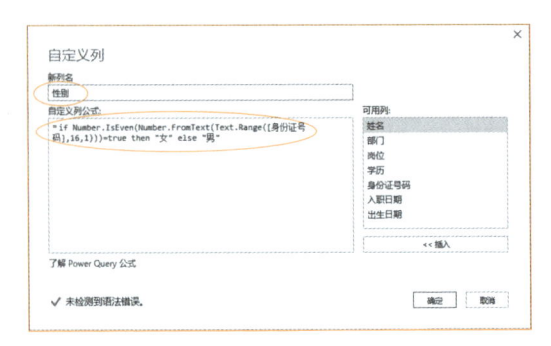

图6-10 添加自定义列"性别"

单击"确定"按钮，就得到一个新列"性别"，如图6-11所示，然后将该列的数据类型设置为"文本"。

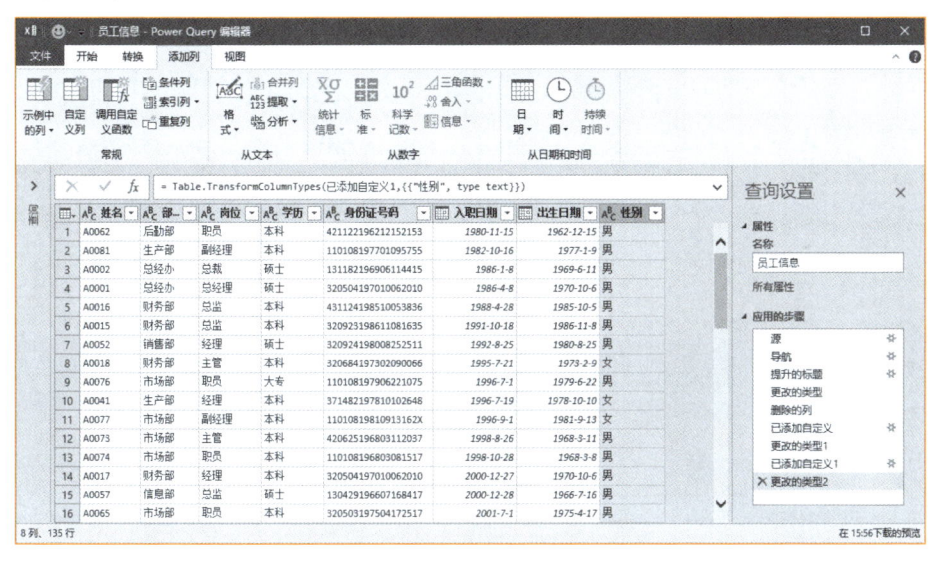

图6-11　添加的自定义列"性别"

再执行"自定义列"命令，打开"自定义列"对话框，输入"新列名"为"年龄"，输入下面的自定义列公式，如图6-12所示。

```
=Number.RoundDown(Number.From((DateTime.Date(DateTime.Local-
Now())-[出生日期])/365))
```

图6-12　添加自定义列"年龄"

单击"确定"按钮，即可得到一个新列"年龄"，如图6-13所示，然后将该列的数据类型设置为"整数"。

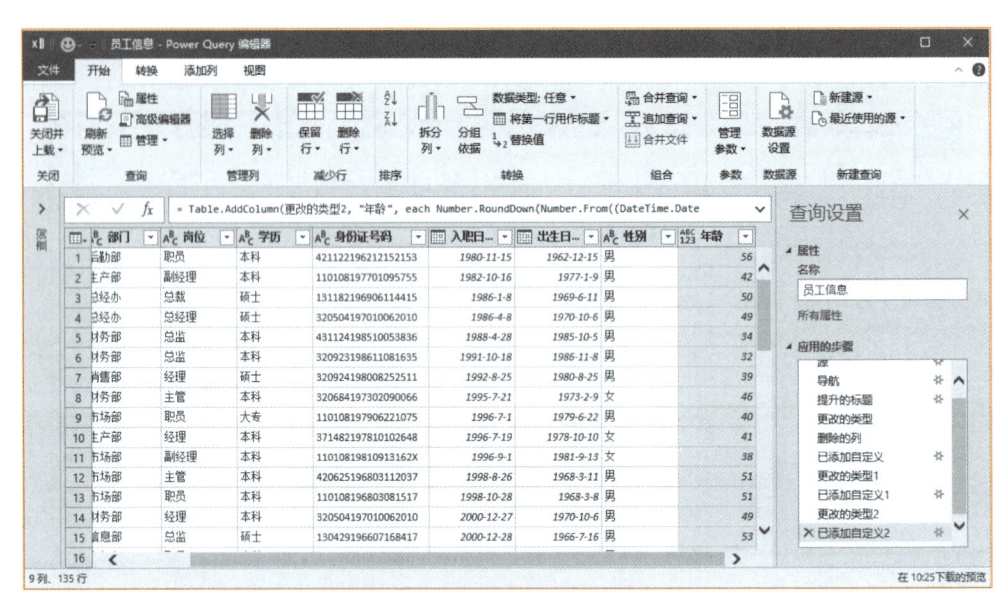

图6-13 添加的自定义列"年龄"

再执行"自定义列"命令，打开"自定义列"对话框，输入"新列名"为"工龄"，输入下面的自定义列公式，如图6-14所示。

=Number.RoundDown(Number.From((DateTime.Date(DateTime.Local-Now())-[入职日期])/365))

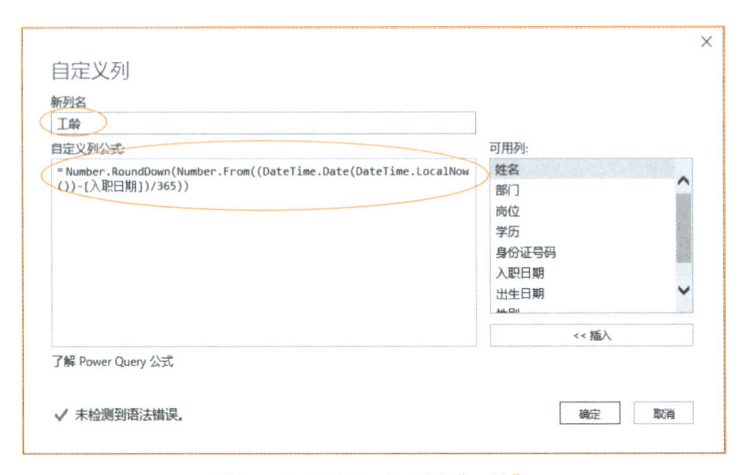

图6-14 添加自定义列"工龄"

单击"确定"按钮，就得到一个新列"工龄"，如图6-15所示，然后将该列的数据类型设置为"整数"。

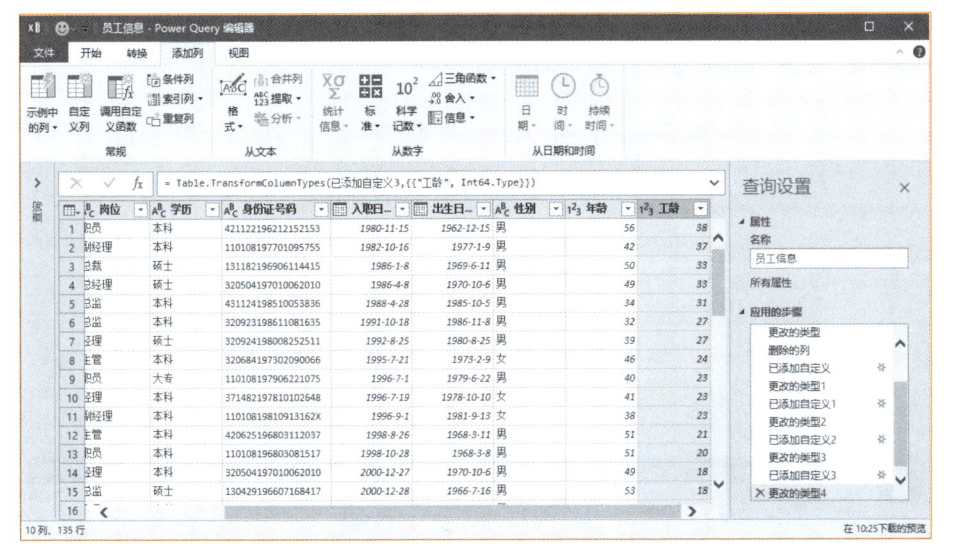

图6-15 添加的自定义列"工龄"

选择"出生日期"列，执行"添加列"→"日期"→"年"→"年"命令，如图6-16所示。

现在添加了一列"年"，如图6-17所示，然后将列标题改为"入职年份"。

选择"出生日期"列，执行"添加列"→"日期"→"月"→"月"命令，如图6-18所示。

现在添加了一列"月份"，如图6-19所示，然后将列标题改为"入职月份"。

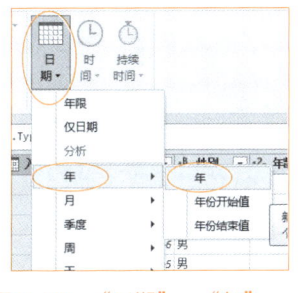

图6-16 "日期"→"年"→"年"命令

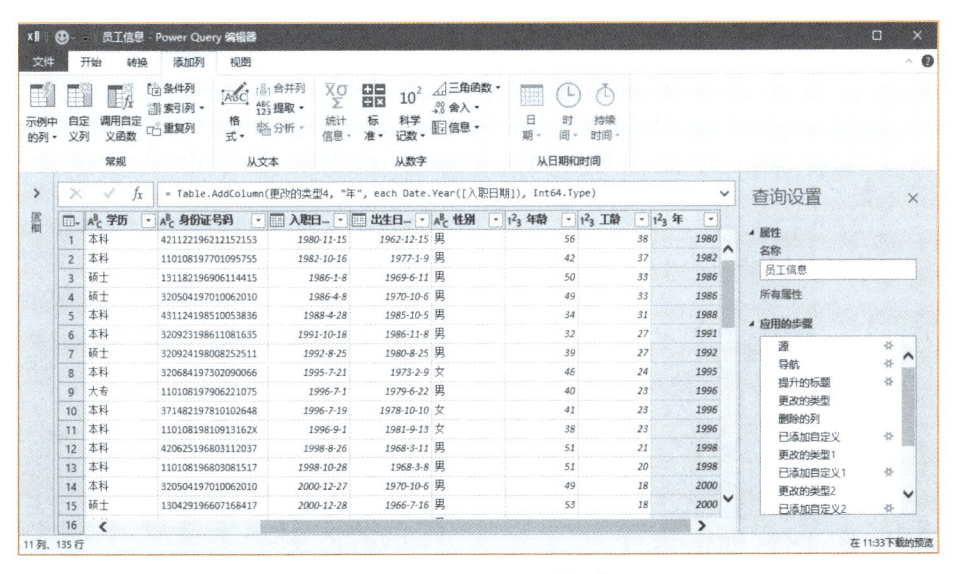

图6-17 添加的新列"年"

第 6 章 人力资源数据分析建模

199

图6-18 "日期"→"月"→"月"命令

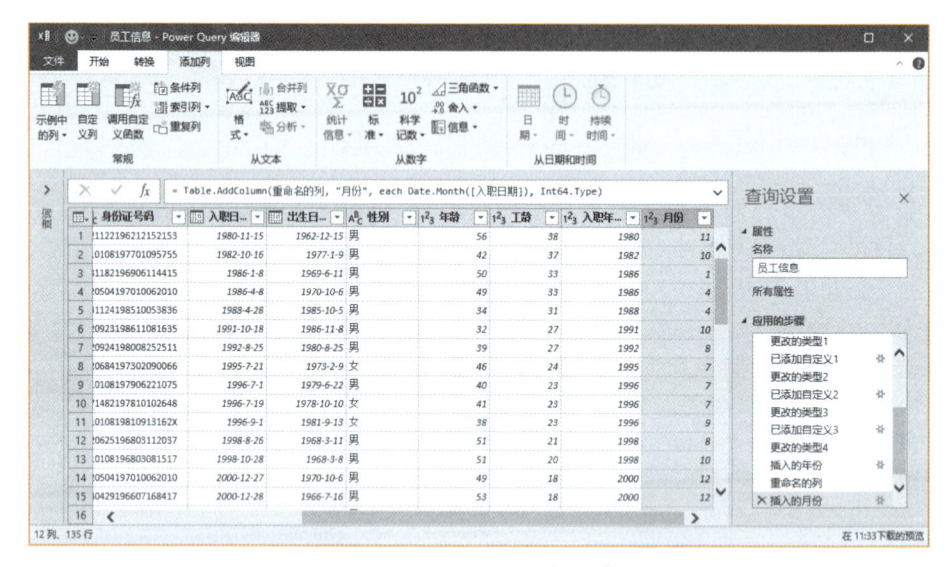

图6-19 添加的新列"月份"

执行"开始"→"关闭并上载至"命令，如图6-20所示。

打开"导入数据"对话框，选中"数据透视表"单选按钮和"新工作表"单选按钮，如图6-21所示。

图6-20 "关闭并上载至"命令

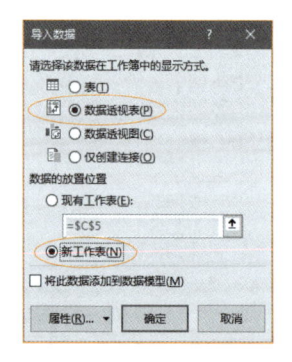

图6-21 设置数据保存选项

单击"确定"按钮，就得到了一个数据透视表，如图6-22所示。

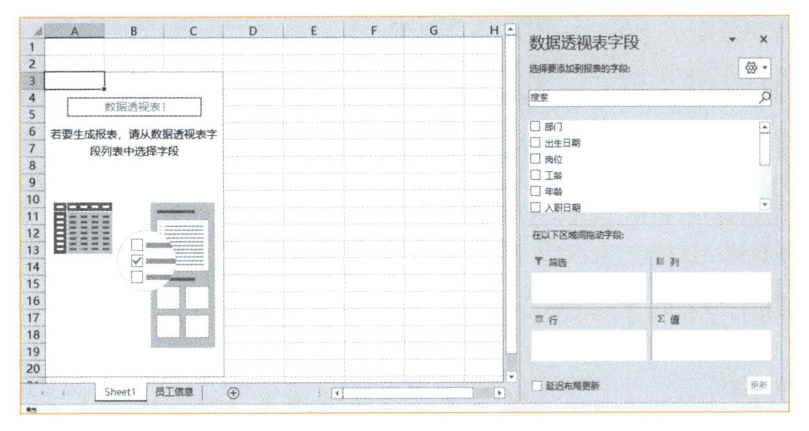

图6-22　创建的数据透视表

6.1.2　员工属性分析报告

对数据透视表进行布局，可以从各个维度分析员工的人数构成。

图6-23是各部门各学历的人数分布。

图6-24是各部门各年龄段的人数分布。

图6-23　各部门各学历的人数分布　　　　图6-24　各部门各年龄段的人数分布

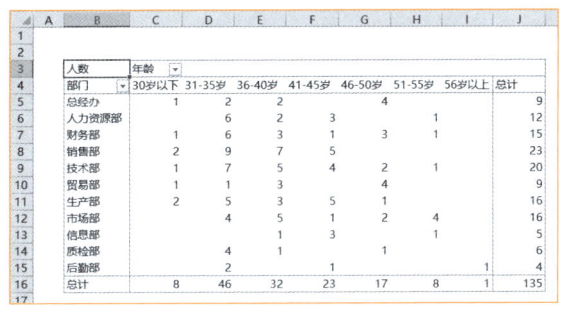

图6-25是公司历年来的入职人数分布表。

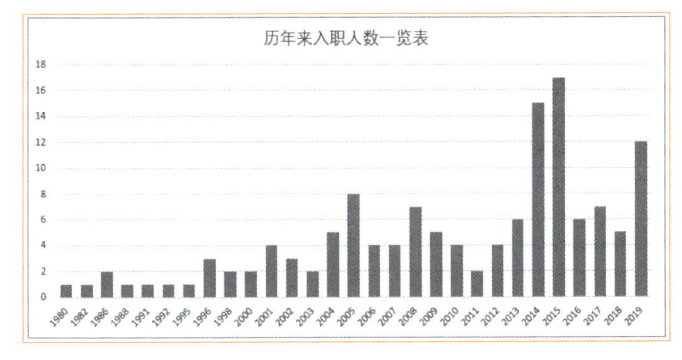

图6-25　公司历年来入职人数一览表

6.2 人工成本分析建模

人工成本分析的基础表单是各月的工资表，而各月的工资表是按工作表保存的，进行人工成本分析时，需要先解决各月工资数据汇总问题。

如果各月工资表保存在同一个工作簿的各个月份工作表中，汇总的方法可以使用INDIRECT函数来解决。但是，如果各月工资表分别保存在不同的工作簿，使用函数解决比较麻烦，可以使用Power Query解决。

6.2.1 基于当前工作簿各月工资表数据的模板

图6-26是保存在一个工作簿中的各个月份工资表，现在要建立一个人工成本跟踪分析模板，分析各部门在各个月的分工成本变化，以及变化的原因。

图6-26 各月工资表

首先，插入一个新工作表，重命名为"分析报告"。

执行"数据"→"获取数据"→"来自文件"→"从工作簿"命令，打开"导入数据"对话框，选择工作簿文件，单击"导入"按钮，打开"导航器"对话框，在左侧选择工作簿名称，如图6-27所示。

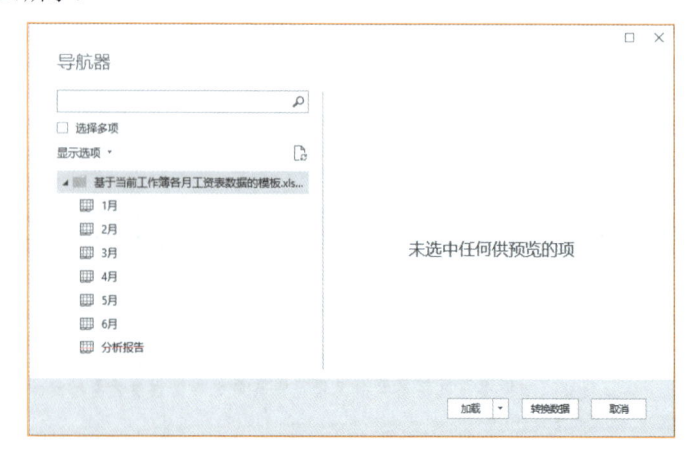

图6-27 选择工作簿名称

单击"转换数据"按钮，打开"Power Query编辑器"窗口，如图6-28所示。

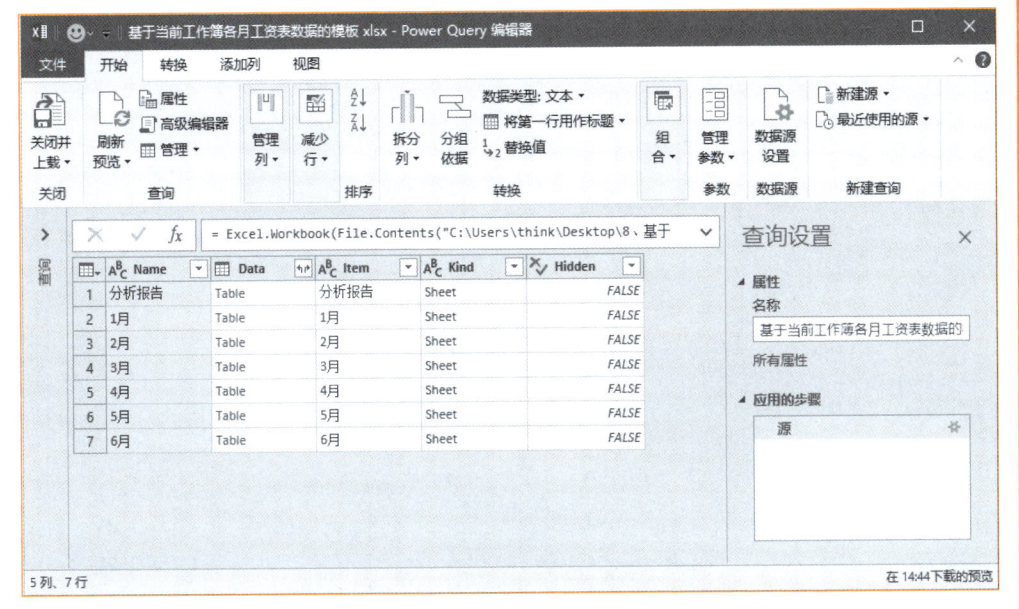

图6-28 "Power Query编辑器"窗口

在右侧的"查询设置"窗格中重命名查询名称为"工资汇总"，然后保留前两列，删除后三列，如图6-29所示。

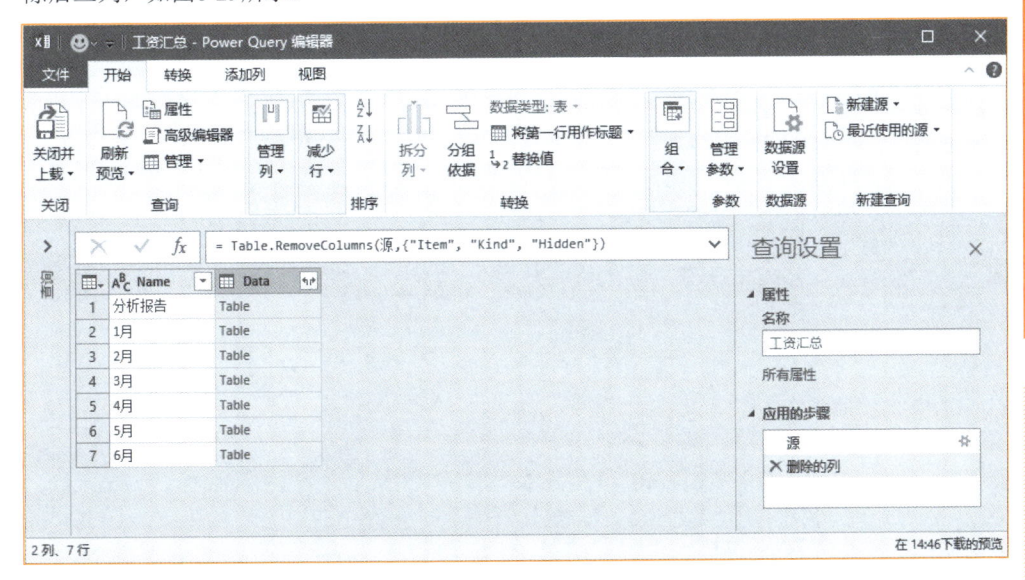

图6-29 修改查询名称，删除后三列

从第一列中取消勾选"分析报告"复选框，如图6-30所示。

单击列"Data"右侧的展开按钮，取消勾选"使用原始列名作为前缀"复选框，如图6-31所示。

图6-30　取消勾选"分析报告"复选框 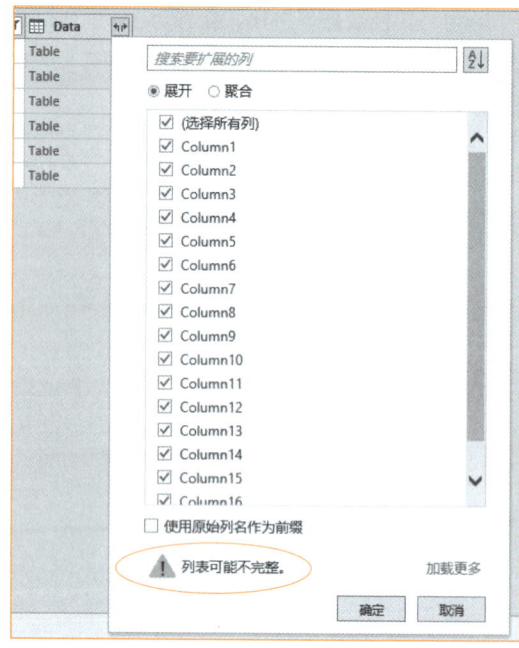　　　图6-31　取消勾选"使用原始列名作为前缀"复选框

单击"确定"按钮，就得到了图6-32所示的表。

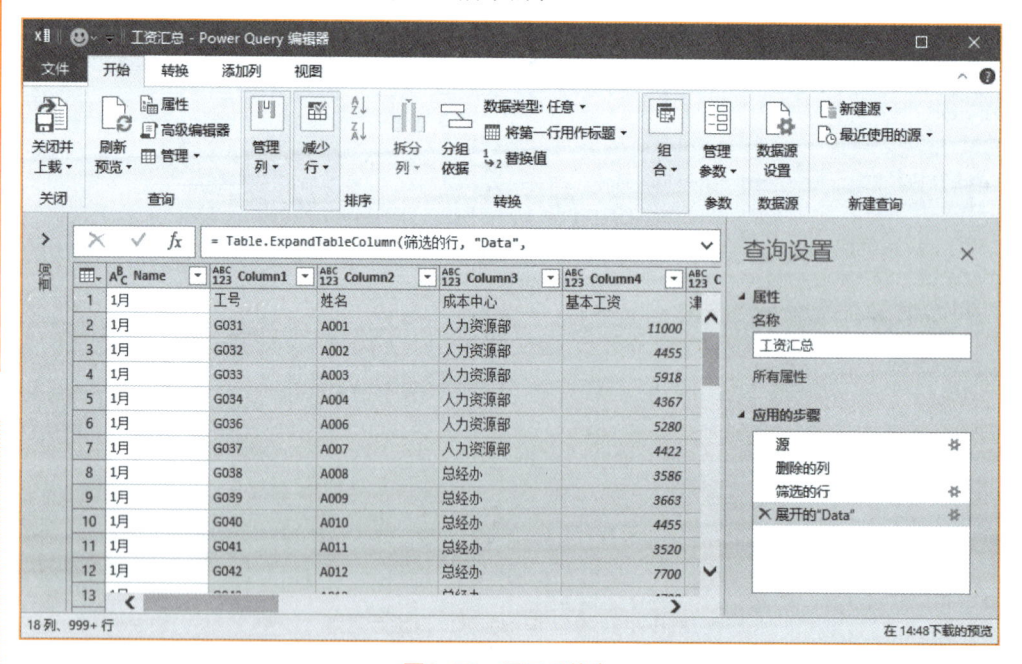

图6-32　展开后的表

删除对人工成本分析没有作用的列，然后修改标题，就得到图6-33所示的表。

204

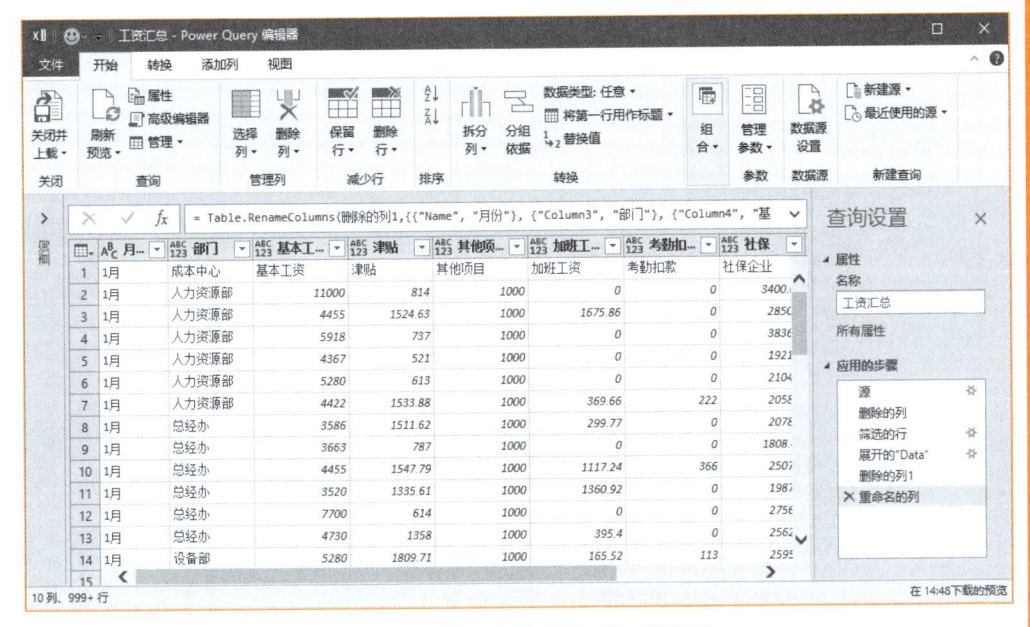

图6-33 删除不必要的列，修改列标题

从某列中筛选掉每个工作表的原始标题，得到一个各月工资表的汇总表，如图6-34所示。

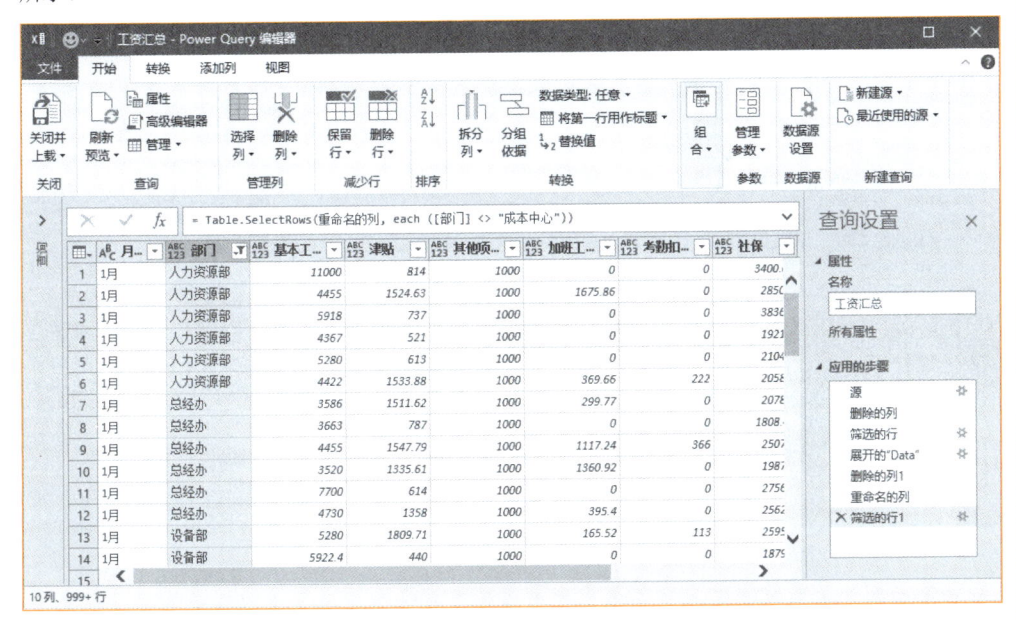

图6-34 筛选掉各个月工资表的原始标题

将各个金额列的数据类型设置为"整数"，如图6-35所示。

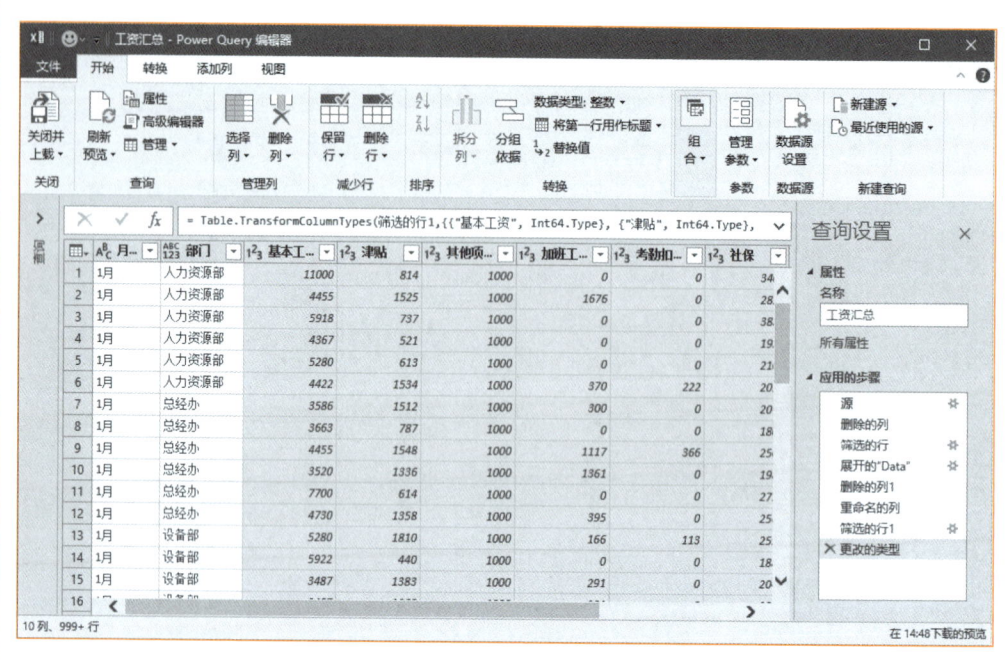

图6-35 设置各列金额的数据类型为"整数"

执行"开始"→"关闭并上载至"命令，打开"导入数据"对话框，选中"数据透视表"单选按钮和"现有工作表"单选按钮，并指定单元格，如图6-36所示。

这样就得到了一个数据透视表，如图6-37所示。

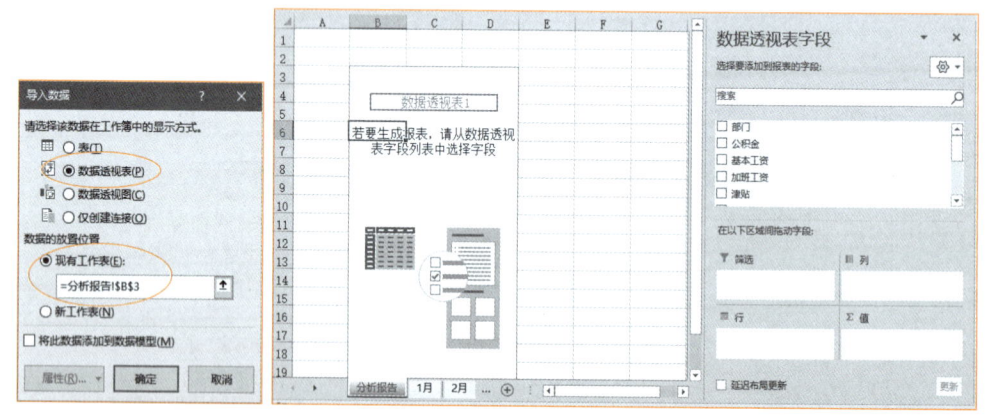

图6-36 指定数据保存方式和保存位置

图6-37 各月工资表汇总的透视表

对透视表进行布局，插入选择部门的切片器，绘制透视图，就得到图6-38所示的跟踪指定部门各月人工成本的分析报告。

当月份工作表增加后，只要刷新切片器，就可以得到最新的分析报告，如图6-39所示。

206

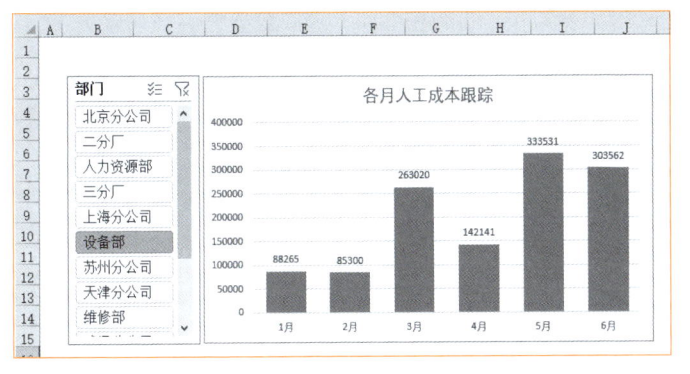

图6-38 指定部门各月人工成本跟踪

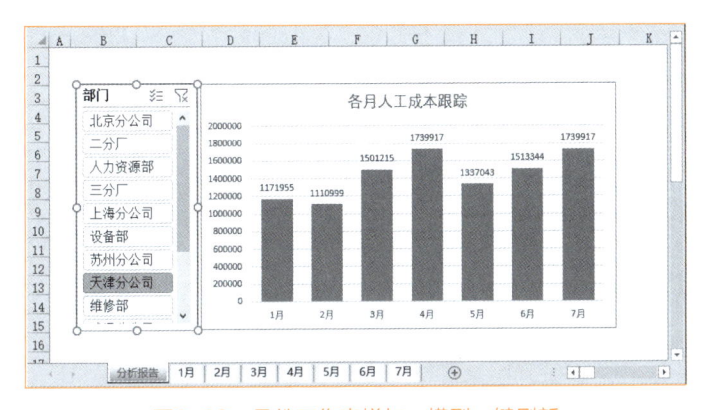

图6-39 月份工作表增加，模型一键刷新

6.2.2 基于各月工资工作簿数据的模板

如果每个月的工资表分别保存为独立的工作簿，这种情况下，如何建立一个自动化并且可以随着工作簿增加而自动更新的分析报告模板？

图6-40就是一个保存在文件夹里的6个月工资工作簿，每个工作簿中只有一个工作表，保存该月的工资数据，这些工作表的结构完全一样。现在的任务是建立一个能够自动汇总分析各月人工成本的模板。

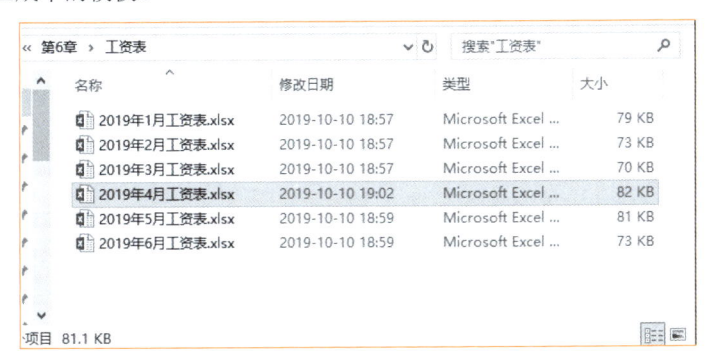

图6-40 文件夹里的各月工资工作簿

第 6 章 人力资源数据分析建模

207

新建一个工作簿，然后执行"数据"→"获取数据"→"来自文件"→"从文件夹"命令，如图6-41所示。

打开"文件夹"对话框，如图6-42所示。

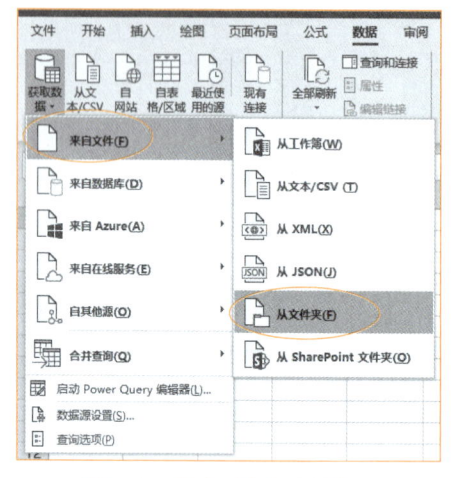

图6-41 执行"来自文件"→"从文件夹"命令

图6-42 "文件夹"对话框

单击"浏览"按钮，打开"浏览文件夹"对话框，选择要汇总工作簿的文件夹，如图6-43所示。

单击"确定"按钮，返回到"文件夹"对话框，如图6-44所示。

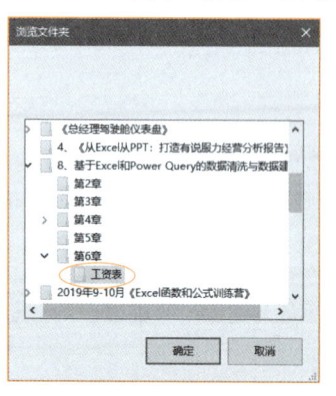

图6-43 选择文件夹

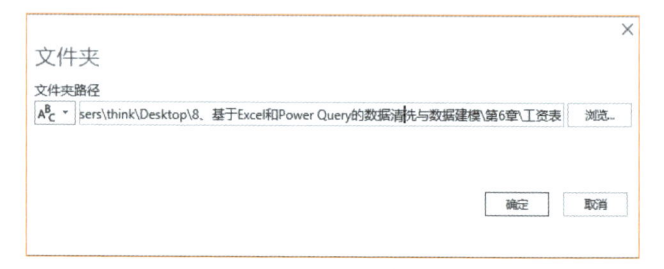

图6-44 选择文件夹

单击"确定"按钮，就打开了一个文件预览对话框，如图6-45所示。

单击右下角的"转换数据"按钮，打开"Power Query编辑器"窗口，如图6-46所示。

保留前两列，删除后面的各列，如图6-47所示。

208

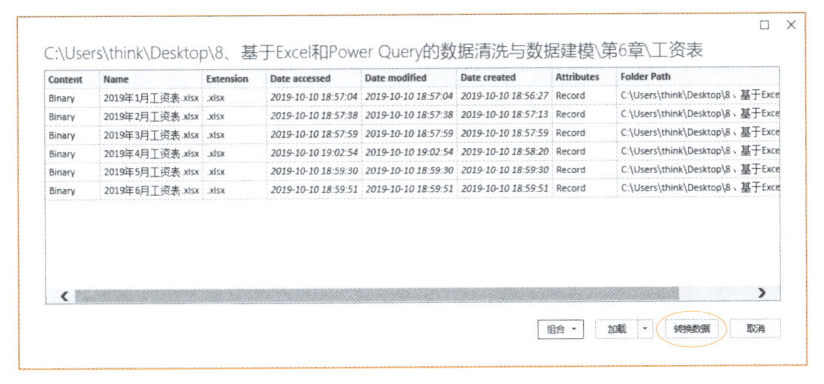

图6-45　工作簿文件预览对话框

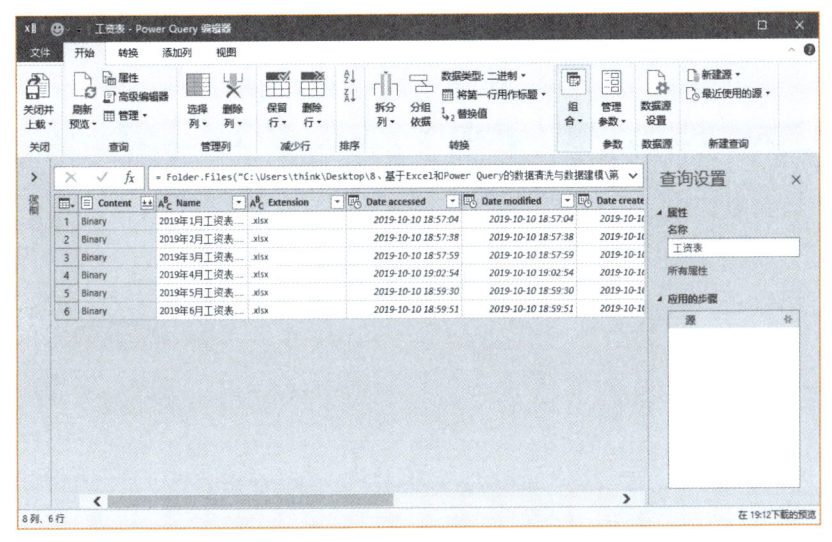

图6-46　"Power Query编辑器"窗口

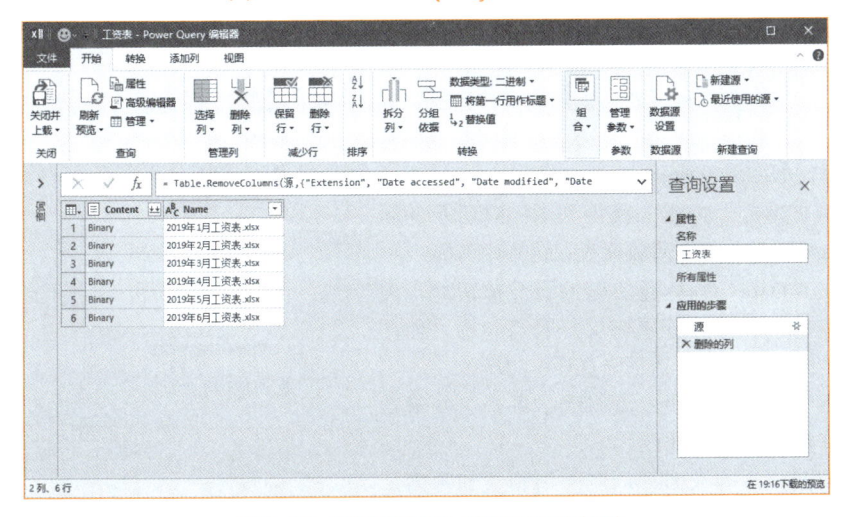

图6-47　保留前两列，删除后面的各列

第6章　人力资源数据分析建模

209

执行"添加列"→"自定义列"命令，打开"自定义列"对话框，保持默认的列名，输入下面的自定义列公式，如图6-48所示。

= Excel.Workbook([Content])

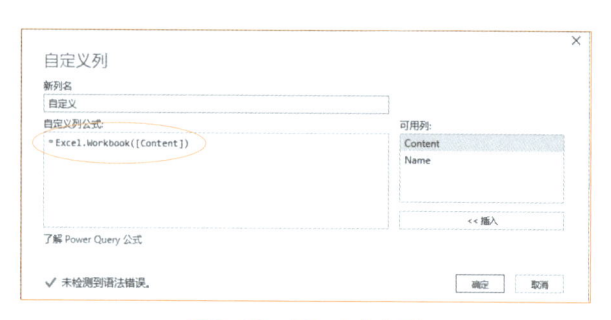

图6-48 添加自定义列

单击"确定"按钮，得到一个新列"自定义"，如图6-49所示。

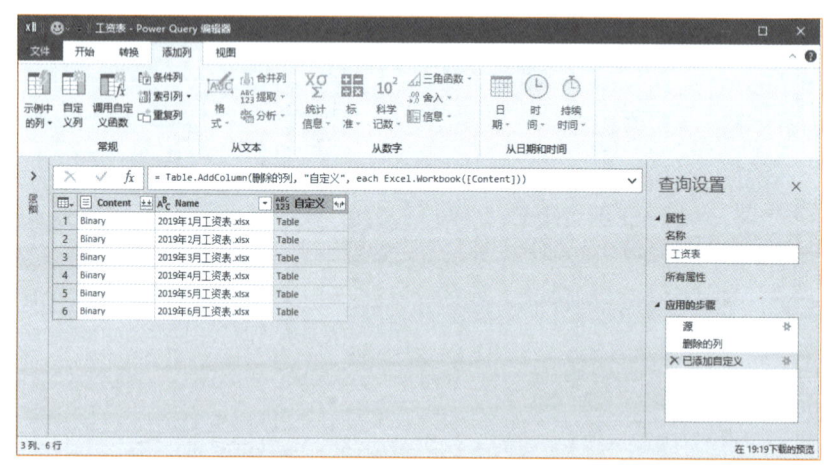

图6-49 添加的新列"自定义"

单击"自定义"列标题右侧的展开按钮，展开筛选窗口，勾选"Data"复选框，取消其他所有项的选择，如图6-50所示。

单击"确定"按钮，就得到图6-51所示的新列"Data"，各个工作簿数据就在这列中。

单击"Data"列标题右侧的展开按钮，展开筛选窗口，保持选择所有项，取消勾选"使用原始列名作为前缀"复选框，如图6-52所示。

单击"确定"按钮，就得到了各个工作簿数据的汇总表，如图6-53所示。

保留要分析的数据列，删除不相关的各列，即可得到图6-54所示的表。

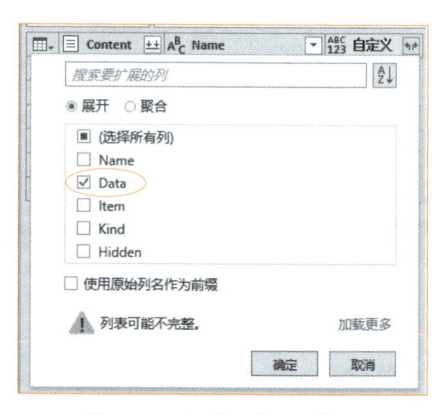

图6-50 仅选择"Data"项

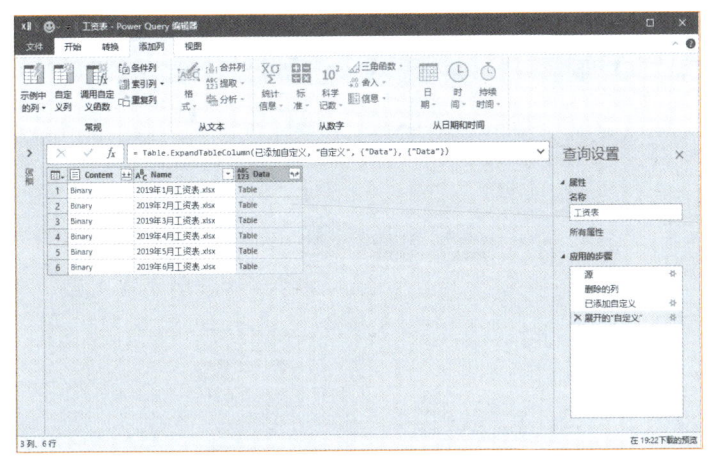

图6-51　展开自定义列后的表

图6-52　保持选择所有项，取消勾选"使用原始列名作为前缀"复选框

图6-53　各个工作簿数据的汇总表

图6-54　保留要分析的列，删除不相关的列

列标题为具体的名称，如图6-55所示。

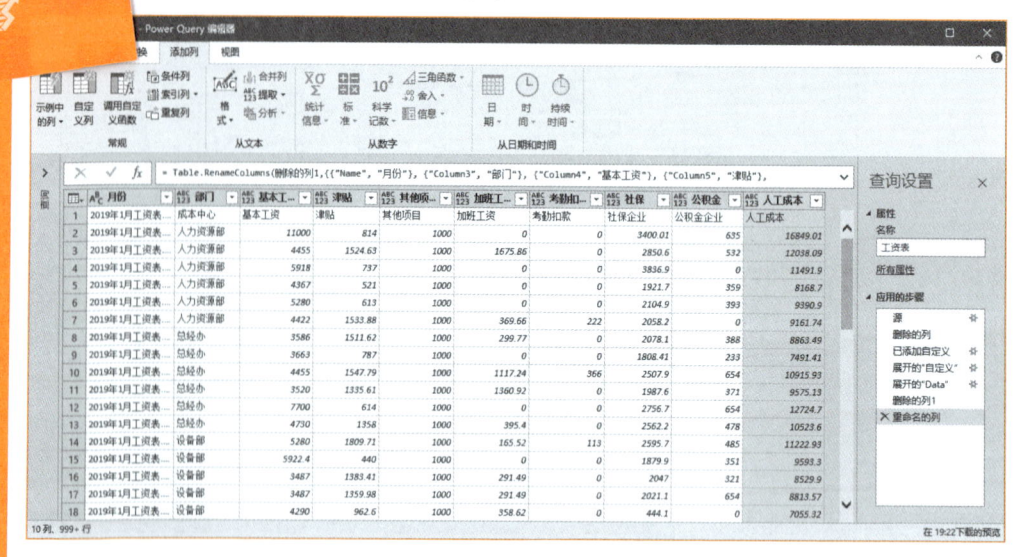

图6-55　修改列标题

从某列中（例如"部门"列）筛选掉原始工作表的标题，得到图6-56所示的汇总表。

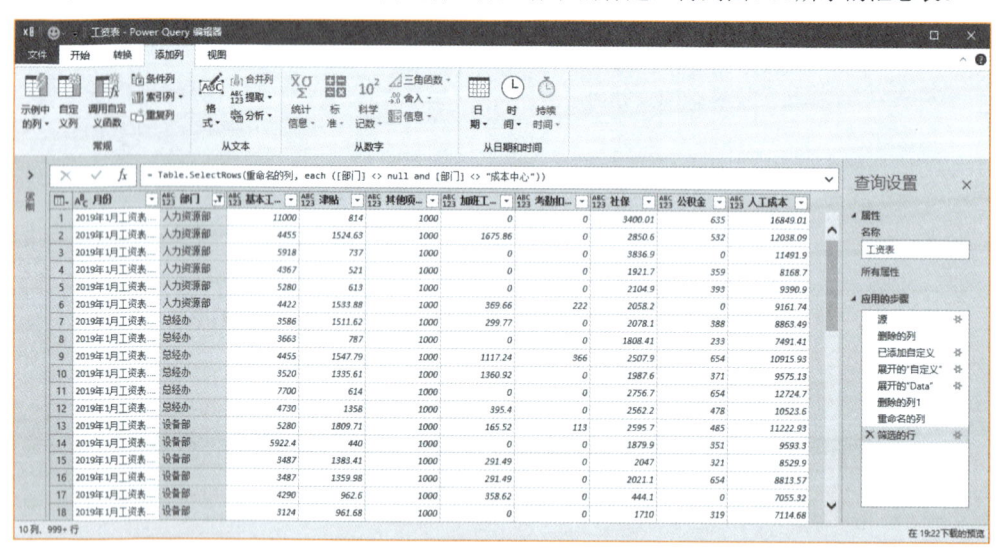

图6-56　筛选掉原始工作表的标题

选择第一列"月份"，执行"转换"→"提取"→"分隔符之间的文本"命令，如图6-57所示。

打开"分隔符之间的文本"对话框，输入"开始分隔符"为"年"，"结束分隔符"为"工"，如图6-58所示。

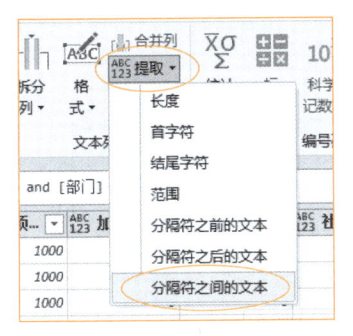

图6-57 执行"提取"→"分隔符之间的文本"命令

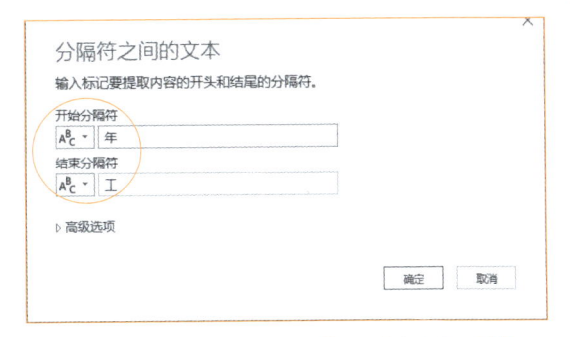

图6-58 输入"开始分隔符"和"结束分隔符"

单击"确定"按钮，就得到了具体月份名称，如图6-59所示。

图6-59 提取出的月份名称

最后，将查询结果加载为数据透视表，进行布局，就得到需要的分析报告，如图6-60所示。

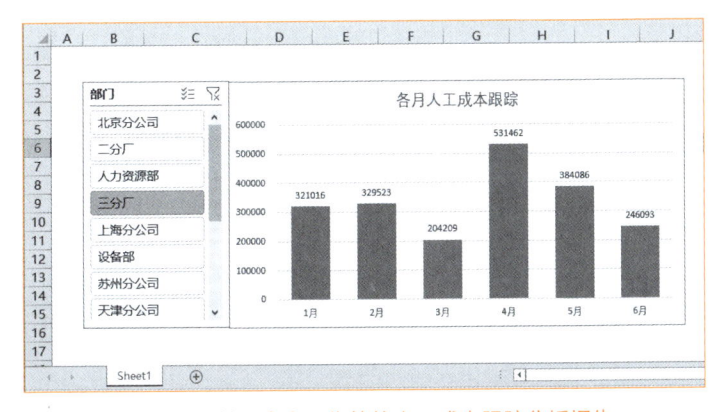

图6-60 基于多个工作簿的人工成本跟踪分析报告

月份工资工作簿增加了，如图6-61所示，那么只要刷新透视表或者切片器，即可得分析报告，如图6-62所示。

图6-61 月份工资工作簿增加

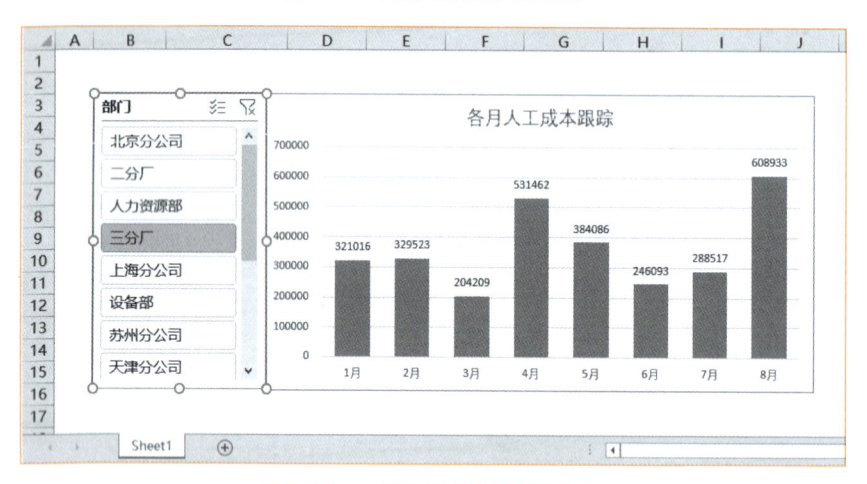

图6-62 一键刷新得到最新的报告